U0901563

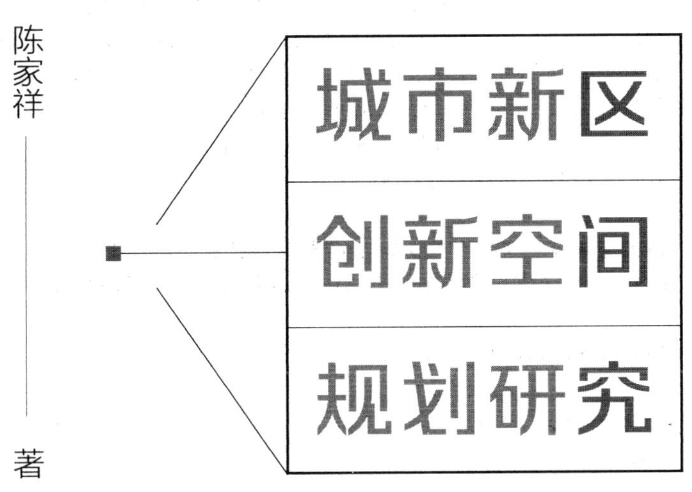

城市新区创新空间规划研究

陈家祥 著

RESEARCH ON
INNOVATION SPACE PLANNING
OF URBAN NEW AREA

清華大学出版社
北京

内容简介

城市新区是我国城市空间拓展和高质量发展的战略空间，以雄安新区为引领的各级各类新区已成为我国新型城镇化的示范区、创新发展的引领区，创新发展特别是新区创新空间的发展是城市新区高质量发展的关键。本书以城市新区创新空间的相关理论和国内外的成功案例分析为立足点，系统阐述了城市新区创新空间的生成机理、功能定位、布局规律及空间结构，探讨了城市新区创新空间的空间创新策略和发展对策。

本书具有较强的理论性、实践性和应用性，可供城市与区域规划、区域经济学、经济地理学、产业经济学、管理学等领域的研究人员、管理人员及学生参考，也可供城市新区、高新区、经济技术开发区等各类开发园区的管理者、政府经济管理部门和城市与区域规划部门的管理人员阅读与参考。

图书在版编目(CIP)数据

城市新区创新空间规划研究/陈家祥著．—北京：清华大学出版社，2019.12
ISBN 978-7-302-54561-3

Ⅰ．①城…　Ⅱ．①陈…　Ⅲ．①城市空间－空间规划－研究　Ⅳ．①TU984.11

中国版本图书馆 CIP 数据核字(2019)第 271813 号

责任编辑：王巧珍
封面设计：李召霞
责任校对：王荣静
责任印制：宋　林

出版发行：清华大学出版社
网　　址：http://www.tup.com.cn，http://www.wqbook.com
地　　址：北京清华大学学研大厦 A 座　　**邮　　编**：100084
社 总 机：010-62770175　　**邮　　购**：010-62786544
投稿与读者服务：010-62776969，c-service@tup.tsinghua.edu.cn
质量反馈：010-62772015，zhiliang@tup.tsinghua.edu.cn
印 装 者：三河市铭诚印务有限公司
经　　销：全国新华书店
开　　本：170mm×240mm　　**印　　张**：22.25　　**字　　数**：349 千字
版　　次：2019 年 12 月第 1 版　　**印　　次**：2019 年 12 月第 1 次印刷
定　　价：68.00 元

产品编号：085972-01

序

我十分欣喜地读到了陈家祥博士关于开发区、新区研究的又一新著。陈博士1989年大学毕业后即进入南京高新区从事规划管理，包括在南京江北新区工作在内已30年，经历了它的设立、成长、发展、提升、转型的全过程。他对开发区这个中国特色的经济增长单元和战略空间有深切的理解，尤其对创新作为开发区发展的动力更加关注，已先后出版了《中国高新区功能创新研究》(2009年)、《创新型高新区规划研究》(2012年)两本专著。本书即在他调入国家级新区——南京江北新区工作后，以更广阔的视野，以规划的视角，结合工作实际，对城市新区的创新空间进行的系统研究，是一本研究新区创新的重要著作，是规划管理一线人员珍贵的研究总结。

本书以创新空间为主题，以城市新区为对象，构建了从创新空间概念、理论借鉴、特征分析、趋势判断、发展定位、生长模式、规划布局、空间创新到对策研究的相当系统全面的研究思路和框架。这既是对开发区、新区这一空间形态组织30多年来发展演化的全面剖析和总结，也是对创新空间这一空间研究新命题的全新探索，无疑地具有重要的理论探索和实践指导的价值。

本书以创新为命题，纵观全书，也颇有许多的创新特点。

(1) 把背景分析、相关研究成果评述、理论借鉴与实际应用有机结合起来。例如，在研究背景中，归纳评价了关于城市竞争和空间关系，创新在城市竞争中的价值，创新空间对城市功能、城市空间与社会结构的塑造影响，等等。其中，不仅介绍了国内外学者的研究观点和结论，而且融入了作者的认识和诠释。在引介相关理论部分，摒弃了一般研究中只是简单介绍观点、方法的做法，而是在对理论进行评价基础上，引述自己的观点，并运用于主题研究。如在不同学科界定城市空间的概念中，明确提出作者自己的见解；依据国外新区创新空间生成机理，划分了江北新区创新空间 4 种生成模式；在整理归纳已有成果基础上，从宏观、中观、微观三空间尺度分析了新区创新空间生成的动力机制，真正做到了借鉴与应用生动结合。

（2）提供了特征分析的新做法。本书对特征的分析不是采用一般的列举观点、结论和数据辅证的做法，而是把分析视角、特征形成过程、原因、案例和数据紧密结合起来。本书对城市新区创新空间特征的解析，首先分产业空间和创新空间两类分别进行。在产业空间发展分析上，通过归纳点、园、轴不同空间形态概括了江北新区产业发展阶段和空间发展脉络；采用不同定量方法对第二、三产业布局进行具体分析；通过对产业空间发展战略确定的主导产业进行空间分析。对创新空间分析更为细致，首先分析了从产业集群到创新集群的演化过程，划分了产业型和知识型创新空间两类型，然后通过与其他国家级新区或国内外典型创新功能集聚区对比，判断了江北新区创新空间发展阶段；最后再分别对产业型和知识型创新空间特征进行归纳。其中，尤其基于产业集群和创新集群两方面，对三大主导产业从规模发展指标到研判创新空间发展阶段的研究是十分深入和有创意的，也提高了空间特征分析的科学性。

（3）以南京江北新区为例，多（五）层面、多（五）维度地系统进行新区空间的功能定位，全景式地阐述新区创新空间的功能定位过程，并由此提出近远期发展目标及“+创新”和“创新+”的实施路径，是对区域功能定位研究的新发展。在国际层面，宏观把握国际创新空间发展趋势，对比国内国家级新区创新发展水平，明确江北新区是“具有全球影响力的产业科技创新重要基地”。在国家层面，根据国内设立江北新区的批文，对照其他新区定位，从区域地位、创新链环节、创新领域、政策制度、价值形象等五维度，定位江北新区为“国家自主创新先导区”。在长江经济带层面，通过对沿线 100 多个城市的创新绩效水平分析，明确南京及江北新区地位，又从“创新”和“开放”两个发展的核心主题和五维度分析，定位新区为“长江经济带对外产业技术创新合作的重要枢纽区”。在江苏省层面，依据省发展产业科技创新中心的意见和构建产学研协同创新网络的趋势，对比分析苏南自主创新示范区在国家级高新区创新能力，定位为“江苏省产学研合作创新引领区”。最后，结合新区自身创新空间发展趋势和需求、国内外典型创新功能集聚区经验,定位为"创新服务高质的宜居宜业新城"。

(4) 搭建了一个以人和知识为中心,以人才空间需求、人才集聚和知识圈层布局为主线,探讨创新空间布局规律的思路和做法。作者首先概括了创新空间从宏观到微观的空间系列,指出了城市创新空间整体的关键是人才。由此,根据国外理论和经验及江北新区的实地调查,明确了创新型人才内涵、特征;按年龄结构分析创新型人才空间需求特征;概括了创新型人才需求层级模型,研究其就业空间偏好和偏好的布局模式。从国外和都市圈人才流动趋势,研究人才城市流动规律,进而按知识型创新空间和产业型创新空间两类,从城市新区创新空间布局、创新空间载体分布及创新空间的空间拓展三方面探析创新空间布局规律。其思路清晰,内容全面,分析细致,结论明确,是一条有创意的分析技术路线。其以大量的实例和数据,对知识型创新空间布局的环高校圈层式创新空间和大型科研院所辐射式创新空间的划分,及对环麻省理工和环同济大学知识经济圈从发展历程、产业和空间视角的系统分析与阐发,不仅是一个个鲜活案例的生动介绍,更为人们提供了一种如何使用借鉴的分析思路和方法,是很有意义的。同样,在创新空间的空间拓展规律研究中,对硅谷和中关村两者的异同比较也具同样价值。

(5) 在创新空间规划中,采用空间创新适宜性评价的方法,为空间规划提供了坚实的基础和前提。作者通过构建空间创新适宜性评价指标体系、评价过程、评价结果、布局引导,完成了整个空间规划布局的过程,也是一种有实用价值的技术思路。空间创新适宜性评价指标构建以创新核心要素和创新环境质量两个目标层和五个一级指标和 15 个二级指标组成。通过数量分析、空间重要节点遴选评价过程,并按产业型、知识型两类创新空间分别得出评价结果。并由此按布局原则、布局现状及包括规模、布局、总体战略等规划引导和两类空间发展趋势,对南京江北新区的创新空间规划布局作出图文并茂的详细阐述,是一个了解江北新区空间规划过程和区域创新空间布局规划可以借鉴的范例。

(6) 以"空间创新"这一新概念,从空间组织方式创新角度,探讨新区产城融合,是研究空间开发的新视角。它适应了从增量时代到存量时代空间组织的转变,为创新功能和创新活动提供了新的空间载体形式。作者概括了国内关于空间创新方法的现有成果,把产城融合作为空间创新的重要内容，从时间、空间、类型、人本四维度解释了产城融合的内涵，阐述了产城关系的一般演化过程和江北新区从产业附城、产城分离、产城融合的产城关系演变过程，分析了尺度重构下新区产城关系。运用相关理论，阐述了产城分离的机理。从空间复合、空间集成、空间营造三个维度探讨了城市新区创新空间的空间创新方法，并以江北新区为例，分别详细讨论了三维度，从基本概念、形态类型、理论基础、具体策略、实施路径等的空间创新策略。应当说，这是空间研究一种新的创新。

(7) 对区域科技创新政策进行较为系统的认识和探究。作者解读了科技创新政策的内涵，分析了新区的科技创新政策，明确政策创新是创新的首要任务。根据国外学者对科技创新政策的研究，对城市新区的基本科技政策工具分为供给型、环境型、需求型三类，具体说明了其内涵及在科技创新中的不同作用。并结合江北新区科技创新政策中存在的问题，提出了创新空间政策的建议。这是空间规划实施应用的组成部分，也是需要重视和研究的。

一本书，基于理论，重在实践，悟自心得。陈博士在繁忙工作之余，勤于学习，潜心研究，志在为新区发展、规划事业、学科进步尽心尽力，是值得肯定和赞赏的。家祥索序，欣然命笔，是为序！

2019年10月

目　　录

第 1 章

城市新区创新空间研究概论

1.1 研究背景：城市新区创新空间成为转型发展的路径选择

1.1.1 创新驱动已成为国家发展核心战略

创新是一个民族进步的灵魂，是一个国家兴旺发达的不竭动力，是现代城市的核心功能。为此，党和国家非常重视“创新”，以高度的历史责任感、强烈的忧患意识和宽广的世界眼光，深刻认识到世界新技术革命带来的机遇和挑战，把创新作为推动经济社会发展的核心驱动力、国家发展的原动力。2005 年 6 月，中央政治局会议提出“必须把提高自主创新能力作为调整经济结构、转变增长方式、提高国家竞争力的中心环节，把建设创新型国家作为面向未来的重大战略”，正式提出了“建设创新型国家”的重大战略思想。2006 年元月，胡锦涛在第四届全国科学技术大会上作了题为“坚持建设中国自主创新道路，为建设创新型国家而努力奋斗”的重要讲话，向全国正式发出了“建设创新型国家”的建设目标。2007 年 10 月，党的十七大报告明确提出“提高自主创新能力，建设创新型国家。这是国家发展战略的核心，是提高综合国力的关键”。

2012 年 11 月，党的十八大提出“实施创新驱动发展战略，强调科技创新是提高社会生产力和综合国力的战略支撑，必须摆在国家发展战略全局的核心位置”。

2015 年 3 月，中共中央、国务院《关于深化体制机制改革　加快实施创新驱动发展战略的若干意见》发布，从顶层设计上为实施创新驱动发展战略制定了“路线图”，并从聚拢经济体制、科技体制、人才体制、对外开放体制的系统改革合力，多角度、全方面为加快创新驱动发展战略做出重大部署，对改革的指导思想、目标和主要内容、具体任务等，都做出了详细部署，提出了明确要求。由此可见，为了应对世界科学技术革命，提高我国综合竞争力，我国一直在探索“建设创新型国家”的发展道路，并将创新驱动发展作为我国国家发展战略核心。

2015 年 10 月，中共十八届五中全会提出了“创新、协调、绿色、开放、共享”的五大发展理念，集中反映了我们党对经济社会发展规律认识的深化，极大丰富了马克思主义发展观。全会提出“坚持创新发展，必须把创新摆在国家发展全局的核心位置，不断推进理论创新、制度创新、科技创新、文化创新等各方面创新，让创新贯穿党和国家一切工作，让创新在全社会蔚然成风”。这是关系到我国发展全局的一场深刻变革，影响将十分深远，意味着属于中国的创新、创业“黄金时期”已经到来。

2016 年 4 月，习近平总书记在主持召开中央网络安全和信息化工作座谈会上发表了重要讲话，阐述了核心技术、自主创新等重要命题。习近平总书记指出，互联网核心技术是我们最大的“命门”，核心技术受制于人是我们最大的隐患。什么是核心技术？习总书记指出，核心技术包括三个方面：一是基础技术、通用技术；二是非对称技术、“撒手锏”技术；三是前沿技术、颠覆性技术。核心技术要立足于自主创新、自立自强。“在引进高技术上不能抱任何幻想，核心技术尤其是国防科学技术是花钱买不来的，人家把核心技术当‘定海神针’‘不二法器’，怎么可能提供给你呢?”习近平强调，“只有把核心技术掌握在自己手中，才能真正掌握竞争和发展的主动权，才能从根本上保障国家经济安全、国防安全和其他安全，不能总是用别人的昨天来装扮自己的明天，不能总是指望依赖他人的科技成果来提高自己的科技水平，更不能做其他国家的技术附庸，永远跟在别人的后面亦步亦趋。我们没有别的选择，非走自主创新道路不可”①。

2017 年 10 月，习近平同志在党的十九大报告中强调，创新是引领发展的第一动力，是建设现代化经济体系的战略支撑。按照党中央的决策部署，我国建设创新型国家的战略目标是，到 2020 年进入创新型国家行列，

---

① 习近平八天内两论自主创新与开放创新[N].中国新闻网，2016 年 4 月 28 日.

到 2035 年跻身创新型国家前列，到 2050 年建成世界科技创新强国。当前，我国的发展站到了新的历史起点上，正在由发展中大国向现代化强国迈进。如果我们不能在创新领域取胜，就不能掌握全球竞争先机和优势，迈向现代化强国就会失去支撑。必须加快建设创新型国家，突出科技创新能力提升，以科技强国支撑现代化强国。

2014 年 9 月，李克强总理在夏季达沃斯论坛上首次提出"大众创业、万众创新"的号召。2015 年 3 月，在全国人大十二届三次会议的政府工作报告中，李克强总理发出"打造大众创业、万众创新和增加公共产品、公共服务的经济发展双引擎"的号召。2015 年 6 月，国务院发布《关于大力推进大众创业万众创新若干政策措施的意见》(以下简称《意见》)，成为推动大众创业、万众创新的系统性、普惠性文件。《意见》指出，推进大众创业、万众创新是发展的动力之源，也是富民之道、公平之计、强国之策，对于推动经济结构调整、打造发展新引擎、增强发展新动力、走创新驱动发展道路具有重要意义，是稳增长、扩就业、激发亿万群众智慧和创造力，促进社会纵向流动、公平正义的重大举措。

从"建设创新型国家""创新驱动发展"的宏观战略，到"大众创业、万众创新"的社会发展，标志着创新发展不仅已发展成为我国国家战略，而且在创业创新模式上由"小众精英式"转向"大众社会式"，由模仿创新走向自主创新，新时期创业创新所特有的探索新领域、打破旧思维、创新驱动发展正日益成为富有时代气息的社会价值导向和生活方式。

1.1.2　城市竞争已渐成全球竞争重要主体

1. 城市已成为全球竞争重要主体

全球化的竞争，不仅意味着竞争范围的国际化、竞争方式的激烈化，也意味着竞争主体的多元化，国家和企业不可能是仅有的竞争主体(于涛方，2004)。而城市在全球化冲击下，其政治、经济、社会环境都发生了巨大的变化，城市已逐渐演变成为全球竞争的主体，并且其地位越来越突出，影响也越来越深远和广泛。

国际竞争主体之所以从国家竞争力、产业竞争力和企业竞争力向城市竞争力转变，主要是因为城市本身重要性的突现(汤培源，2014)。仇保兴(2002)认为，一个有竞争力的城市，无论对所处的国家还是所载含的企业香港、荷兰、英国和瑞典等国家和地区已经至少连续3年占据全球竞争力排行榜前十名的位置。中国排名虽较前一年上升一位至28位,但差距还是较大。2012年3月,世界知名杂志《经济学人》信息部(EIU)公布的"全球最具竞争力城市排名"调查报告显示,前十名是纽约、伦敦、新加坡、巴黎、香港、东京、苏黎世、华盛顿、芝加哥、波士顿。台北排第37名,北京排第39名,上海排第43名,深圳排第52名。因此,从目前的排名状况来看,中国内地的主要城市在全球的竞争力还未进入前列。加快城市转型发展,提升我国主要城市在全球的竞争力时不我待。

3. 创新成为城市核心竞争力

有关城市竞争力的主要要素,国内外学者研究的很多,但认识不尽一致。20世纪80年代对城市竞争力作出开创性研究的克雷斯尔(1999)提出了"双因素"理论,他采用两个类别统摄各类影响城市竞争力的因素,即经济类和战略类,其下又设有二级指标。经济类指标注重微观经济要素,战略类指标注重宏观要素。英国学者贝格在1999年注意到地区创新和学习所产生的魅力对城市竞争力的影响,并于2009年提出"学习城市"概念。近年来,文化、环境、制度、规划等要素对于提升城市竞争力的重要性日益得到重视,并被作为影响城市竞争力的核心部分来看待(罗涛等,2015)。纽约市长布隆伯格在2014年《经济学人》关于"全球最具竞争力城市排名"的报告发布仪式上说,"纽约之所以成为全球最具竞争力的城市归功于市政府对城市的不断投资,以及纽约人的聪明才智和创新能力"[①]。国外学者的国家竞争力与城市竞争力因素研究见表1-2。

表1-2 国外学者的国家竞争力与城市竞争力因素研究

序号	学者/机构	典型理论	竞争力因素
1	克雷斯尔	双框架模型	显示性框架要素:制造业增加值、商品零售额、商业服务收入; 解释性框架要素:经济类、战略类
2	波特	"钻石理论"模型	四要素:生产要素;需求条件;相关产业和支持产业的表现;企业的战略、结构和竞争对手

① 《重庆晨报》,2012年3月14日.

续表

序号	学者/机构	典型理论	竞争力因素
3	瑞士国际管理与发展研究所(IMD)	国家竞争力模型	四对关系：本地化与全球化，吸引力与扩张力，资产与过程，个人冒险精神与社会凝聚力； 八要素：国内经济实力、国际化、政府管理、金融体系、基础设施、企业管理、科学与技术、国民素质
4	贝格	迷宫模型	四要素：部门趋势和宏观影响、公司特质、贸易环境、创新与学习能力
5	加德纳	金字塔模型	八要素：创新活动、经济结构、区域可达性、劳动技能、环境、决策中心、社会结构、区域文化

资料来源：根据罗涛(2015)整理

从20世纪90年代开始，国内学者结合我国的经济发展水平，吸收国外的经典理论，逐渐形成了我国自己的研究理论和城市竞争力评价模型。倪鹏飞(2001,2002)从竞争力机制的视角，对城市竞争力问题进行了系统研究，提出了弓弦箭模型：软件要素为弦，硬件要素为弓，城市产业为箭，城市收益为靶，将要素环境、产业体系和价值体系联系起来。他后来又提出城市竞争力决定机制：要素—产业—价值(FIV)分析框架，构建了城市竞争力的测度模型和构成模型(见表1-3)，采用非线性加权综合法计量全球497个城市的竞争力指数，利用动态聚类分析法将497个城市分成具有7个相互区分的类别，采用逐步回归分析法，对7类城市的竞争力影响进行了分析(倪鹏飞等，2013)。7类城市包括：第一类是31个发达的国际中心城市；第二类是61个有潜力待开发的城市；第三类是23个新兴的国际中心城市(如广州、上海、北京等)；第四类是13个最为落后的城市；第五类是154个发达的专业性国际城市；第六类是4个顶尖城市(纽约、巴黎、伦敦、东京)；第七类是211个新兴国家的主流城市。

数据分析结果显示，对于不同类型的城市，竞争力的决定因素是不同的。对于试图攀登世界顶级的城市，需要加强科技创新、全球联系和国际品牌的力量；对于快速发展的新兴中心城市，在改善商务和生活环境的同时需要控制人口不断膨胀，以及生活和商务成本过快上升。倪鹏飞认为，虽然提升城市竞争力应该根据不同城市的类型采用相应的战略和对策，但科技创新、全球联系对所有城市提升竞争力都十分重要，因此，促进科技创新和全球联系是提升竞争力的共同策略。

表 1-3　城市竞争力要素环境指标体系

潜变量	观 测 变 量
企业素质	全球 2000 总数、全球 2000 变化、全球企业品牌、金融公司指数、科技公司指数、文化公司指数
要素供给	受教育年限、最低工资、大学指数、银行指数、专利指数、实验室和科研中心数、道路便利度、基准宾馆价格、医院床位、基准住房租价
当地市场	人口总数、未来人口增长率（2000—2020）、1 小时飞行圈内最大城市 GDP、1 小时飞行圈内最大城市人口、3 小时飞行圈 GDP、3 小时飞行圈人口、国家人均 GDP、国家经济增长率
内部结构	劳动力密度、国际相关产业指数、科技园区数、通货膨胀率、失业率、政治稳定性、犯罪率、气候指数、人均 CO_2 排放量、历史文化指数、语言多国性指数
公共制度	经商便利度、自由度指数、中央与地方财税比例、政府公共治理指数
全球联系	跨国公司联系度、金融公司联系度、科技公司联系度、国际组织指数、国际知名度指数、距海距离、航空线数、公路线数、互联网络服务器、国际会展指数

资料来源：倪鹏飞，2001

1.1.3　创新空间将引发新区功能全面变革

城市创新空间作为集聚创新活动的场所，是以创新、研发、学习、交流等知识经济为主导，以产业活动为核心内容的城市空间系统。它不仅仅是简单的高新技术相关硬件设施的功能聚合，还包含了空间的结构与形态、产业结构、创新机制与创新文化精神等多种属性（曾刚，2007）。随着我国创新驱动、转型发展的不断深化，城市新区创新功能的提升及城市新区创新空间的布局优化必将引发城市经济社会的重大变化，从而带来全新的城市现象。

1. 城市功能的再设计

屠启宁、邓智国（2011）将经济发展阶段理论与城市空间结构理论结合起来，要素、投资、创新和财富四个经济发展阶段，分别对应着不同的核心产业，这些核心产业在城市空间里集聚形成较为显著的城市空间地标（见表 1-4）。要素驱动阶段是城市经济现代化的初级阶段，主要通过开发生产要素资源来驱动经济发展，其产业主要是依靠要素禀赋的农业或加工制造业，其城市空间地标为中央商业区，以商业贸易为主。投资驱动阶段则是城市经济现代化的起飞阶段，国家大量吸引外国技术和投资，劳动力和资源密集型的产业逐步为资本与技术密集型程度较高的产业所取代，其产业竞争力主要表现在生产某一标准产品的效率上，最成功的企业通过自主创新战略开始生产高附加值的产品，并密切关注海外的技术创新运动，其核心功能产业载体为金融服务业，其城市空间地标主要是中央商务区。创新驱动阶段是国家经济现代化的重要阶段，也是经济现代化的主要标志。城市开始将技术创新作为财富积累和经济现代化的主要驱动力，这一阶段的产业类型以技术密集型产业为主，体现核心功能的产业载体为研究开发业，通过研究开发产业在一定区域内的集中，形成以中央智力区（城市创新空间）为特征的城市空间地标，成为城市创新的主要空间依托。

表 1-4 经济发展的驱动机制与空间响应

驱动类型	产业类型	核心功能产业载体	城市空间地标		
			中心城区	近郊（城市边缘区）	远郊
要素驱动	劳动力或资源密集型产业	制造业	中央商务区（商业）	工业园区	卫星城（卧城）
投资驱动	资本密集型	制造业、金融服务业	中央商务区（商业、办公）	工业园区、科技园区	新城
	技术密集型	研究开发、金融服务业	中央智力区、中央商务区	科技园区	新城、大学城
创新驱动	知识密集型	研究开发业	中央智力区、中央商务区	完备城市功能的科技园	科学城

资料来源：邓智团，2014

以中央智力区为代表的城市新区创新空间作为城市的一个重要功能区，其核心活动主要是知识的创造和研发的转化，代表的是一个塑造全社会整体创新导向的空间，突出社会整体改造概念，其管理和功能有更多的扩展，其内涵更广深。在一个典型的城市创新空间中，知识教育、研发是核心功能。由此展开其他社会、产业、文化功能的设计，即城市新区创新空间，尤其是中央智力区将对传统城市物质功能（居住、工作、游憩、交通）及非城市物质功能（社会、文化）进行新的整合，变得更加有机化和整体化。

一是居住功能与生产功能的整合。在当今全球化、信息化时代，创新驱动成为城市新区发展主要因素，创新成为整个人类社会的主轴。每个人都可以通过学习掌握知识和技术，并在小范围组织实施智能化制造和个性化制造，人们完全可以通过“虚拟空间”交换自己的思想、技术、产品及创新，不可否认，人类将进入一个全民创新的时代。居住功能、生产功能相混合将成为普遍现象。近年来，新兴的 SOHO（small office and home office）工作形态就是典型。人们可以在自己家中设置工作场所，依靠信息网络、电脑设备开展研究、开发甚至生产。据统计，美国现有的 SOHO 人员已占劳动力大军的 10%以上，有 90%以上的公司在互联网有地址，甚至出现了“全国庭院工业协会”的新组织来维护居家工作者的利益。这种“电信上班”使工作人员有灵活的工作时间和工作方式，对提高工作效率也是极为有利的（肖建莉，1999）。

二是城市服务功能提升。在创新驱动阶段，城市新区的创新功能将作为一种精神渗透到城市新区所有其他功能中，城市新区的创新能力将决定一个城市新区在竞争中能否取得先机，并且率先取得发展的关键。因此，社会将从以经济增长为轴心的工业社会向以知识的生产、创新和使用为中心的后工业社会转化。城市新区的服务功能也将相应地发生转变，从以商业为中心的服务向以创新和知识为中心的服务转变。具体就是传统工业社会城市主要提供辅助生产的服务和满足个人生活需要的服务，如商业、银行、饮食等，而后工业社会的城市将重点提供个人较高层次生活服务和专业、技术的服务，如教育、研究评价、保健等。

三是交通游憩功能增加。在信息社会，以工作为目的的日常出行会减少，但由于工作效率提高而有了更多的时间用于闲暇活动和旅游，因此长距离的出行旅游会增加。另外，网上购物将使货物运输需求增加。可见，客运、货运服务需求的大量增加，将使未来城市交通运输功能大大增加。同时，城市的游憩功能也将随之增加。宋代欧阳修在《归田录》中说：“余平生所作文章，多在三上：乃马上、枕上、厕上也。盖唯此尤可以属思尔。”说明宽松的环境、自然的景观能让人心旷神怡、赏心悦目，而人只有在宽松、放松、自由自在的时候,才会有灵感,有创新创意的冲动与激情。因此,城市游憩功能的加强与改善,有利于创新氛围的形成。

2. 城市结构的再设计

城市是社会文明的产物,其发展壮大主要归功于工业文明时代的大规模经济集聚,及其社会大分工带来的繁荣。但是进入创新驱动发展的创新时代,城市功能的转变必将带来城市形态的巨大变革。这主要体现在城市空间结构、城市社会结构及工作场所形态等几个方面。

一是城市空间结构的变革。创新时代的城市将成为创新的"巨型梦工场",成为更多创新梦想者集聚交流的地方。城市的空间布局、景观特色都将更多地突出"孵化创新"和"突出特色",以激励每个创新主体的积极性为导向。科技孵化器、创新车库、创新咖啡屋、创新街、数字化工厂、创新社区等成为城市空间组织形态、景观特色。因此,混合功能布局将是城市规划的基本理念。学校、科研、服务、休闲、消费、居住、工厂、体验性市场等城市单元将相互融合、相互支撑。

在同济大学周边形成的"环同济知识经济圈"(见图1-1),最能体现城市布局多功能融合的特征。在同济大学周边,以赤峰路为中心,以国展路、国平路为伸展,布局有同济大学建筑设计研究院、上海同济城市规划设计研究院、上海市政工程设计研究总院、上海邮电设计院有限公司等四家旗舰型设计院。由于同济大学城市规划、建筑设计等优势学科专业的溢出效应,诱导了建筑设计及其相关企业在学校周边的发展,引发了大学功能活动的空间跨界,打破了传统校区与城市空间割裂。目前已集聚了上下游企业1 200多家,从业人员3万多,初步形成了设计产业集群。企业的集聚和大学功能活动的跨界导致了周边土地与房产的混合使用,社区住宅中嵌入了教师创业的工作室,商务楼宇成为学生的延伸课堂与实验室。土地混合使用强度的加大,出现了功能融合的空间投影迹象,即作为大学教学和科研使用的传统校区、孵化企业的大学科技园区、为企业生产活动提供专业服务和生活服务的社区,三种原先相互分离的空间在赤峰路和国展路沿线出现"融合共生、联动发展"的现象(见图1-2、图1-3)。

城市空间结构变革的另一个重要方式就是公共空间。从创新社会生态系统理念出发,空间布局由目前单纯的经济空间向公共空间、文化空间、环境空间演化,用新的城市空间取代原有城市的空间,使创新和创新服务

图 1-1 环同济知识经济圈

资料来源：屠启宇、林兰，2010

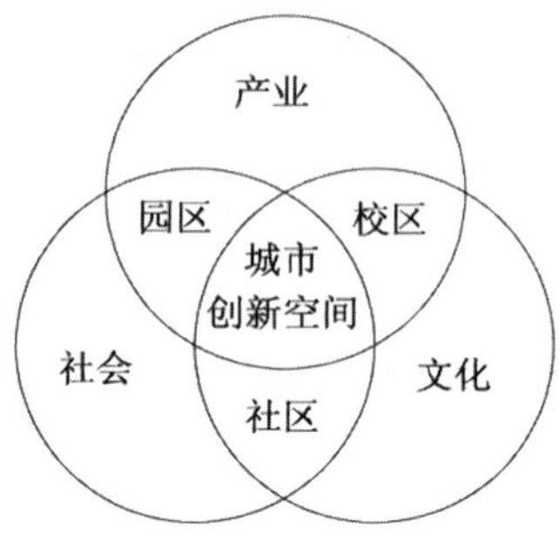

图 1-2 城市创新空间的融合机理

资料来源：屠启宇、林兰，2010

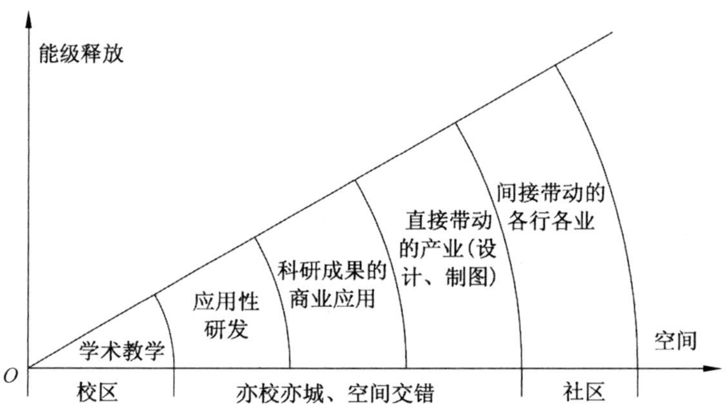

图 1-3 环同济知识经济圈：功能交织与混合布局

资料来源：屠启宇、林兰，2010

的主体相互联结起来。因此，创新时代的城市地标是具备创新创意特色的公共空间，这一空间具有的特征是：网络的开放性，多种交通方式和自行车、步行方式的可接近性，人们交流的便利性；但又不是单纯的换乘交通枢纽，而是人流与信息流同行；人群活动不同于 CBD 有早晚差异、晚间成为空城区，创新时代的公共空间没有昼夜之差，晚间同样有教育、研修、研发、休闲等功能来保证人流。位于上海杨浦五角场的“创智天地”，可谓是一种能够发挥知识传递与创新的沟通枢纽作用的新型公共空间。该“创智天地”占地 84 公顷，总建筑面积超过 100 万平方米，由四大部分组成：智能化办公楼及各种商业服务设施组织的“创智天地广场”，提供住宅、办公、零售、休闲、娱乐设施的多功能“创智坊”，包括各类休闲体育设施的“江湾体育中心”，以及着重推动高科技研发的“创造天地科技园”。“创智天地”融中心区、高科技园区、生活工作区、体育休闲中心于一体，是上海市杨浦区知识创新区的公共活动中心、创新服务中心和校区—园区—社区联动的示范区（见图 1-4）。

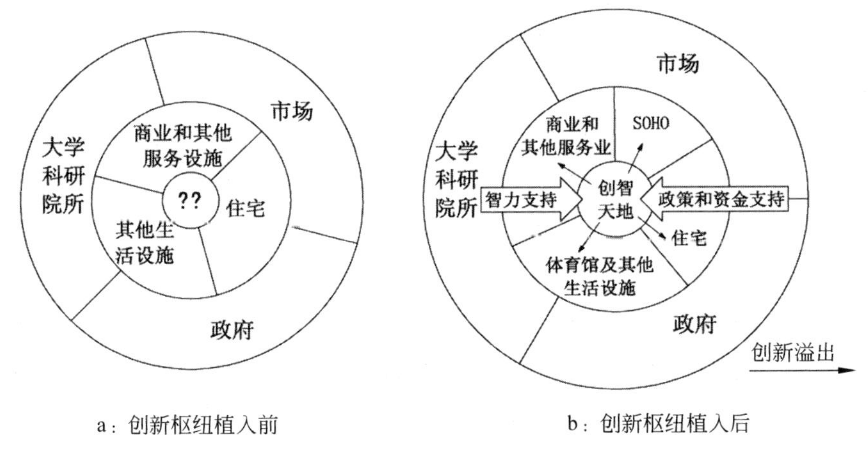

a：创新枢纽植入前　　　　b：创新枢纽植入后

图 1-4　杨浦“创智天地”：公共空间的创新枢纽作用

资料来源：屠启宇、林兰，2010

二是城市社会结构的分异。城市创新空间作为全新的城市空间和带动城市经济、社会发展的重要极核，越来越多地影响和改变着城市的经济社会活动和空间结构。城市创新空间作为城市的一个功能单元，它的发展对城市社会新富裕阶层和中等收入阶层的形成及城市社会空间的分异将产生重要影响。

留学美国并在硅谷成功创业，被称为“信息王”的中国人王维嘉曾说：“美国是由四条腿支撑着的一个超级复合体，这四条腿分别是创造新财富的硅谷、提高经济效率的华尔街、进行财富再分配的华盛顿和提高人们生活质量的好莱坞。美国的第一财富生产中心已由当年的底特律转移到了硅谷。”硅谷不仅是一个高科技中心，还是一个巨大的富翁制造区。在硅谷，平均每天产生 60 多个百万富翁，平均每周有 11 家新公司诞生，每 5 天就有一家公司上市。网景公司的马克・艾德森和雅虎公司的杨致远等都是其中的杰出代表，他们几乎是在一夜之间就迈进了亿万富翁的行列。硅谷的百万富翁在1994年就有5万个，到1997年增加到20万个，2006年年初又进一步猛增至52万个[①]。在2003年《福布斯》公布的全美400位富翁的名单中，高科技的身影十分醒目，在科技榜（互联网、电脑业等）的25位富翁中，硅谷约占一半数量。《财富》杂志公布的2010年美国40岁以下的富翁，在前10名排行榜中，高科技富翁有8名，而8名中有6名来自硅谷。

硅谷作为全球最成功的城市创新空间说明：城市创新空间作为“产学研”紧密结合，实现科技成果商品化、产业化的最主要城市区域，是城市信息、智力资源的密集区，也是享受科技创新收益的科技人员以及大量专家学者最集中的区域。一些紧缺人才如高科技人才、会计师、评估师、经纪人等构成了高收入者的一部分。这些高收入者在人数上和财富的占有量上占据了城市新富裕阶层很大的比例，年龄构成大多在25～45岁，大多都接受过较高层次的教育。

因此，城市创新空间的发展必然引发高学历、高技能的专业化人才大量聚集，形成一个知识层次高、创新意识强的群体。该群体的素质、经济收入水平普遍较高，与其他行业者的素质、收入水平形成明显分异，导致城市社会系统产生组群分化和阶层重构，形成以白领、知识精英为主体的新富裕阶层，从而连锁性地引发城市居住空间、消费空间和就业空间的分异。

三是城市管理的变化。城市空间结构、社会结构的变化，必然带来城市管理的变革，从而有效地构建创新型的社会。①平台化的社会组织。创新时代更多的是发挥每一个人的创造力，通过个人分享和组织协同来共同创新，无论是政府组织，还是各种专业化、主题化的协会组织将发挥重要的作用，社会结构将趋向“扁平化”。政府在有效监督的基础上将更多地放开一些协会组织，并积极探讨和实践一些有利于创新的组织模式，如主题化的创新合作社、社会型企业、众筹、众包平台等。②主题化的社区建设。社区的“城市组织细胞”的功能将进一步凸显。工业时代的大规模经济成为过去，小规模的协作生产必然带来各种“亚文化主体的人群”的空间聚集，形成新的“线上线下结合”的创新社区。③多元化的创新文化。随着互联网技术的渗透和社会的发展，世界日益扁平化，只有文化是保持这个世界

① 中金在线. 美国硅谷创业传奇.

纵深感的核心力量。在创新时代，每一个城市都将根据区域的产业特色和资源禀赋建立自己的创新文化体系，形成对全民创新的软性引导作用。无论是隐性的还是显性的文化、大时代和小时代的文化，主旋律和亚文化都应纳入体系构建的范畴。④城市将更加强调“共享权”而非“所有权”。人与人之间的关系将更多地建立在某些特定平台上并形成分享关系。市场经济时代所坚守的产权清晰的基础可能会受到严峻挑战，在这里更加强调人们对各种创意、技术和产品的自由共享。一些开源硬件、开源软件活动将爆发，甚至房子、汽车都成了共享品(李文军，2015)。

创新时代是一个全新的时代，也是人类历史上第一次真正意义上的创意大释放时代，无论对城市空间结构、社会结构还是城市经济转型发展，优化产业结构都将产生深远的影响。

1.2　研究意义

1.2.1　理论意义

在创新驱动发展时代，创新无疑是城市发展活力的源泉，然而它也是最难以捉摸的。大量关于国家创新系统和区域创新系统的研究文献提出了各种理论，从中可以发现这样或那样有利于创新的环境因素，但并不能由此获得必然导致创新的捷径。迈克尔·波特所设计的国家竞争优势的分析框架可谓包罗甚广，然而具体到各个因素如何在各个国家、地区的发展中发挥作用，却并无一定之说，而是充满不确定性。因此创新充满着偶然性，而有利于创新的空间能使偶然的一点星星之火渐成燎原之势。因此，探讨城市创新空间的生成模式、演化机理及规划建设，构造创新环境，提高创新效率，对制定国家和区域创新政策，推动大众创业、万众创新具有十分重要的指导意义。

近年来，随着我国提出创新驱动发展、建设创新型国家的发展战略，许多城市也提出了建设创新型城市的目标，上海更是提出了建设全球科技创新中心的目标，因此，我国经济学、管理学、社会学、城市规划学等领域的专家学者及政府管理人员对创新、城市创新空间等方面的研究取得了阶段性的、不乏高水平的研究成果。2015年3月，在全国“两会”上，李克强总理提出了“打造大众创业、万众创新和增加公共产品、公共服务的经济发展

‘双引擎’”，希望激发全民族的创业精神和创新基因，掀起“大众创业”“草根创业”的新浪潮，形成“万众创新”“人人创新”的新态势。这不仅需要大众身体力行去实践，更要在实践的同时总结经验教训，用丰富、实用的理论来指导“大众创业、万众创新”。

虽然西方有关区域创新理论、创新空间理论、创意城市理论、创客及创客空间等研究走在世界的前沿，但是考虑到我国自身的文化背景、转型期的特定经济发展模式，国外相关理论的适用性值得商榷。因此，在现有理论研究成果的基础上，结合我国创新型城市建设的实践，探讨、建立适合我国发展特色的城市创新空间理论不仅极有意义而且迫切需要。本书试从区域创新系统理论和城市空间发展理论入手，提出城市新区创新空间的内涵、构成要素、生成模式，探讨城市新区创新空间的生态环境及支撑条件，尝试为城市新区创新空间的规划建设提供一些有益的理论参考，以期丰富城市创新空间理论。

1.2.2 实践意义

2015 年 4 月，南京市委、市政府出台了《关于大力实施创新驱动发展战略、当好苏南国家自主创新示范区建设排头兵的意见》，明确提出到 2020 年，力争把南京建成全国一流、具有国际影响力的国家创新型城市，建成一批有效满足大众创新创业需求、具有较强专业化服务能力的众创空间等新型创业服务平台，建成一批一流的产业科技创新中心和创新型经济发展高地。

南京科教资源富集，创新资源丰富，产业基础雄厚，在新一轮创新驱动发展战略的实施过程中，具有得天独厚的优势。但在《福布斯》中文版近 5 年中国大陆城市创新力排行榜名单中，前六位的城市分别是深圳、苏州、北京、杭州、上海、无锡，2014 年南京排名第七，并且是第一次入选榜单前十，落后于同省的苏州（第 2 名）、无锡（第 6 名）。由中国（南京）城市发展战略研究院和南京社会科学院开展的中国城市创新力综合测评中，位列前八名的城市分别是深圳、北京、上海、广州、厦门、南京、西安、杭州，南京虽然排名第六，但与深圳、北京、上海、广州相比，其差距分都是南京得分的一倍以上，而与排名其后的西安、杭州则差距较小。同样是高校和科研院所云集的省会城市，同样是有着深厚底蕴的历史文化名城，同样是有着舒适的人居环境的山水城市，南京却始终未能闯进中国城市创新力的前列（汤培源，2014）。因此，科教资源、人文优势、经济支撑并不能与创新力画等号。

随着城镇化和工业化的不断发展，城市规模将不断扩大，城市人口、资源与环境之间的矛盾也会不断恶化。因此，城市病的问题将不断凸显，城市承载能力随之会有所下降。城市新区作为区域经济发展的重要区域，伴随着经济发展、人口增长及城市空间扩展而不断发展，已成为城市经济发展及开发建设过程中最为活跃的地区（李建伟，2013）。因而城市新区得到地方政府的高度重视，将其视为提升城市活力、创新力的重要抓手。2018 年年初，南京市提出把南京市建设成为世界创新名城，为高质量建设“强富美高”新南京提供强大引擎和有力支撑。而国家级江北新区、国家级南京经济技术开发区、国家级江宁经济技术开发区等城市新区则是建设创新名城的重点区域，通过重点区域的突破，全面、快速地提升南京的创新能力和创新水平。本书以南京江北新区为例，通过对江北新区创新空间规划建设、创新体制机制构建等角度的分析，从纵向和横向两个方面对江北新区的城市创新空间及能力进行对比研究，以期为南京建成全国一流、具有国际影响力的创新型城市提供有效的建议，为国内其他城市规划建设城市创新空间、创建创新型城市提供借鉴，为城市新区新城创新空间的发展探索规律和经验。

1.3　研究思路与方法

1.3.1　研究思路

本书尝试从经济地理学、人文地理学、经济学、管理学、历史学、社会学和城乡规划学视角出发，建立城市创新空间研究的理论框架，并借助南京市城市创新空间生成、发展的实证案例，阐述城市创新空间规划与建设的思路和方法。全书共分为八章，主要内容如下。

第 1 章，研究背景。介绍本书的研究背景与意义，梳理本书研究的基本思路和框架结构。

第 2 章，理论分析。从区域创新系统理论、创新集群理论、新城理论、科技工业园区发展学说等方面回顾了城市空间、创新空间的研究进展。并从理论体系建设、研究内容和研究方法等方面对城市新区创新空间的生长机理、动力机制进行阐述，探讨城市新区创新空间的理论基础。

第 3 章，创新空间。以南京市江北新区为例，从新区产业空间发展历程、产业布局及主导产业规划等方面，分析城市新区的产业空间。从城市产业集群、创新集群等概念分析入手，分别阐述新区产业型创新空间和研发型创新空间的特征。

第 4 章，功能定位。从国际、国家、区域及新区自身四个层面来分析城市新区创新空间的发展趋势，探讨城市新区在全球产业创新链中向价值链上游攀升的背景下，城市新区创新空间科学、合理的功能定位及发展战略。

第 5 章，空间布局。从城市新区创新型人才的内涵、需求特征分析入手，分析创新型人才的城市流动规律。研究知识型创新空间、产业型创新空间这两类不同类型创新空间的空间布局特征。梳理分析世界创新型园区典范——硅谷和中关村的创新与发展历程，探究其创新空间拓展规律。

第 6 章，规划研究。基于新区空间创新适宜性评价结果，构建城市新区创新空间规划结构，提出规划实施路径。根据规划结构，测算新区创新空间规模，对产业型创新空间与知识型创新空间进行分类布局引导，提出全域创新生态空间引导准则。针对江北新区高校集聚的特征，构建了高校创新集聚带总体空间布局；对具有学科特长的高校构建了环重点高校创新圈，提出了校区、园区、社区、景区“四区融合”的创新空间布局理念及“前厂后研”的创新链模式。

第 7 章，空间创新。基于创新空间发展的需求，从“空间复合”“空间集合”“空间营造”三个方面提出了城市空间创新的策略，以适应创新空间的发展。

第 8 章，发展策略。在对城市新区创新政策梳理、分析的基础上，提出了“差异化培育高校梯队”“精准化高效服务平台”“搭建产学研信息共享通道”“构建双向互动的多层级创新空间更新体系”等城市新区创新空间的发展策略。

本书的研究思路与框架见图 1-5。

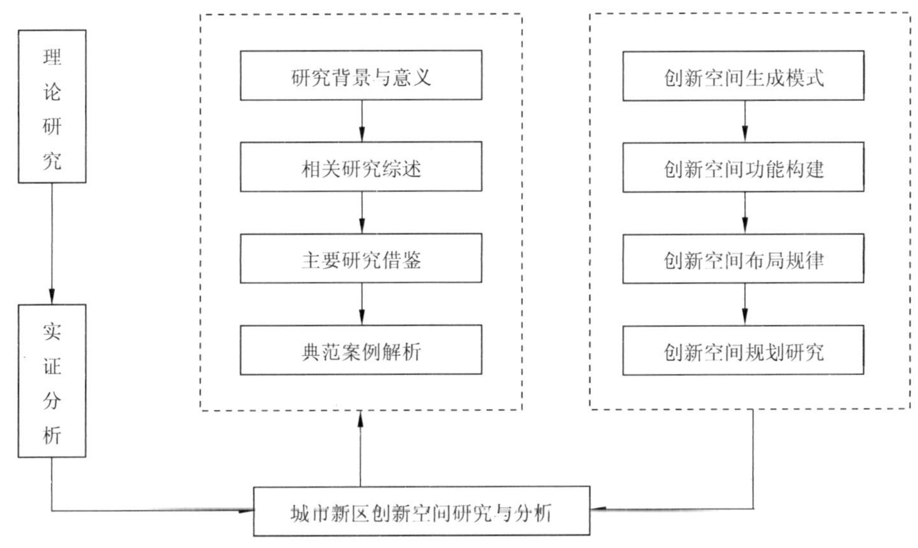

图 1-5 本书的研究思路与框架

资料来源：自绘

1.3.2 研究方法

方法是指人类为了达到一定目的(认识的或变革客观现实)所选择的手段、途径或方式(刘建能,1995)。方法论就是关于方法的理论,是关于自然、社会和思维活动的结构、逻辑组织、方法和手段的学说(韦诚,1999)。不同的学科具有不同的方法论,因此,方法论应根据具体的研究对象及共同性质来确定。城市新区创新空间研究不仅仅涉及城市经济学、区域创新系统理论、城市规划学,还涉及许多其他自然科学、人文科学的理论。因此,本书将借鉴区域经济学、经济地理学、制度经济学、创新经济学、城市规划学、管理学等学科前沿的一些理论和方法。另外,作为人文地理学研究的城市新区创新空间,是一种以经济空间为主要特色的社会空间类型,主要探究其空间的形成发展与演变趋势,以及相对应的空间形态与结构。研究者可以观察到的现象空间是历史演变发展的结果,而不是历史演变的本身。要了解形成空间结果的具体过程与动力机制,必须通过对大量历史资料的分析与对历史当事人的采访,还原其发展的真实过程。因此,历史唯物主义的方法论应该是其主要的方法论,纵向的历史分析方法和横向的结合比较方法是最有效和可靠的方法(王兴平,2005)。基于此,本书的研究方法主要有以下几种。

1. 理论分析与实证分析相结合的方法

城市新区创新空间研究涉及诸多理论问题，如空间生产理论、区位理论、有机生长理论、空间结构理论等许多理论问题。恩格斯曾指出，科学研究不能“从纯粹思维出发”，而“必须从最顽强的事实出发”。因此，既要运用实践检验现有理论研究成果进行证实与证伪的方法，又要运用对现实问题进行归纳总结，以及提出新的假设并进行检验的实证主义方法，以提升城市新区创新空间研究的理论高度。本书对南京江北新区的产业平台、大学城进行了深入调查、资料收集，通过理论分析、数据处理及大量的国内外比较研究，提炼出相关的规律与结论。

2. 定性分析与定量分析相结合的方法

任何事物都是质与量的统一，因此在本书的研究过程中，力图通过定性分析与定量分析相结合的方法，用定量分析来揭示被隐藏起来的一般规律。如本书在对新区创新空间的生成动因、趋势进行分析时，运用了大量的数理分析方法，如统计分析、回归分析、层次分析等定量数学模型，模拟城市创新空间发展的内在机理、城市创新空间效益与发展潜力等。

3. 辩证分析与系统研究相结合的方法

在对城市新区创新空间拓展的分析中，努力运用辩证分析与系统分析相结合的方法，用全面的、发展的、普遍联系的观点去分析问题、解决问题，并运用系统综合的方法去考察问题的内外联系。因此，广博而不分散、专深而不偏颇是本书的研究要求。实际上，本书各个部分既可以独立成篇，又能融为一体，层次分明，结构合理，每章虽各有立论之点，但各章间均以城市新区创新空间的发展为研究主线，具有内在的逻辑。因此，利用辩证分析与系统研究相结合的方法，是本书的重要研究方法。

参考文献

[1] 于涛方.国外城市竞争力研究综述[J].国外城市规划，2004(1)：28-34.

[2] 汤培源.城市创意空间[M].南京：东南大学出版社，2014.

[3] 仇保兴.城市定位理论与城市核心竞争力[J].城市规划，2002(7)：10-13.

[4] 李维佳.城市的可持续发展与核心竞争力[D].成都理工大学，2008.

[5] Krugman P. Development, Geography and Economic Theory [M]. Cambridge, MA: MIT Press, 1995.

[6] 迈克尔·波特. 国家竞争优势[M]. 李明轩, 邱如美, 译. 北京: 华夏出版社, 2002.

[7] Leo Van den Berg, Erik Braun. Urban competitiveness Marketing and the need for organizing capacity[J]. Urban Studies, 1999(36): 987-999.

[8] Peter Karl Kresl, Balwant Singh. Competitiveness and Urban Economy: Twenty-four Large US Metropolitan Areas[J]. Urban Study, 1999, 36(5-6): 1017-1027.

[9] Tim Campell. Learning Cities: Knowledge, Capacity and Competitiveness [J]. Habitant International, 2009(33): 254-260.

[10] 罗涛, 张天海, 甘永海, 等. 中外城市竞争力理论研究综述[J]. 国际城市规划, 2015(1): 7-15.

[11] 倪鹏飞, 赵壁, 魏劭琨. 城市竞争力的指数构建与因素分析——基于全球 500 典型城市样本[J]. 城市发展研究, 2013(6): 72-79.

[12] 倪鹏飞. 中国城市竞争力的分析和概念框架[J]. 经济学动态, 2001(6): 14-18.

[13] 倪鹏飞. 中国城市竞争力与基础设施的实证综述[J]. 中国工业经济, 2002(5): 64-69.

[14] 邓智国. 创新驱动背景下城市空间的响应与布局研究——以上海为例[J]. 区域经济评论, 2014(1): 142-146.

[15] 屠启宁, 邓智国. 创新驱动视角下的城市功能再设计与空间再组织[J]. 科学与研究, 2011(9): 1425-1434.

[16] 肖建莉. 论知识经济时代社会与城市的若干发展趋势[J]. 城市规划, 1999(7): 35-37.

[17] 屠启宇, 林兰. 创新型城区——"社区驱动型"区域创新体系建设模式探析[J]. 南京社会科学, 2010(6): 1-7.

[18] 李文军. 众创时代与城市变革[N]. 海东科技园, 2015-05-07.

[19] 刘建能. 科学方法论新探[M]. 北京: 中共中央党校出版社, 1995.

[20] 王兴平. 中国新城市产业空间——发展机制与空间组织[M]. 北京: 科学出版社, 2005.

[21] 韦诚. 方法论系统引论[M]. 合肥: 安徽大学出版社, 1999.

第 2 章

城市新区创新空间的相关理论

2.1 相关概念解析

由于本书聚焦于城市创新空间的生成模式、演化规律及发展对策，因此有关城市空间、创新、创新空间等的概念应首先予以讨论。

2.1.1 空间与城市空间

1. 空间

关于空间的概念，当推崇老子所著《道德经》，“三十幅共一毂，当其无，有车之用。埏填以为器，当其无，有器之用。凿产牖以为室，当其无，有室之用：故有之以为利，无之以为用”。轮毂的“空”是车轮滚动的原因，容器的“空”是容器有用的原因，房屋的“空”也是房屋得以居住的原因。因此，“空”与“间”非常微妙，既是命题又是内容，阐述的即人与场所之间的关系。

英语“空间”的概念，源自于拉丁文“Spatuim”，“在日常三维场所的生活体验中，符合特定几何环境的一组元素或地点，两地之间的距离或特定边界间的虚体区域”(见《美国传统词典》)。显然，空间的客观规律涉及与生活体验相关的城市化空间、空间感知和空间的特定构成方式等问题。

当然，不同学科对空间的理解、内涵不尽一致，地理、区域对空间也带来理解的不同。因此，段进(1999)认为，对于具体的空间理念意义，东西方存在着差异，各民族也存在着差异。在中国，认为人与自然是直接感通的，“天人合一”思想强调人所创造的空间都应与宇宙自然相对应，所谓风水、水脉、吉凶等都源于此。同时，结合中国的儒学礼制还形成了完整的城乡空间布局理念。中国的这种空间理念模式曾影响了东南亚、日本、朝鲜等。在西方则更注重数学化的表达符号，更注重人的创造性，强调物质形态本身的逻辑性。如早期柏拉图（Plato）的《理想国》、亚里士多德（Aristotle）的《政治篇》以及卡尔·李特尔（Karl Ritter）的《地学通论》等。当今的米修·福寇（Michel Foucault）、菲利普·柯克（Philip Cooke）等的研究，则已直接深入到空间与政治、空间与权力、空间与资本、空间与生产、空间与城镇发展等具体的制约之中。

可见，空间可分为物质空间形态和非物质空间形态，本书所要讨论的空间限定为城市与区域聚落的物质空间形态。当然，我们强调研究对象为物质空间形态，但我们并不能避开非物质的空间理念意义与其他空间形态，因为意识形态一直影响着空间物质形态的形成与发展。进一步说，我们所指的物质空间形态研究必然还包含与其相关群落的空间理念、意义及各种活动的空间结构在地域上的呈现。

2. 城市空间

城市作为人和经济、社会活动集聚的场所，也必然以此作为凭借和依托，正如马克思曾精辟地指出的，空间是一切生产和一切人类活动所需要的因素，是人类文明的集中表现。但明确地以空间的概念来分析和认知城市的实体环境和抽象组织特征，是从 20 世纪中叶布鲁诺·赛维提出“空间乃是建筑的本质”开始的。[①] 其后，经过大批西方学者从不同的角度对城市空间进行研究，人们才逐步认识到：城市空间是城市系统中各类相互作用关系的物化及其在一定地理区域的投影，它使城市作为一个整体能以物质形态而存在，并使各种相互关系在物质形态的层面上得到统一。因而，城市空间既是城市各系统发展的载体，又是各种系统发展的结果。城市空间组织模式在本质上是取决于城市物质空间环境与在该环境中人的社会、经济、文化活动的相互作用，城市空间包括物质、生态、社会、感知和认识等多种属性，一个完整的城市空间概念应该包括城市空间、城市空间结构和城市空间形态。

---

① ［意］布鲁诺·赛维. 建筑空间论——如何品评建筑［M］. 张似赞，译. 北京：中国建筑工业出版社，2006

对城市空间的界定，规划界、建筑界和地理界有不同的看法。规划界认为城市空间是一种理性空间，本身包括建筑物和开放区域；建筑界认为城市空间指建筑物外形和内部围合空间；地理界认为城市空间就是城市占有的地域。概括上述三个学科的观点，可将城市空间划分为宏观空间和微观空间。宏观空间是指城市占有的地域（包括三度空间）；微观空间是指城市建筑物的围合空间和建筑物占领空间。

本书研究城市新区创新空间，其城市空间的含义是指宏观层次上作为整体性观念的城市空间，特指城市占有的地域（包括三度空间）。因此，本书所约定的城市空间是在特定地理边界约束下，一组在空间上展布，具有特征鲜明、结构有序和功能互补的要素在空间上相互作用而形成的一个空间集合。这些要素自身之间或与其周围环境之间，不断进行物质、能量、信息的交换和传输，且以“流”的形式（如人口流、物质流、能量流、信息流、经济流等）贯穿于其间，既维系系统与环境的关系，又维系系统内部各要素的关系，形成一个动态的、有层次的、成等级的、可实行反馈的开放系统。

孙施文（1997）认为城市空间具有以下三种属性：

一是城市空间的物质属性。作为城市社会中各类要素相互作用关系的物化及其在城市土地上的投影，它使城市系统能以物质形态而存在，并使各种关系在物质形态层面上得到统一，城市实体环境（Physical Environment）是其外在表现。

二是城市空间的社会属性。城市作为人的活动场所，个体的行为、社会的组织、社会组织权力群体和机构的活动等，必然会导致形成社会阶层、邻里与社区组织，以及土地利用、建筑环境的空间分异。土地利用与建筑环境的分异是社会分异的空间表征，社会空间统一体内隐性组织结构分异则是空间分异的内在原因。

三是城市空间的生态属性。城市作为一个有机体，与所依托的环境，包括生物与非生物环境，存在着相互作用。生态因子、种群、群落的分布格局及其通过相互作用而呈现的动态变化，影响到城市整体空间形态。

3. 城市空间的分类

《雅典宪章》将城市功能划分为居住、工作、游憩和交通四大功能，并对这四大功能的要素配置提出了方案。随着城市的发展，新的城市功能因子及其空间分布情况不断产生。下面拟从城市的几个主要功能空间对城市空间的内在机制进行分析(汤培源,2014)。

1) 居住空间

居住是城市最基本的职能之一。一方面,城市居住空间格局深刻地反映着城市地域上的社会经济状况。居住空间格局的影响主要由住房需求和住房供给两大因素相互决定。这两方面相互作用决定了城市居住场所的选择和居住群体的变迁,导致城市内部居住分化,形成城市居住空间结构。居住分化无论在哪个时代和哪个城市都是存在的。历史上,中世纪欧洲城市以权力和阶级来分区居住,日本的近代城市也是贵族和平民分布在城市内部核心和外围。但随着社会的进步和经济的发展,居住分化呈现出不同的形式。总体来看,居住分化在城市中总的趋势是不断增强,且越来越复杂。

另一方面,城市居住空间的形成和变化又取决于城市居民的不断变化和迁移,其影响因素也是多方面的,主要可以归纳为主体需求和客体供给两个方面。在现代城市中,这两方面都越来越复杂,没有一套完整的理论可以借鉴,只有在市场经济背景下,分析主体和客体的相互关系和制约因素,选择性地研究主要影响因子的变异情况。

2) 生产空间

工业化对城市化和城市空间的演化作用自工业革命以来表现出越来越强烈的趋势。但随着经济增长方式的转变,传统工业(制造业)的地位逐步下降,新的产业形式逐渐占据主导地位,也就是第三产业。随着信息社会的到来,甚至出现了有学者称为"第四产业"的信息产业。这些新型的经济增长方式有别于传统的第二产业,主要是更为综合,空间上表现为综合体模式,对环境也不再是制约,甚至对环境提出更高的要求。第三产业的空间格局对城市空间演化的影响更为深刻。它按照服务对象可分为个人型、企业型和公共型。由于面对的群体特征的不同,空间上为了最有效满足服务对象,必须与特定对象发生密切的联系。个人型服务行业倾向于按人口分布及需求特点来分布;企业型要求有便捷的交通和最低的成本;公共型空间分布上则要求均衡、公平,因此受政策和城市规划的影响较大,不如前两者那样自由。

近年来,兴起的产业园区尤其是高新技术产业园区,凭借其快速增长的经济形式和高信息能量源辐射,成为城市空间布局上又一主流现象。这也就是所谓的第四产业。由于这种经济形式具有特殊的环境特点，以及高素质和高品质等新型要求，使之有别于传统“第二产业”的经济模式和经济观念。其空间布局一般位于城市郊区或城市高速公路两侧等地段。由于这种园区具有智力密集型特点，因此和城市大学的联系甚为密切，一般依托于城市已有的智力密集地展开。

3）商业空间

商业是城市最重要也是最基本的功能之一。自城市产生之初就有军事和商业职能构“城”建“市”，形成城市。随着城市的发展，商业功能和结构不断演化，形成现代城市复杂的商业网络体系。

传统商业基本上可以分为批发业和零售业两大基本类型。在空间区位上，批发业和零售业呈现出分离的态势。零售业一般直接与消费者发生联系，批发业则不同，它一般与生产单位联系得更为紧密，是生产和销售的中间环节。随着经济和社会的发展，批发业逐渐发生变化。首先，一方面，现代运输方式的发展、商品运输环节的减少和流通过程的迅速变化导致了消费地批发业地位的下滑；另一方面，消费者的需求日趋多样化，要求商品的供给能够快速适应需求的变化。其次，经济活动的垂直一体化引起批发业功能发生变化。另外，物流活动表现出向郊外迁移，商流活动则注重信息流和人流的接触面，仍然强势集聚在市中心地带。零售业的接触对象主要是消费群体，贴近需求的主体，受消费主体的选择性影响很大。涉及空间单元有家庭、邻里、社区和城市。如果我们以最小的商业单元——商店作为研究对象，我们就会发现：零售业的空间形态在城市中呈现为点状、线状和块状；在城市中心区域呈现为商业板块，自内而外放射为商业走廊，其中夹杂着很多个商业网点。

4）城市公共空间

城市公共空间是指城市在建筑实体之间存在着的开放空间体，是城市中供居民日常生活和社会生活公共使用的外部空间，是进行各种公共交往活动的开放性空间场所。城市公共空间主要包括山林、水系等自然环境，以及人为建造的公园、绿地、商业街等，即在功能和形式上遵循相同原则的内部空间和外部空间两大部分。同时，它又是人类与自然进行物质、能量和信息交流的重要场所，还是城市形象的重要表现之处，被称为城市的“起居室”“会客厅”或是“橱窗”。由于承担着城市中的政治、经济、历史、文化等各种复杂活动和具有多种功能，它既是城市生态和城市生活的重要载体，也是城市各种功能要素之间关系的载体，而且它是动态发展变化的。城市居民社会生活多方面的需求和城市的多种功能，导致形成各种类型和不同规模、等级的城市公共空间。按照物质空间划分，城市公共空间又包括街道空间、广场空间、公园空间、绿地空间、节点空间、天然廊道空间等。

城市公共空间作为城市结构体系的重要组成部分，影响并支配着其他的城市空间。城市公共空间具有以下几方面的特性：主观性、多样性、象征性和可识别性、与建筑形态的一致性、与城市功能分区的统一性、与民族和地域的密切性、与文化和历史的关联性。

2.1.2　创新与城市新区创新空间

1. “创新”的内涵

“创新”最早是由美籍奥地利经济学家约瑟夫·熊彼特(J. A. Schumpeter)提出的，他于1911年出版了德文版《经济发展理论》一书，1934年被译为英文版，首次使用了“创新”(Innovation)一词。他把“创新”界定为“建立一种新的生产函数或供应函数，是在生产体系中引进一种生产要素或生产条件进行新的组合”。就该定义来看，就是要把一种从来没有的关于生产要素或生产条件的“新组合”引进生产体系中去，以实现对生产要素或生产条件的“新组合”。熊彼特的“新组合”包括：①采用一种新的产品，即消费者还不熟悉的产品或一种产品的一种新的特性；②采用一种新的生产方法，即在有关的制造部门中尚未通过经验检定的方法，这种新的方法不需要建立在学科新的发现的基础上，可以存在于商业上处理一种产品的新的方式之中；③开辟一个新的市场，即有关国家的某一制造部门以前不曾进入的市场，不管这个市场以前是否存在过；④夺取或控制原材料或半制成品的一种新的供应来源，不管这种来源是已经存在的，还是第一次创造出来的；⑤实现任何一种工业的新的组织，如造成一种垄断地位或打破一种垄断地位(熊彼特，1990)。有学者将熊彼特的“新组合”归纳为五个创新，依次为产品创新、技术创新、市场创新、资源配置创新、组织创新。熊彼特非常强调组织创新、管理创新、社会创新与技术创新之间的联系，并在此基础上归纳出技术创新的三种模式，即技术推动创新说、创新与企业规模的关系说和创新与市场结构创新说。

李安方(2009)将熊彼特的创新理论概括为以下三个基本要点。

第一,创新是经济增长的动力和源泉,经济由于创新而得以发展。熊彼特的创新理论解释了经济周期现象,他认为,创新的出现造成对生产资料和银行需求的扩大,引起经济高增长,当创新扩展到较多企业之后,盈利的机会减少,社会对生产资料和银行信用的需求下降,导致经济萎缩,经济衰退又会刺激企业家进行新的创新以获取超额利润,这样周而复始,形成了经济周期的四个阶段——振兴期、繁荣期、衰退期和萧条期。

第二,创新的主体是"企业家"。在熊彼特创新理论中,他把"新组合"的实现称之为"企业",那么以实现这种"新组合"为职业的人们便是"企业家"。因此,企业家的核心职能不是经营或管理,而是看其是否能够实施这种"新组合"。这个核心职能又把真正的企业家活动与其他活动区别开来。每个企业家只有当其实际上实现了某种"新组合"时,才是一个名副其实的企业家。这就使得"充当一个企业家并不是一种职业,一般说也不是一种持久的状况,所以企业家并不是形成一个从专门意义上讲的社会阶级"。熊彼特对企业家的这种独特的界定,其目的在于突出创新的特殊性,说明创新活动的特殊价值。但是,以能否实际实现某种"新组合"作为企业家的内在规定性,这就过于强调企业家的动态性,这不仅给研究创新主体问题带来困难,而且在实际生活过程中也很难把握。

第三,创新同时意味着毁灭。熊彼特认为,因为经济领域的广泛性,创新并不是单一存在的,由于不同领域多种多样的创新因其持续时间的长短和效果的差异,导致经济周期的不稳定性,整个经济的发展受到创新的影响,呈现出周期性波动,创新的潜在利润在推动一批企业迅速发展的同时,也会使一批无法创新的企业被淘汰,从而实现生产要素(如人员、设备、资金等)的重新组合。在竞争性的经济生活中,由于消灭方式的不同,一些"新组合"的出现意味着对"旧组合"的毁灭,因而创新对于经济和企业的发展来说是一种"创造性毁灭"。

随着创新理论的进一步发展、扩充和完善,创新研究分为以索洛(R. M. Solow)为代表的技术创新学派和以诺斯(D. North)为代表的制度创新学派两个基本分支。20 世纪 80 年代末至 90 年代,英国著名的技术创新学家费里曼(C. Freeman,1987)教授在研究日本经济政策和经济绩效时,首先提出了"国家创新系统"(national innovation system)的理论,该理论又进一步分为宏观学派(Nelson,1993)和微观学派(Lundvall,1992)。哈佛大学教授波特(Porter)综合相关学者的研究,在其 1990 年出版的《国家竞争优势》一书中指出,国家创新体系应综合考虑宏观因素和微观因素,为此,他提出了国家创新的钻石理论模式。随着经济发展区域化趋势的出现,国家创新体系逐步被区域创新体系代替。综上所述,创新理论研究的历史脉络可以图 2-1 表示。在此基础上,有关区域创新系统、创新型国家、创新型城市、全球化创新等理论相继被提出。

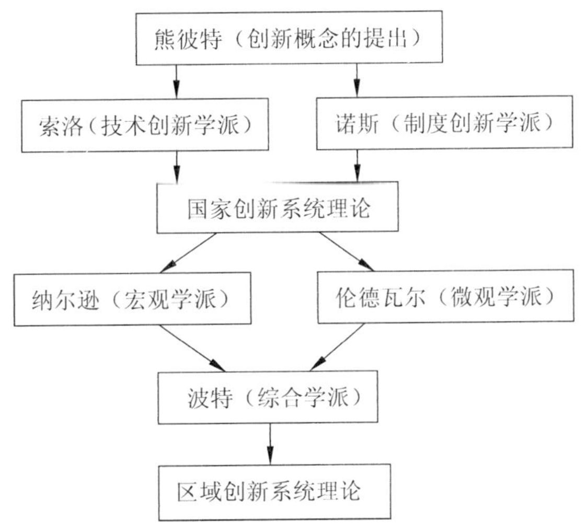

图 2-1　创新理论研究的历史脉络

资料来源：陈家祥,2012

2. 城市新区创新空间

目前学术界将城市创新空间作为一个独立的学术概念进行研究的文献还比较少,因此尚未有统一的定义。天津大学的曾鹏是我国较早研究城市创新空间的学者,2007 年他以其博士论文《当代城市创新空间理论与发展模式研究》为基础,发表了《城市创新空间理论与空间形态结构研究》,构建了较为系统的城市创新空间的理论框架,他认为"城市创新空间作为聚集创新活动的场所,是以创新、研发、学习、交流等知识经济主导的产业活动为核心内容的城市空间系统"。周天勇(2009)主编的《2009：中国城市创新报告》引用了曾鹏的研究成果。屠启宇在《创新型示范城区与创新型城市建设研究》中提及了城市创新空间的概念,在《创新驱动视角下的城市功能再设计与空间再组织》中提出了一种城市创新要素集聚的空间形态——中央智力区。他认为城市创新空间作为创意研发环节的载体，是研发人才、机构和活动集聚积聚的空间；在不同技术发展周期，具体的创新集聚空间会更多地表现为特定技术行业生产链的集聚；自 20 世纪中期以来的经济全球化背景下出现的出口加工区、自由贸易区、保税区、科技园、CBD 等都是针对生产链的特定环节设计的针对性空间载体，要在观念上把创意研发视为当代大都市另一项重要的经济特征和新的核心发动机，进而需要在城市功能空间上塑造最大限度支持创新研发活动的硬件和软件载体——中央智力区。郭建科等(2012) 在《城市创新空间网络》中分析了城市创新空间和创新型城市的关系，并提出了城市创新空间网络的基本模式，认为城市创新空间是指包括创新主体、创新要素和创新支撑环境在内的城市创新空间系统，它属于城市复合地域系统的子系统，是推动科技产业、文化管理及服务等全方位创新活动产生、发展、集聚和扩散的空间体系，是基础设施等硬环境和政策服务体系等软环境空间的构成复合体。熊安昕(2016)认为，城市创新空间是各种创新要素在城市地域上的空间分布和组合，也是创新要素的重要方面。

曾鹏(2007)认为，城市创新空间就是为了推动知识经济发展而出现的物质空间形式，其发展也必然体现出知识经济的特质和它给传统工业生产空间带来的变化。其特点简单来说就是创新空间内创造性的研究开发(R&D)活动总量超越低创造性的生产加工活动总量(见图 2-2)。

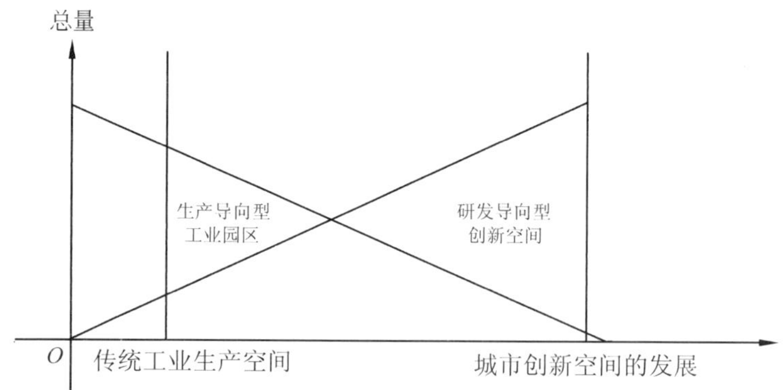

图 2-2　城市创新空间示意图

资料来源：曾鹏，2007

城市创新空间作为集聚创新活动的场所，是以创新、研发、学习、交流等知识经济主导的产业活动为核心内容的城市空间系统。这个系统除了包含物质形态要素外，还取决于物质环境中的经济、社会以及文化活动的相互作用。因此，作为信息化条件下城市空间的一种形态，城市创新空间的组织模式不仅是指一般意义上高技术产业相关硬件设施的功能聚合，而且应该包括物质、社会、认知等多种属性，一个完整的城市创新空间概念框架包括创新空间及其空间结构、空间形态、产业结构、创新机制与创新文化精神。

2.2 城市空间发展理论

自 1765 年瓦特发明蒸汽机开始，英国发生了影响整个世界经济与社会进程的工业革命，导致英国和全球范围内快速的工业化和城市化。这一方面推进了人类社会利用自然资源，满足物质生活需求的进程；另一方面也给人类社会尤其是人居环境带来了许多沉重的压力和问题。由此引发的关于城市空间发展的研究成为经久不衰的课题。

2.2.1 城市空间发展的经典理论

城市发展在不同的历史阶段会面临不同的困难和问题，因此其研究成果也不尽相同。回顾 18 世纪工业革命以来的世界城市化历程，城市空间发展理论研究诞生了许多经典理论，如霍华德的“田园城市”理论、《雅典宪章》及《马丘比丘宪章》，这些理论对世界城市发展的历程产生了重要的影响。

1. 田园城市理论

18 世纪的工业革命不仅改变了城市社会结构、法律制度和价值观，而且在资本主义大生产的冲击下，引发了西欧城市在组织制度、社会结构、空间布局、生活形态等方面的深刻变化。工业化刺激了社会矛盾激化、道德沦丧、城市环境恶化、就业困难等城市病(顾朝林，2011)。“从城市化那天起，就埋下罪恶的种子。”这不能不引起人类对城市发展的反思和理论探索。英国社会学者埃比尼泽·霍华德(Ebenezer Howard)在 1898 年出版了《明日：一条通往真正改革的和平道路》，1902 年再版时修改为《明日的田园城市》,提出了最为著名、影响最为深远的“田园城市”空间布局思想,被认为是翻开了城市规划的新篇章,开创了近代城市规划学的先河。

在《明日的田园城市》一书中,霍华德分析了城市和乡村各自的主要优点和相应缺点,认为“这种该诅咒的社会和自然的畸形再也不能继续下去了。城市和乡村必须结婚,这种愉快的结合将迸发出新的希望、新的生活、新的文明”(埃比尼泽·霍华德著,金经元译,2006)。为了形象地说明上述观点,他绘制了著名的“三磁极图”,三块磁铁分别注明为“城市”“乡村”“城市—乡村”,三种引力同时作用于“人民”,提出了一个耐人寻味的问题“他们何去何从?”。为此,霍华德提出:用城乡一体的新社会结构形态来取代城乡分离的旧社会结构形态,创造性地提出了“田园城市”的城市布局模式——一种集城市和乡村的优势为一体的全新生活环境。

根据霍华德的设想,“田园城市”(garden city)包括城市和乡村两个部分,其“社会城市”的结构形态和主要内容(见图 2-3)如下。

(1) 一个面积 12 000 英亩、人口 58 000 人的中心城市和若干个面积 6 000 英亩、人口 32 000 人、名称和设计各异的田园城市,共同组成了一个由农业地带分隔的总面积 66 000 英亩、总人口 250 000 人的城市群,即社会城市。从中心城市中心到各田园城市中心约 4 英里;从中心城市边缘到各田园城市边缘约 2 英里。一定的人口规模和多样的社会机构可提供丰富的社会生活,工业企业和农业生产可确保经济上的自给自足。

(2) 各城市之间放射交织的道路、环形的市际铁路、从中心城市向各田园城市放射的上面有道路的地下铁道、环形的市际运河,以及从中心城市边缘向田园城市放射的可通向海洋的大运河等,在交通、供水和排水上,把社会城市联结成一个整体。

(3) 在田园城市四周,有自留地;在城市之间的农业用地上,有新森林、大农场、癫痫病人农场、水库和瀑布、疗养院、工业疗养院、流浪儿童之家、戒酒所,精神病院、农学院、盲人学院、墓地、采石场、砖厂。作为永久性保留的绿地,农业用地永远不得改作他用。

霍华德不仅提出了田园城市的设想,还为实现这一理想进行了细致的考虑,他对资金的来源、土地的分配、城市财政的收支、田园城市经营管理都提出了具体的建议。1899 年,他还组织了田园城市协会,宣传他的主张。1903 年,他组织了“田园城市有限公司”,筹措资金,在距离伦敦东北

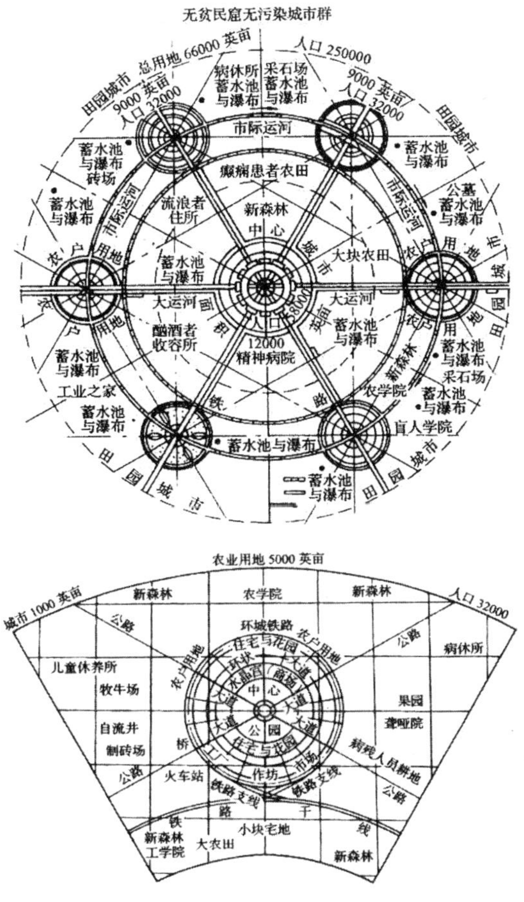

图 2-3　霍华德田园城市

资料来源：霍华德著，金经元译，2006

56 公里的地方购买土地，建立了第一座田园城市莱奇沃思（Letchworth）。该城市的设计是在霍华德的指导下由恩温（R. Unwin）和帕克（B. Parker）完成的。在很好地适应了当地的地形条件的情况下，该城市的设计较好地体现了霍华德的想法，霍华德努力把它作为建设示范性田园城市、社会城市，进而全面改建大城市的第一步。1919 年，霍华德又在韦林（Welwyn）购得一个狩猎场，建设了第二座田园城市。除了英国建设的莱奇沃思和韦林两座田园城市外，奥地利、澳大利亚、法国、德国、荷兰、波兰、美国、西班牙等国也都建设了田园城市或类似称呼的示范性城市。可以说，田园城市发展成为世界性的运动。

马万利、梅雪芹(2008)认为,“田园城市”理论的三个主要贡献在于:

一是在工业化导致城市自然无序发展的背景下,表达了“城市需要规划”的思想;

二是“田园城市”对生态环境的关注与今天的可持续发展观念具有一致性;

三是“田园城市”理论不仅关注人类生存的自然状态,更关注社会状态,主要表现在对住宅、就业场所、公共场所、学校、教室等的设计上。

张京祥(2005)认为,“田园城市”理论最重要的价值在于,其体现了城市规划指导思想立足点的根本转移,从显示统治者权威或张扬规划师个人审美情趣的旧模式转移到以关心人民的根本利益为出发点,体现了对城市统治权威的挑战和人本主义思想。王志章(2008)指出,“田园城市”理论不仅是对当时社会问题及思潮的反映,更是以一种积极的态度通过改变物质环境来缓解社会问题,推动社会改革。

综上所述,霍华德的“田园城市”理论不仅提出了城乡一体化、互动发展的城市空间布局理念,而且更重要的是吹响了人民城市的号角。这号角始终在全世界回荡。它提醒我们不要陶醉于当前城市的亮丽外表而不求上进。不关心绝大多数人民利益的城市,不可能真正促进社会的繁荣(埃比尼泽·霍华德著,金经元译,2006)。

2. 恩温的卫星城概念

霍华德的田园城市设想虽然得到了初步的实践,但仍然是一种理想型的城市模型。1922 年,霍华德“田园城市”理论的追随者恩温提出了“卫星城”的概念来继续推进霍华德的思想。恩温认为,霍华德的田园城市在形式上有如行星周围的卫星,以表明子城与母城相互依存的关系,卫星城是指大城市管辖区范围内与中心城市有一定距离,在生产、生活等方面与中心城市密切相关,又具有相对独立性的新型城镇。1924 年,在荷兰阿姆斯特丹召开的国际城市会议上,恩温明确提出卫星城的概念和一系列设想,认为“卫星城”是防止大城市规模过大和不断蔓延的一个重要方法。由此,“卫星城”成为一个国际上通用的概念。在这次会议上,他明确提出了卫星城的定义,卫星城是一个经济上、社会上、文化上具有现代化城市性质的独立城市单元,但同时又是从属于某个大城市的派生物。

卫星城的概念强化了子城与中心城(母城)的依赖关系,在其功能上强调中心城的疏解,因此往往被视作中心城市某一功能疏解的接受地,由此出现了工业卫星城、科技卫星城甚至卧城等类型,成为中心城市的一部分。经过一段时间的实践,人们发现这些卫星城产生了一些问题,而这些问题的来源就在于对中心城市的依赖,因此开始强调卫星城的独立性。在这种卫星城中,居住与就业岗位之间相互协调,具有与大城市相近似的文化福利设施配套,可以满足卫星城居民的就地工作和生活需要,从而形成一个职能健全的独立城市。因此卫星城是一个没有规模限制的相对独立城市,并且服务于已经存在的大城市,而非“田园城市”理念中提出的新建中心城市。因此,卫星城的建设更符合时代背景。

曹云(2014)认为,卫星城的发展经历了四个阶段(见表 2-1),第一代卫星城为卧城,居民的工作和文化生活仍在母城;第二代卫星城则有一定数量的工厂企业和公共设施,居民可就地工作;第三代卫星城则基本独立于母城,具有就业机会,其中心也是现代化的;第四代卫星城为多中心敞开式城市结构,通过高速交通线将卫星城和中心城联系起来,中心城的功能逐步扩散到卫星城中去。

表 2-1　卫星城发展阶段

发展阶段	主要特征	特点	不足	代表城市
第一阶段卧城	除了居住建筑外,设有生活服务设施,居民的生产工作及文化生活的需要还需在母城解决	缓和中心城市城区居住人口集中和用地紧张的问题	增加了职工上下班的运输,未能缓解中心城市活动的过分集中	巴黎
第二阶段半独立卫星城	除了居住建筑外,还设有一定数量的工厂、企业和服务设施,使一部分居民就地工作,另一部分居民仍去母城工作	缓和中心城市城区居住人口集中和用地紧张的问题,并部分缓解了居民就业和文化生活过于集中的压力	对疏散大城市的人口方面并无显著效果	赫尔辛基

续表

发展阶段	主要特征	特点	不足	代表城市
第三阶段完全独立的卫星城	城市规模较第一、第二阶段的卫星城大，并进一步完善了城市公共交通及公共福利设施	强调功能的相对独立性，一般是在一定区域范围内的中心城镇，可对涌入城市的人口起到一定的截留作用	—	密尔顿·凯恩斯
第四阶段单中心到多中心开敞式卫星城	各层次的城市相互连接而形成城市群，并把中心城市功能疏散出去，而且各中心之间也有快速交通设施		—	长三角地区有望成为代表

资料来源：曹云，2014

3. 沙里宁的有机疏散理论

为了解决城市过分集中所产生的各种弊病，芬兰学者埃列尔·沙里宁(Eliel Saarinen)在其1942年出版的《城市：它的发展、衰败和未来》(*The City—Its Growth, Its Decay, Its Future*)一书中提出了城市有机疏散理论。在该书中，沙里宁详尽地阐述了这一理论，并从土地产权、土地价格、城市立法等方面论述了有机疏散理论的必要性和可能性。

有机疏散的理论来源是利用对生物和人体的认识来研究城市，认为城市由许多“细胞”组成，细胞之间有间隙，有机体通过不断地细胞繁殖而逐步生长。大城市一边向周围迅速扩散，同时内部出现了被称为“瘤”的贫民窟，而且贫民窟也在不断蔓延，这说明城市是一个不断成长和变化的有机体(曹云，2014)。因此，沙里宁认为城市与自然界的所有生物一样，都是有机的集合体。因此城市建设所遵循的基本原则也与此是相一致的，或者说，城市发展的原则是可以从自然界的生物演化中推导出来的。由此，他认为，“有机秩序的原则是大自然的基本原则，所以这条原则，也应当作为人类建筑的基本原则”。

在这样的指导思想基础上，沙里宁全面地考察了中世纪欧洲城市和工业革命后城市建设状况，对现代城市出现衰败的原因进行了揭示，提出了治理现代城市的衰败、促进其发展的对策：①把衰败地区中的各种活动按照预订方案转移到适合于这些活动的地方去；②把腾出来的地区按照预订方案，进行整顿，改为其他最适宜的用途；③保护一切老的和新的使用价值。因此，有机疏散就是把大城市目前拥挤的区域分解成为若干个集中单元，并把这些单元组织成为“在活动上相互关联的有功能的集中点”。在这样的意义上，构架起了城市有机疏散的最显著特点，就是将原先密集的城区分裂成一个一个的集镇，它们彼此之间通过保护性的绿化带隔离开来(见图 2-4)。

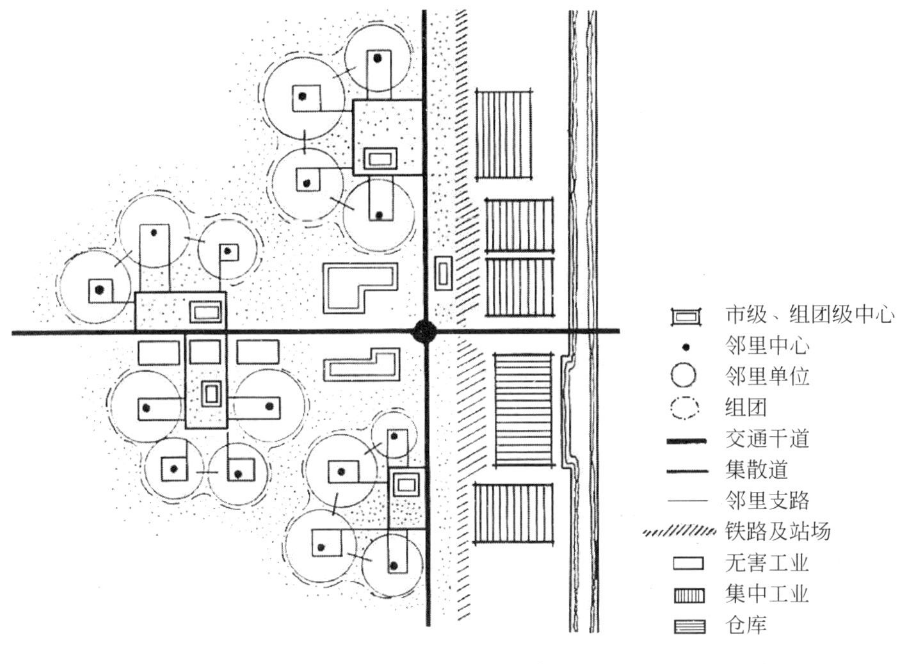

图 2-4　沙里宁有机疏散城市

资料来源：张捷、赵民，2005

沙里宁不仅在书中提出了有机疏散理论，还提出了一系列推进城市有机疏散的建设手段，详细探讨了城市发展思想、社会经济状况、土地问题立法要求、城市居民参与和教育、城市设计等方面的内容。关于城市规划的技术手段，他认为“对日常活动进行功能性的集中”和“对这些集中点进行有机的分散”这两种组织方式，是使原先密集城市得以进行必要的和健康的疏散所必须采用的两种最主要的方法。因为，前一种方法能给城市的各个部分带来适于生活和安静的居住条件，而后一种方法能给整个城市带来功能秩序和工作效率。因此，任何的分散运动都应按照这两种方法来进行。因此，相比于霍华德的“田园城市”、赖特的“广亩城市”①，沙里宁的“有机疏散”是一种带有相对“集中”色彩的分散思想(见表 2-2)。

表 2-2　城市规划思想的分散类型比较

分散类型	社会组织方式	城市特性	影响
霍华德的“田园城市”	“公司城”劳资双方的和谐关系	保持城市的经济活动和社会秩序，融入自然优雅环境	导致西方国家的新城运动
赖特的“广亩城市”	“个人”的城市，居住单元相对独立	强调真正的自然乡土环境(极度分散)	美中产阶级郊区化运动根源
沙里宁的“有机疏散”	精英规划师规划，卫星城相对独立	原城市中心地区解构，重新规划的卫星城相互独立，注重城市功能	为“二战”后改善大城市功能与空间结构问题起了指导作用

资料来源：郝晓斌、张明卓，2014

4.《雅典宪章》(1933 年)

在 20 世纪上半叶，现代城市规划基本上是在建筑学的领域内得到发展的，甚至可以说，现代城市规划的发展是追随着现代建筑运动而展开的。1933 年，在雅典召开了第四次国际现代建筑会议(CIAM)，会议主题是“功能城市”，会议发表了《雅典宪章》。

《雅典宪章》在思想上认识到城市中广大人民的利益是城市规划的基础，因此它强调“对于从事城市规划的工作者，人的需要和以人为出发点的价值衡量是一切建设工作成功的关键”，在宪章的内容上也从分析城市活动入手提出了功能分区的思想和具体做法，并要求以人的尺度和需要来估算功能分区的划分和布置，为现代城市规划的发展指明了方向，建立了现代城市规划的基本内涵。

《雅典宪章》的思想方法是建立在物质空间决定论的基础之上的。这一思想认为，建筑空间是影响社会变化的工具，通过对物质空间变量的控

① 当代美国建筑大师弗兰克·劳埃德·赖特在其 1932 年出版的著作《正在消失的城市》和其 1935 年发表于《建筑实录》上的论文《广亩城市：一个新的社区规划》中提出了“广亩城市”的理念。赖特认为，“现代城市不能适应现代生活的需要，也不能代表和象征现代人类的愿望，是一种反民主的机制，因此，这类城市应该取消，尤其是大城市。要创造一种新的、分散的文明形式，它在小汽车大量普及的条件下已成为可能”。赖特指出，“在汽车和廉价电力遍布各处的时代里，已经没有将一切活动都集中于城市中的需要，而最为需要的是如何从城市中解脱出来，发展一种完全分散的、低密度的生活居住就业结合在一起的新形式，这就是广亩城市”。

制，就能形成良好的环境，这样就能自动地解决城市中的社会、经济、政治问题，促进城市的发展和进步。在这一思想引导下，20 世纪 50 年代以前的城市规划的方式主要是物质空间规划。

《雅典宪章》最为突出的内容就是提出了城市的功能分区。它认为，城市活动可以划分为居住、工作、游憩和交通四大活动，提出这是城市规划研究的“最基本分类”。该宪章中阐述道：“城市规划的四个主要功能要求各自都有其最适宜发展的条件，以便给生活、工作和文化分类和秩序化。”功能分区在当时有着重要的现实意义，它主要针对当时大多数城市无计划、无秩序发展过程中出现的问题，尤其是工业和居住混杂导致的严重的卫生问题、交通问题和居住环境问题等，而功能分区的方法确实起到了缓解和改善这些问题的作用。另外，从城市规划学科的发展过程来看，《雅典宪章》所提出的功能分区也是一种革命，它根据城市活动对城市土地使用进行划分，对传统的城市规划思想和方法进行了重大改革，突破了过去城市规划追求图面效果和空间气氛的局限，引导了城市规划向科学的方向发展。当然，《雅典宪章》也存在着一些不容忽视的问题，但这是由于历史局限性造成的。其一，机械的功能分区，牺牲了城市的有机组织，使复杂、丰富的城市生活走向单一化、简单化，与人类的需求背道而驰。其二，城市规划是描绘城市未来的终极蓝图，一并在这种终极状态下平衡各类用地，这显然与不断变化的社会经济不协调。

5.《马丘比丘宪章》(1977 年)

20 世纪 70 年代后期，国际建筑协会鉴于当时世界城市化趋势和城市规划过程中出现的新内容，于 1977 年在秘鲁的利马召开了国际性学术会议。与会的建筑师、规划师和有关官员以《雅典宪章》为出发点，总结了半个世纪以来尤其是第二次世界大战后的城市发展和城市规划思想、理论及方法的演变，展望了城市规划进一步发展的方向，在古文化遗址马丘比丘山上签署了《马丘比丘宪章》。

该宪章申明，《雅典宪章》仍然是这个时代的一项基本文件，它提出的一些原理今天仍然有效。但随着时代的进步，城市发展面临着新的环境，《雅典宪章》的一些指导思想已不能适应当前的形势的发展变化，因此需要进行修正。

《马丘比丘宪章》首先强调了人与人之间的相互关系对城市和城市规

划的重要性，并将理解和贯彻这一关系视为城市规划的基本任务。“与《雅典宪章》相反，我们深信人的相互作用与交往是城市存在的基本依据。城市规划……必须反映这一现实。”《马丘比丘宪章》摒弃《雅典宪章》机械主义和物质空间决定论的思想基础，宣扬社会文化论的基本思想。它认为，物质空间只是影响城市生活的一项变量，而且这一变量并不能起决定性的作用，而起决定性作用的应该是城市中各人类群体的文化、社会交往模式和政治结构。从人的需要和人与人之间的相互关系出发，《马丘比丘宪章》提出了一系列的具有指导意义的观点。

其次，《马丘比丘宪章》在对40多年的城市规划理论探索和实践进行总结的基础上，提出《雅典宪章》所崇尚的功能分区“没有考虑城市居民的人与人之间关系，结果是城市患了贫血症，在那里城市建筑物成了孤立的单元，否认了人类的活动要求流动的、连续的空间这一事实”。《马丘比丘宪章》提出，“在今天，不应当把城市当作一系列的组成部分拼在一起考虑，而必须努力去创造一个综合的、多功能的环境”，并且强调，“在1933年，主导思想是把城市和城市的建筑分成若干组成部分，在1977年，目标应当把已经失掉了它们的相互依赖性和相互关联性，并已经失去其活动和含义的组成部分重新统一起来”。

然后，《马丘比丘宪章》认为城市是一个动态系统，要求“城市规划师和政策制定人必须把城市看作在连续发展与变化的过程中的一个结构体系”。20世纪60年代以后，系统思想和系统方法在城市规划中的运用，直接改变了过去将城市规划视作对终极状态进行描述的观点，更强调城市规划的过程性和动态性。《马丘比丘宪章》在总结一系列理论探讨后，进一步提出“区域和城市规划是个动态过程，不仅要包括规划的制定而且也要包括规划的实施。这一过程应当能适应城市这个有机体的物质和文化的不断变化”。

最后，《马丘比丘宪章》提出公众参与城市规划的极端重要性，“城市规划必须建立在各专业设计人员、城市居民以及公众和政治领导人之间的、系统的、不断的互相协作配合的基础上”，并“鼓励建筑使用者创造性地参与设计和施工”。

总之，从19世纪末开始，现代城市规划学作为一门有特定研究对象的学科自创立以来，城市规划经历了理想主义、功能主义到第二次世界大战后的人文主义与现代主义结合，注意充分满足居民住房、教育、娱乐、家庭生活等多方面的需求。20世纪60年代以来，现代城市规划观念又经历了一次新的变革：重视社会经济因素与城市规划的结合，对城市结构的认识进一步深化，用环境观点规划和建设城市，将城市规划看作引导城市有序发展的一种手段。如何适应城市居民的各种需求，已成为城市规划的一个主要特征。

2.2.2 城市空间发展的现代理念

20世纪90年代以后，广泛的经济转型已经和空间转移、行政权力下放(devolution)交织在一起(Clarke、Gaile，1998)。其结果是强化了地方制度设施(local institutional infrastructure)，鼓励大都市区与区域合作，提升地方创业环境，移交资源决策权。这种积极的创业方法(entrepreneurial approach)逐渐将地方战略调整到关注人力资本发展和全球—地方连接(global-local links)上来。多区位生产过程、高附加值活动、新国际劳动分工和日益增长的人力资本资源成为第四波经济社会发展的新特征。与此同时，2008年发生的次贷危机以及其所引发的金融产品特别是结构性金融产品的危机，宣告了美国以及发达国家的低储蓄、高消费甚至是超前消费的模式发生了危机。从周期的角度来讲，全球经济发展新周期已经开始，并呈现出经济增速放缓、贸易增速放缓的特点。同时，在新周期处于一个技术创新的递减区域，技术蜂聚现象产生的基础缺乏，新技术革命快速来临的可能性不大。因此，第四波的城市发展转型将以自我重建为特征，表现为丰富多彩的特点(顾朝林，2011)。

1. 文化城市

文化城市一般理解为是以宗教、艺术、科学、教育、文物古迹等文化机制为主要职能的城市。例如，以寺院、神社为中心的宗教性城市，如印度的普陀迦亚、日本的宇治山田、以色列的耶路撒冷、沙特阿拉伯的麦加等；以大学、图书馆及文化机构为中心的艺术教育型城市，如英国的牛津、剑桥等；以古代文明陈迹为标志的城市，如中国的北京、西安、洛阳，日本的京都、奈良，希腊的雅典和意大利的罗马等。戴立然(2001)认为，“城市文化”是名词，特指“已经存在的物质文化和精神文化的总和”；“文化城市”是动词，特指用文化“儒化”城市，即通过“文化教化”，“以文化人、以文化城”。

他认为现代城市的核心是市，市的核心是人，人的核心是文。城市价值观念文化是城市文化的精髓，是“文化城市”的关键。李奎泰(2006)将文化城市分成广义和狭义两种，狭义的文化城市指重视音乐、电影、美术等以艺术活动为主的文化艺术城市；广义的文化城市则并不停留在艺术活动的层次，包含了城市空间规划以及市民生活质量在内的整个市政活动都归于文化城市的范畴之内。

文化城市作为一种城市发展的理念和方法并予以实践，是在 20 世纪 80 年代从欧洲开始的，欧洲文化之都(Capitals of Culture)就是其中最为盛行的一种形式，一直延续至今。与传统的历史文化名城发展模式不同，文化城市更加强调文化活动、文化经济、城市文化形象策划以及市民文化参与塑造等(Palmerrae，2004)。而文化城市建设就是将城市建设成为市民日常生活和生活方式更具备文化涵养的城市，整个市区空间结构更具文化性的城市，具备满足市民文化艺术欲望所需要的文化设施的城市。与此同时，文化城市也是文明城市、学习型社会和国际文化交流中心。从理性趋利决策(西美尔，2008)和城市增长机器本质(莫勒奇，2008)的角度来看，文化城市也可以理解为以城市文化为核心手段，组织城市经济活动、社会网络与空间形态，支持城市文化多样性需求，打造城市增长机器，建设不断完善且充满人情味的现代城市生活空间。刘合林(2010)认为，文化城市包含六个基本构成要素，即文化资源、文化创意产业、文化景观、文化氛围(cultural milieu)、文化场所和文化制度与政策。其中，文化氛围又称为文化场(cultural field)，它是一种磁力空间、黏性力量，将文化城市的诸多要素有机组织在一起，从而实现文化城市的三个核心功能：①应对全球文化同化，保障国家和民族的文化生存；②以文化的手段促进城市经济可持续增长；③促进城市居民日常交流，破解理性趋利决策造成的城市居民的心理与情感隔离(见图 2-5)。

2. 创意城市

关于“创意”的解释，并没有标准的答案。佛罗里达(Florida，2002)认为，“创意就是对原有数据、感觉或者物质进行加工处理，生成新的且有用的东西的能力”。兰德里和富兰克(Landry、Franke，2005)则认为，“创意即全新地考虑问题，它是一种实验、一种原创力、一种重写规则的能力”。从上面的阐述来看，“创新”和“创意”是两个极易混淆的概念。

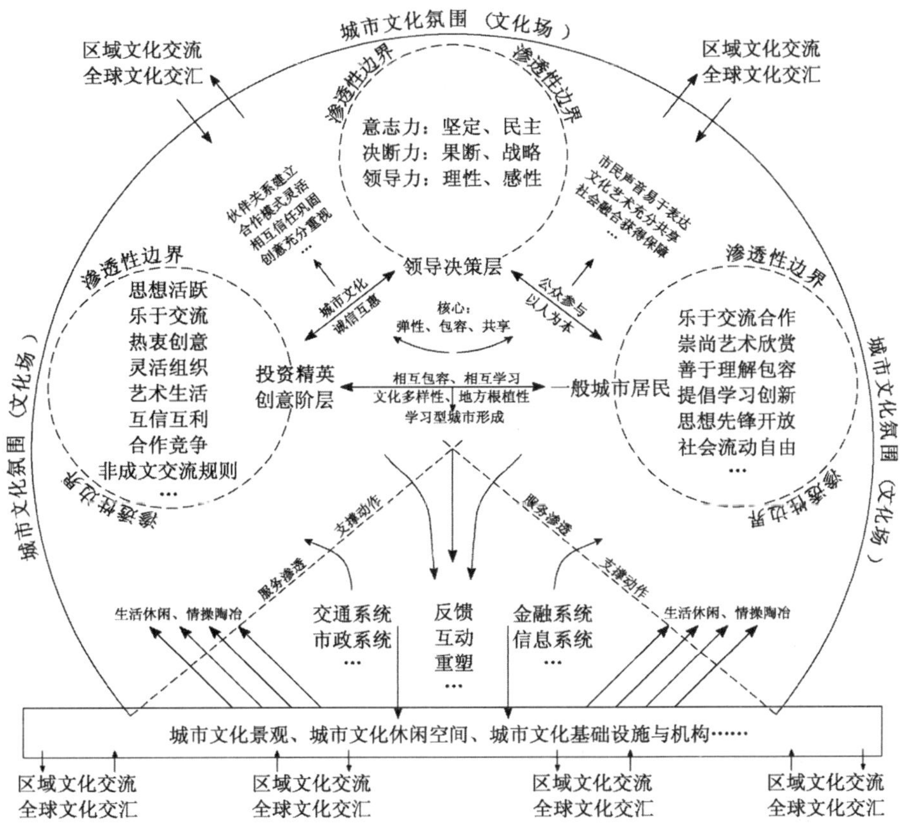

图 2-5　文化城市的“城市文化广场”

资料来源：刘合林，2010

“创新”(Innovation)在《牛津高阶英汉双解词典》中解释为：一是新事物、思想或方法的创造、创新、改革(the introduction of new things, ideas or ways of doing sth)；二是新思想；新方法(a new idea, way of doing sth., etc. that has been introduced or discovered)。尹宏(2009)认为，一方面，创新和创意具有内在联系，指人类进行的从无到有的创造性活动。创新是创意的源头，创意是创新的一种表现形式。另一方面，创新和创意具有明显的区别。创意包含着非线性的、经常不符合逻辑的个人表达，创新则包含着精心设计好的新因素。创意是令消费者获得独特体验效用的观念、感情和品味；创新指利用技术手段对各种资源进行效率性的重组，以提高生产效率、改变产品或服务的功能结构，为消费者提供更多的功能效用。

各国发展经验证明(汤培源,2014),创意和创新的概念割裂往往是由于各国(或地区)对创意产业的界定不同而产生的。例如,与英国沿用的"创意产业"相比,美国则采用"版权产业"(Copyright Industries)的分类方法,包括文化、高技术和 R&D 产业等,而英国的"创意产业"其实更多的等同于"文化产业"。但无论是创新还是创意,都能增加产品或服务的总价值,促进经济增长。从这个角度来讲,我们可以把"创意"理解为一切在人的主观思维作用下,综合运用个人的技能、才华和知识,借助于现代技术手段,进行的人文性创造活动的过程和结果。

创意城市的思想,最早可追溯到维多利亚时期的约翰·罗金斯(John Ruskin)和威廉·莫里斯(William Morris)创立的文化经济学(Sasaki,2003)。后来由盖迪斯(Geddes)和芒福德(Mumford)两位大师将罗金斯和莫里斯的思想引入了创意城市的研究中,当然创意城市理论研究的真正兴起还是在进入 21 世纪后。

英国创意城市研究机构 Comediaded 的创建者兰德里(2000)认为,创意城市(creative city)是指以文化为主的城市再生,通过城市创意对各个行业的渗透而形成以创意产业为主导产业体系的城市。城市要实现再生,必须通过城市整体的创新,而其中的关键在于城市的创意基础、创意环境和文化因素。由于创意与城市之间有着密切的联系,因此,任何城市都有可能成为创意城市。打造创意城市,不仅要吸引文化创意人才与团体组织进驻城市,通过创意产业的兴起赋予城市以新的生命力和竞争力,同时还能够以创意方法解决城市发展的实质问题,这一切都依赖于城市的创意环境。

由上述可见,创意环境是创意城市形成的环境条件,创意产业是创意城市的产业支撑,创意产业园区是创意城市的空间表现形态。创意城市是创意产业与创意空间的有机聚合体(见图 2-6)。通过发展创意产业,带动空间创新和组织创新、制度创新,进而孕育出创意城市。因此,创意城市着重科技、文化、艺术与经济的融合,强调地方文化特色与区域发展的融合,注重人的创造力与城市创意环境的融合。佛罗里达在《创意阶层》中论述知识经济时指出,在知识经济时代,企业是追逐着人才而选址,而人才则追逐有质量的城市地点(Florida,2002;Florida,2003)。创意城市的环境生命力和活力分成两个不同的层面。第一层面是生态可持续;第二层面是城市设计,包括易读性、地方感、建筑特色、城市不同部分在设计上的联结、街灯的质感，以及城市环境的安全、友善与心理亲近的程度。

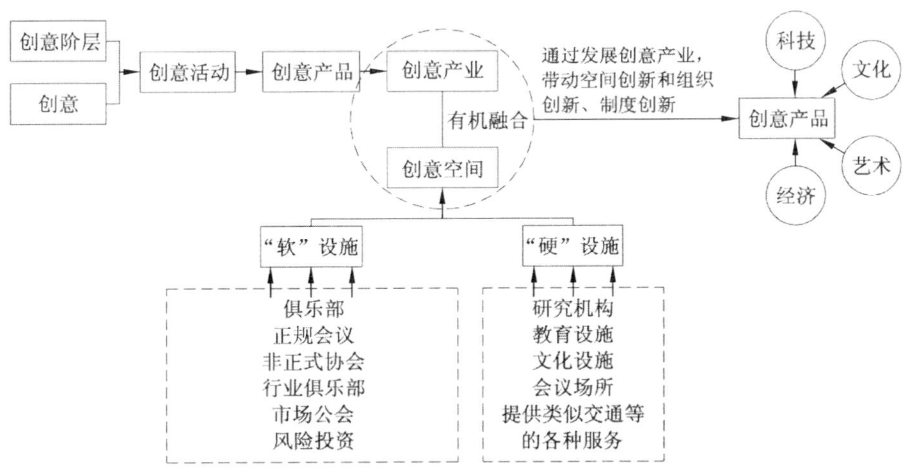

图 2-6 创意产业、创意空间与创意城市组织概念

资料来源：汤培源，2014

霍斯伯斯（Hospers，2003）根据经济与城市发展的历史时期总结出四种类型的创意城市（见表 2-3）。

表 2-3 创意城市类型

序号	类　　型	历史上的创意城市	当代的创意城市
1	技术创新型城市	1900 年的底特律（亨利·福特在此奠定了美国汽车工业的基础）； 19 世纪的曼彻斯特（纺织业）、格拉斯哥（造船业）、鲁尔（采煤和钢铁业）、柏林（电力）	美国的硅谷（旧金山和 Polo Alto）； 英国的剑桥（同为信息技术的圣地）
2	文化智力型城市	古典时期的雅典； 文艺复兴时期的佛罗伦萨； 17 世纪的伦敦（舞台剧）、巴黎（绘画）和维也纳（科学和艺术）； 20 世纪早期的柏林（歌剧）	大学城，如德国的海德堡、爱尔兰的都柏林、法国的图卢兹、荷兰的阿姆斯特丹、比利时的卢维思（Louvain）
3	文化技术型城市	20 世纪 20 年代的好莱坞和宝莱坞（电影产业）、孟菲斯（音乐产业）、巴黎和米兰（时尚产业）； 20 世纪 90 年代的曼彻斯特（新摇滚乐）和柏林墙推倒后的莱比锡（多媒体产业）	阿姆斯特丹和鹿特丹（后者被选为 2001 年欧洲文化之都）

续表

序号	类　型	历史上的创意城市	当代的创意城市
4	技术组织型城市	恺撒时期的罗马(引水工程); 19 世纪的伦敦和巴黎(地铁系统); 20 世纪初的纽约(摩天大楼); 战后的斯德哥尔摩(耐久住宅); 20 世纪 80 年代的伦敦(道克兰地区改造)	蒂尔堡(公司制管理城市); 鹿特丹(港口区复兴)

资料来源：霍斯伯斯，2003

(1) 技术创新型城市(Technological Innovation Cities)。这类城市多为新技术得到发展或者是技术革命的发源地。一般是由一些创新精神的企业家，即熊彼特(创新概念的奠基人)所说的新人(New Men)，通过创造既相互合作又专门化分工，并具有创新氛围的城市环境而引发城市的繁荣。

(2) 文化智力型城市(Cultural Intellectual Cities)。与技术创新型城市相反，文化智力型城市偏重于“软”条件。例如，文学和表演艺术，通常都是出现在现存的保守势力和一小群具有创新思维的激进分子相互对峙的紧张时期。主张改革的艺术家、哲学家、知识分子的创造性活动引起了文化艺术上的创新革命，随后形成了吸引外来者的连锁反应。

(3) 文化技术型城市(Cultural Technological Cities)。这类城市兼有以上两类城市的特点，技术与文化携手并进，形成了所谓文化产业(Cultural Industries)。对此，彼得·霍尔曾提出“艺术与技术的联姻”，认为这种类型的创意城市将是 21 世纪的发展趋势，将互联网、多媒体技术与文化睿智地结合在一起，文化技术型城市将会有一个黄金般美好的未来。

(4) 技术组织型城市(Technological Organizational Cities)。相比其他类型的创意城市，技术组织型城市主要在政府主导下与当地商业团体共同合作(即地方层面的公私合作)推动创意行为的开展。人口大规模聚居给城市生活带来了种种问题，比如城市生活用水的供给，基础设施、交通和住房的需求等。这些问题的原创性的解决方案造就了技术组织型的创意城市。

3. 科技城市

科技城市是以科技创新为目标，以科学技术的产生、传播和在产业中的应用为城市的主要功能(Downey、McGuigan，2003)，以良好的生态环境和智慧基础设施为支撑，以科技发展和知识的创新促进个人、经济、社会和环境的协调发展，并将先进的科学研究成果和文化理念逐渐渗透到整个经济和社会结构中的城市(王志章，2010)。科技城市的核心是为居民、企业、社会提供自主创新的环境(Castells、Hall，1998)，其中融合研究、开发、生产、居住、服务于一体的综合整体系统，比传统科技园区更为综合全面，比科学城更强调科学技术在实际生产与生活中的应用。科技城市由创新源核心区、知识共享平台、科技服务平台、RDP 综合体、多样化居住区构成，依托公共服务保障、产业发展政策、智慧基础设施、文化生态环境、自然生态环境为制度环境保障(见图 2-7)。

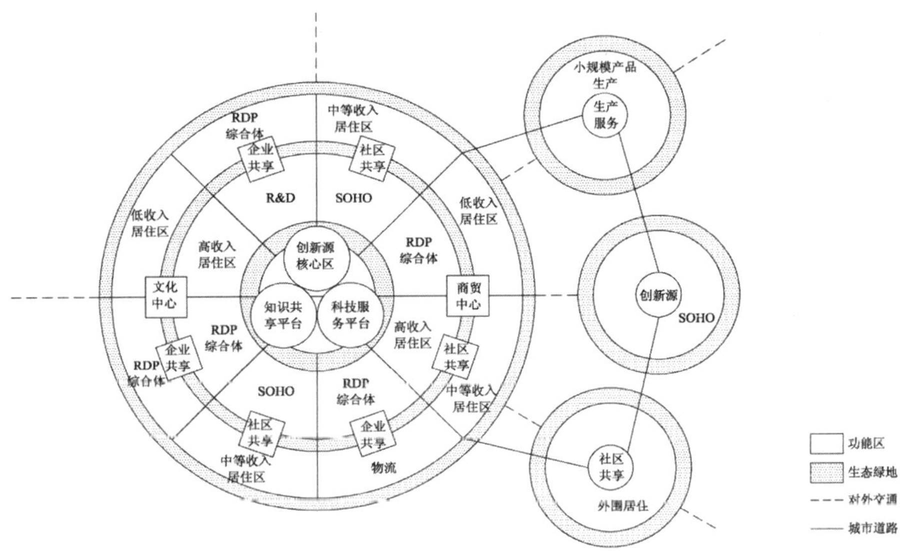

图 2-7　科技城市理想空间的结构模式

资料来源：Castells、Hall，1998

4. 智慧城市

智慧城市是继数字城市和智能城市之后出现的一个新概念，是信息化、工业化与城镇化建设的一个深度融合，也是城市信息化的高级形态(唐建荣，等，2011；巫细波、杨再高，2010；陈铭，等，2011)。发展智慧城市是提高城镇化质量、推进城镇现代化建设的重要步骤,也是城市经济增长的倍增器和社区和谐发展的转换器。同时,智慧城市建设包括城市经济信息化、城市社会管理智能化、环境维护自动化和居民生活便捷化等多方面的内容(林跃勤,2011)。建设智慧城市有利于转变城市外延型发展模式与生活消费模式,保障社会可持续发展,促进传统产业升级,培育战略性新兴产业,节能减排推动整个经济发展模式转变。智慧城市主要注重基础设施先进、信息网络畅通、科技应用普及、生产生活便利、城市管理高效、公共服务完备、生态环境优美(见图 2-8)。

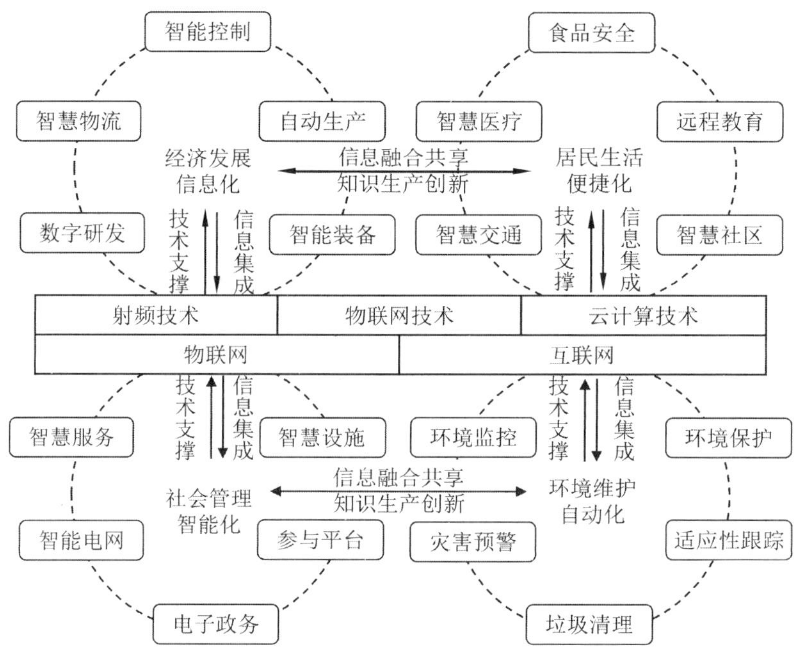

图 2-8 智慧城市的发展框架

资料来源:自绘

2.3 城市新区创新空间生成机理

2.3.1 城市新区创新空间的生成模式

城市创新空间是各种创新要素在城市地域上的空间分布和组合,也是创新要素的重要方面(熊安昕,2016)。从南京江北新区的创新空间成长路径和发展动力来看，其创新空间可以分为四种生成模式：一是城市中心型；二是开发园区型；三是城市更新型；四是规划生成型。

1. 城市中心型创新空间

城市中心地区，由于历史积淀的原因而形成了高等院校、科研院所及大型企业的集聚，这些单位和部门人才济济、设备先进、管理科学。围绕大学、科研院所、大型企业等先锋机构，相关行业公司、企业家、投资公司形成大范围的混合发展，构成城市的创新空间。从图 2-9 和表 2-4 可以看出，在南京江北新区的中心分布有南京农业大学、南京工业大学、南京信息工程

图 2-9　江北新区已建高校的布局

资料来源：自绘

大学、南京审计大学等 15 所高等院校，涵盖了理工医以及经济、管理、军事等学科门类，拥有包含 9 名院士在内的 2.3 万人师资力量，在校生总规模达 16.22 万人。近年来，我国研究型大学、创业型大学的建设尤其是国家大学科技园的建立、发展，更是有力地推动了江北新区城市中心型创新空间的发展。“政产学研”模式的实施，使城市中心地区的高等院校、科研院所及企业打破藩篱，构建校企合作联盟、院企合作平台，形成城市中心型创新创业园区及创新空间。如南京信息工程大学(原南京气象学院)高度重视科技创新，“十二五”期间，承担了包括国家“973”计划项目、“863”计划项目、国家科技支撑计划项目、国家自然科学基金项目、国家社会科学基金项目等 2 900 多项，获授权专利 1 800 余项。学校大力推进科技成果转化和产业化，建有国家技术转移中心和江苏省气象传感网技术工程中心等多个工程中心，同时集聚了相关的气象类企业，形成环南京信息工程大学的气象产业经济圈。

表 2-4 南京江北新区已建高校的情况

序号	学校名称	创办时间	学校类型	办学层次	学生规模/人	占地规模/亩
1	南京工业大学	1902 年(1992 年建浦口主校区)	理工类	本、硕、博	32 000	3 000
2	南京信息工程大学	1960 年 5 月	理工类	本、硕、博	32 000	2 189
3	南京农业大学工学院	1952 年(1985 年迁回浦口)	理工类	本、硕、博	5 000	716
4	陆军指挥学院	1952 年 5 月	军事类	本、硕、博		2 600
5	海军工程大学电子工程学院	1949 年 5 月	军事类	本、硕、博		
6	南京审计大学	1983 年(2002 年建浦口主校区)	财经类	本、硕	15 200	1 943
7	江苏警官学院	1949 年(2013 年建浦口主校区)	政法类	本科	5 100	1 006
8	南京大学金陵学院	1998 年	理工类	本科	11 000	1 011
9	东南大学成贤学院	1998 年	理工类	本科	10 000	1 200
10	南京信息工程大学滨江学院	2002 年 5 月	理工类	本科	11 000	1 060

续表

序号	学校名称	创办时间	学校类型	办学层次	学生规模/人	占地规模/亩
11	江苏第二师范学院	1952年(2006年建浦口主校区)	师范类	本科	8 300	280
12	南京审计大学金审学院	2002年11月	财经类	本科	8 000	600
13	南京铁道职业技术学院	1941年(2010年建浦口主校区)	理工类	专科	9 000	1 145
14	南京科技职业学院	1958年	理工类	专科	9 900	740
15	江苏卫生健康职业学院	1933年(2001年建浦口主校区)	医学类	专科	5 700	500

资料来源：自绘

在南京江北新区的中心区北部，因境内有近代爱国实业家范旭东先生在此兴建的我国最早的化工基地、远东第一大厂——永利铔厂而发展成为国家级的重化工基地，现有中石化南化公司、扬子石化、扬子巴斯夫、南钢集团等大型和特大型企业，高科技人才密集，科技成果丰硕。

2. 开发园区型创新空间

在改革开放过程中，南京江北新区先后设立的各级各类开发园区有15家。随着产业的发展、人才的集聚、投入的加大，自主创新的能力越来越强，已成为新区创新空间的重要主体之一。如国家首批、江苏首家的南京国家高新区，经过近30年的发展，形成了软件及电子信息、北斗卫星导航应用、生物医药特色产业集群，注册企业2 300余家，70%以上的企业拥有自主知识产权或自主品牌。园区拥有高新技术企业120家，高新技术产业产值占规模以上工业产值比重的71.5%，R&D研发投入占比为5.3%。园区拥有国家"千人计划"特聘专家38人、省"双创计划"人才37人、省"双创团队"2个、南京领军型科技创业人才197人，以及江苏省"产业教授""科技创业家""双创博士"和"333人才工程"等各类人才百余人。

3. 城市更新型创新空间

随着城市发展的转型升级，许多老工业区、仓储地区甚至商业地区，被一些前沿的研究机构取代，其空间被重塑或重新利用，成为都市创新园区、都市现代科技服务业中心等，蜕变为富有新的活力的城市创新空间。始建于1908年的浦口火车站，随着我国高铁的发展而逐渐没落。但作为中国唯一完整保留历史风貌的“百年老火车站”，被列为中国最文艺的火车站，近年来逐渐成为以民国为背景的电影及电视剧的重要外景基地，成为文化创意园区。与车站相邻的大马路地块开设了民国风情商业街，由英国人建设的货运仓库改建成富士康（南京）研发园。百年浦口火车站形成集历史文化、研发创新、休闲娱乐为一体的城市综合体，成为南京江北新区重要的滨水创新空间。

4. 规划生成型创新空间

城市政府作为倡导创新的推动者、参与者、组织者，根据城市发展禀赋优势、发展机遇，在规划布局城市空间结构时，对可能成为城市创新空间的区域进行规划建设，通过政策扶持、完善设施，吸引城市内外的创新资源集聚发展，进而形成系统化、专业化的城市创新空间。根据南京市的科技创新发展要求，在江北新区核心区规划建设的研创园，依托南京高新区内现有的南京软件园、中国南京留学生创业园、南京科技创业服务中心等平台，集中优势，吸引了甲骨文、展讯通信、清华紫光等高科技企业，成为以通信和信息安全、电子商务、服务外包及软件培训等产业为主的创新空间。

2.3.2 城市新区创新空间生成的动力机制

目前，关于城市创新空间的研究还是比较多的，如廖天佑（2006）从空间角度研究了大都市区的创新空间结构，认为总部经济区、IT市场区、经济技术开发区和高教园区是大都市创新空间结构的重要组成部分，形成了创新空间完整的创新价值链；曾刚（2007）从创新空间的区位结构、组群规划和建筑空间组织等方面，从不同尺度逐渐研究了其发展模式及场所特征；段德忠等（2015）基于城市邮编区划空间数据库，从创新产出的视角建构城市创新评价体系，并对1991—2014年上海市和北京市的城市创新空间结构的时空演化模式进行了探讨。但总体来看，现有的研究对城市创新空间发展的动力机制研究则比较少。笔者拟从宏观区域层面（总体环境）、中观区域层面（城市发展）和微观区域层面（新区发展）等三个不同的视角，从创新型国家建设、国际产业转移、城市经济增长、城市空间重构、新区功能定位诉求和政府政策导向等方面分析新区创新空间生成的动力机制(见图 2-10)。

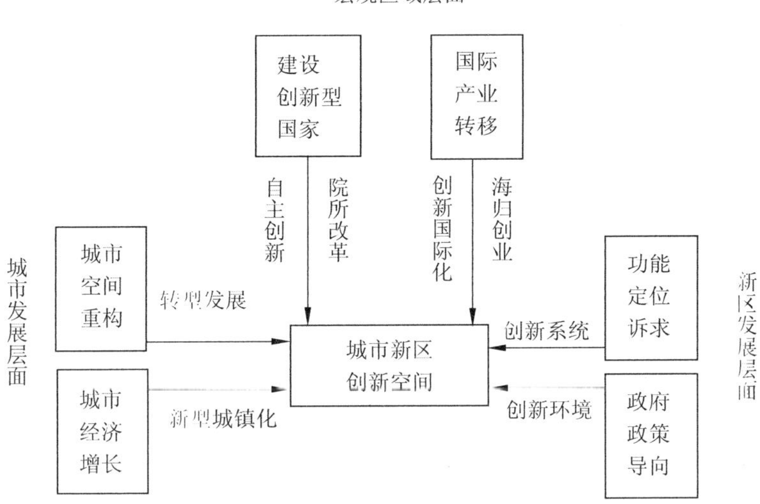

图 2-10　新区创新空间生成的动力机制分析

资料来源：自绘

1. 政府政策导向

从江北新区创新空间的发育机制来看,政府的政策指导和规划引导是新区创新空间发育的基础。

2014 年 11 月,国务院正式批复同意建设"苏南国家自主创新示范区",支持南京、苏州等 8 个高新技术产业开发区和苏州工业园区建设苏南国家自主创新示范区。2015 年 4 月,南京市出台了《关于大力实施创新驱动发展战略、当好苏南国家自主创新示范区建设排头兵的意见》,明确依托"一区两园"(南京高新区、新港高新园、江宁高新园)打造众创空间,推动南京大众创业、万众创新。要求"力争到 2020 年,把南京建成全国一流、具有国际影响力的国家创新型城市。建成一批有效满足大众创新创业需求、具有较强专业化服务能力的众创空间等新型创业服务平台,建成一批一流的产业科技创新中心和创新型经济发展高地"。2015 年 6 月,国务院批复南京江北新区的功能定位为"自主创新先导区、新型城镇化示范区、长三角现代产业集聚区、长江经济带对外合作重要平台"。

由此可见,创新驱动发展战略不是南京江北新区经济发展的可能政策选择之一,而是新区经济跨越发展的唯一战略选择。这既是南京江北新区落实国家战略的使命,也是落实地方政府经济社会发展的责任。

城市规划作为政府的一项公共政策,必然体现政府对城市用地布局的意图。在南京江北新区规划中制定了"大红、大紫、大绿"和"新平台、新智造、新港口"的"三大三新"发展战略。"大红"就是依托江北新区中心区,培育商务金融、文化创意、健康医疗等功能,提升区域服务能级。"大紫"就是以国家重要的科技研发中心、创新创业中心、科技服务中心、科技人群集聚的人才高地为目标,构建江北全链条的科技创新环,将江北新区打造为具有全球影响力的产业科技创新中心重要基地,成为落实新发展理念,依靠创新驱动、开放合作、绿色发展实现现代化的先导区。"大绿"就是充分控制利用江北老山天然的自然资源,合理开发打造江北生态绿心。在空间布局上,专题规划了科技创新板块分区,构建两条轴线:浦泗路高新区科技创新带、江北大道功能发展轴;三个地区中心:高新区中心、南京北站中心、长江大桥北中心;三个特色意图区:长江大桥北中心特色意图区、南京北站中心特色意图区、滨江工业遗产特色意图区;两个开敞空间:龙王山公园、夹江口湿地(见表 2-5)。通过空间布局,使江北新区形成一个创新资源投入由少到多、由小到大,空间视域由点(高科技企业、创新平台)到面(创新集群、区域创新系统),创新主体从单打独斗到多元协作、政产学金一体的纵横交错的区域创新网络系统。

表 2-5 南京市江北新区科技创新板块分区指引一览表

功能定位	江北新区科技创新先导区,产业转型引领区,产城融合示范区
用地引导	近期以高等院校、研发设计、工业、居住等功能为主,用地布局强调围绕南京高新区的核心组织作用,通过绿化廊道串联各类用地功能
空间引导	2 条轴线:浦泗路高新区科技创新带、江北大道功能发展轴; 3 个地区中心:高新区中心、南京北站中心、长江大桥北中心; 3 个特色意图区:长江大桥北中心特色意图区、南京北站中心特色意图区、滨江工业遗产特色意图区; 2 个开敞空间:龙王山公园、夹江口湿地

续表

<table>
<tr><td>风貌指引</td><td colspan="2">2 个高度节点：桥北中心及科技创新中心控高 150 米，与八卦洲、龙王山等空间要素形成空间视廊对景效果；
7 条景观视廊：一级景观视廊范围包括石头河眺望幕府山、南京北站眺望老山，二级视廊包括南京长江大桥、浦泗路、八卦洲环路、江北大道-宁洛高速、宁六公路-浦泗路；
7 个公共节点：北站地区中心、桥北地区中心、高新区中央公园、龙王山景区、太子山公园、科技创新公园、科技创新中心；
5 个建筑风貌特征区：南京北站时代都市风貌区、桥北地区中心时代都市风貌区、左所大街历史传统风貌区、滨江工业遗产历史工业遗产风貌区、龙王山公园及夹江口湿地自然山水景观风貌区</td></tr>
<tr><td rowspan="2">建设引导</td><td>开发量</td><td>高新区中心 2.7 平方公里：建设科技服务 140 万平方米、企业办公 200 万平方米、生活配套 60 万平方米；生物医药谷 1.3 平方公里：建设研发办公 110 万平方米、配套服务 30 万平方米；北斗卫星研发园 2.1 平方公里：建设研发办公 50 万平方米、先进制造 160 万平方米</td></tr>
<tr><td>开发条件</td><td>国内外软件行业 100 强企业、国内外知名的科技金融、管理咨询等生产性服务业企业；
中小企业进入孵化器和加速器；
毛容积率 1.5～2.0；以建筑高度 50～100 米的小高层和高层为主</td></tr>
</table>

资料来源：自绘

2. 国际产业转移

吸引外资是开发区的主要功能，也是园区产业发展的主要路径，如南京高新区从成立至 2015 年年底，合同外资累计 29 亿美元，实际到位外资 11 亿美元，有外资企业 587 家，其中有 12 家来自世界 500 强，形成了电子信息、车辆制造、生物医药等产业集群。2008 年金融危机后，众多外资企业为了持续发展，纷纷将其研发机构转移到园区，一方面利用其全球化的信息和市场，另一方面也充分利用我国较廉价的优秀科技人才，使其由原来的为生产工厂逐步转为研发创新型企业、高科技企业，成为园区的创新源之一。与此同时，园区的企业在与外资企业的合资、合作过程中，由模仿学习、合作创新到自主创新，创新能力不断提高。国际产业的转移，使企业由生产型发展为创新型，园区由产业集聚上升为创新集聚，创新空间成为园区主要的城市空间、建筑空间。因此，随着国际产业转移的加快和高科技的发展，国际产业转移日益向高新科技化方向发展。国际产业转移也逐渐成为区域创新竞争力提升的重要手段，通过对要素的释放和重组为技术创新开辟了新的空间。当然，产业的转移和进步不仅激发了转移国的创新意识，也激发了承接国的创新意识（见图 2-11）。

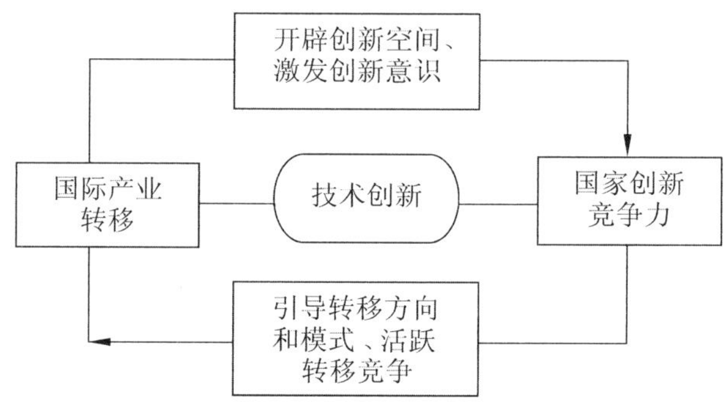

图 2-11　国际产业转移与国家创新竞争力的互动

资料来源：自绘

3. 园区发展升级

关于开发园区的发展阶段，我国众多学者在理论上进行了大量探索，如魏心镇和王缉慈（1991）、郑静和薛德升（2000）、沈伟国和陈艺春（2007）、郑国（2010）等。较为典型的是周元和王维才（2004）参考美国学者迈克尔·波特在研究国家竞争力时提出的国家发展阶段理论，认为开发园区的发展过程也存在着较明显的、其主要特征可定量描述的界面及其内涵依时间序列递进的现象，其发展的经历大致可分为四个阶段，即要素集聚阶段、产业主导阶段、创新突破阶段和财富凝聚阶段（见图 2-12）。

4. 城市空间重构

目前，我国经济正处于“结构优化阵痛期、增长动力换挡期与技术创新追赶期”这一经济新常态之关键节点上，因此，结构优化、稳速提质、创新转型、增长动力重塑成为各城市迫切需要解决的现实难题（唐根年，等，2015）。老城区的许多工业企业、码头车站因产品落后、设施老化而逐渐衰退。在城市更新改造过程中，常利用其较好的区位优势、文化底蕴，通过空间重构，实施功能转型。上海杨浦区的新一轮城市更新思路就是在功能维度上，推动创意人群、创新企业、创新公共服务和创新基础设施三大创新要素的互动联动；在空间维度上，推动从创新社区到知识杨浦的全系列、全区域的城市空间重构；在时间上，推动时间、功能、空间三个维度的路径整合（张尚武，等，2016）。

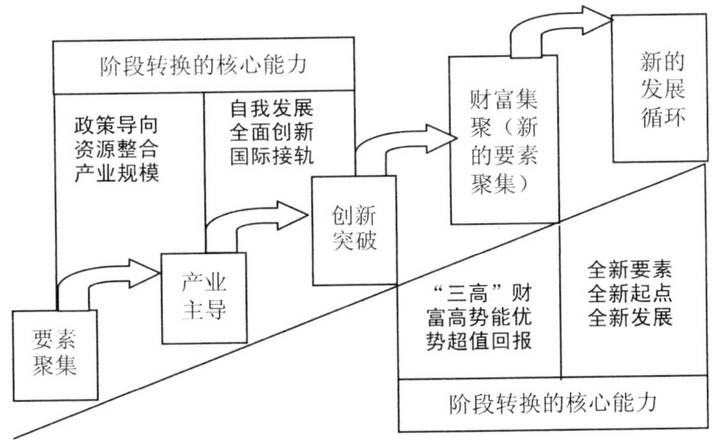

图 2-12　开发区阶段发展的分析模型

资料来源：周元、王维才，2004

创新是一个民族发展不歇的动力之源，是一个国家和地区在世界经济大潮中站稳脚跟的根本保障。而城市新区创新空间的构建是建设创新型城市的重要基础，是集聚创新资源、培育创新集群的物质载体，规划建设好城市创新空间是我们面临的新课题，需要我们规划创新和实践探索。

参考文献

[1] 段进. 城市空间发展论[M]. 南京：江苏科学技术出版社，1999.

[2] 孙施文. 城市规划哲学[M]. 北京：中国建筑工业出版社，1997.

[3] 熊彼特. 经济发展理论：对于利润、资本、信贷、利息和经济周期的考察[M]. 北京：商务印书馆，1990：73-74.

[4] 李安方. 社会资本与区域创新[M]. 上海：上海财经大学出版社，2009：19.

[5] 曹云. 国家级新区比较研究[M]. 北京：社会科学文献出版社，2014：30.

[6] 马世骏，王如松. 社会—经济—自然复合生态系统[J]. 生态学报，1984，27(1)：23-41.

[7] 埃比尼泽·霍华德. 明日的田园城市[M]. 金经元，译. 北京：商务印书馆，2006.

[8] 马万利，梅雪芹. 有价值的乌托邦——对霍华德田园城市理论的一种认识[J]. 史学月刊，2003(5)：104-111.

[9] 张京祥. 西方城市规划思想史纲[M]. 南京：东南大学出版社，2005.

[10] 王志章. 知识城市：21 世纪城市可持续发展的新理念[M]. 北京：中国城市出版社，2008.

[11] 顾朝林. 转型发展与未来城市思考[J]. 城市规划，2011(1)：23-41.

[12] 戴立然. 城市文化与文化城市的辩证思考[J]. 大庆社会科学，2001(6)：33-38.

[13] Susan E Clarke，Gary L Gaile. The Fourth Wave：Global-local Links and Human Capital in the Work of Cities[M]. The University of Minnesota Press，1998.

[14] 李奎泰. 首尔和上海的城市发展战略和城市文化政策之比较[J]. 当代韩国，2006(1)：85-90.

[15] 西美尔. 大都会与精神生活[M]. 汪民安，等，译. 北京：北京大学出版社，2008.

[16] 哈维・莫勒奇. 作为增长机器的城市：地点的政治经济学[M]. 汪民安等，译. 北京：北京大学出版社，2008.

[17] 刘合林. 城市文化空间解读与利用[M]. 南京：东南大学出版社，2010.

[18] Richard Florida. Cities and the Creative Class[J]. City & Community，2003(3)：3-20.

[19] Richard Florida. The Rise of Creative Class[M]. New York：Basic，2002.

[20] Saskia Sassen. The Global City：New York，London，Tokyo[M]. Princeton N J：Princeton University Press，2003.

[21] Hospers G. Creative Cities in Europe：Urban Competitiveness in the Knowledge Economy[J]. Intereconomic，2003，38(5)：260-269.

[22] 郝晓斌，张明卓. 沙里宁有机疏散理论研究综述[J]. 山西建筑，2014(12)：21-22.

[23] 张捷，赵民. 新城规划的理论与实践——田园城市思想的世纪演绎[M]. 北京：中国建筑工业出版社，2005.

[24] 周天勇. 2009：中国城市创新报告[M]. 北京：红旗出版社，2010.

[25] 郭建科，韩增林，单良. 城市创新空间网络研究[J]. 生产力研究，2012(8)：140-142.

[26] 熊安昕. 广州众创空间发展模式下的规划策略研究[C]. 2016 中国城市规划年会论文集. 北京：中国建筑工业出版社，2016.

[27] 伊利尔・沙里宁. 城市：它的发展、衰败和未来[M]. 顾启源，译. 北京：中国建筑工业出版社，1986.

[28] 尹宏. 现代城市创意经济发展研究[M]. 北京：中国经济出版社，2009.

[29] 曼纽尔・卡斯特尔斯，彼特・霍尔. 世界的高技术园区——21 世纪产业综合体

的形成[M]. 李鹏飞，范琼英，王辑慈，译. 北京：北京理工大学出版社，1998.

[30] 约翰·多讷伊，吉姆·麦古盖英. 科技新城镇[M]. 江淑琳，译. 台北：韦伯文化国际出版有限公司，2003.

[31] 陈铭，王乾晨，张晓海，等. "智慧城市"评价指标体系研究[J]. 城市发展研究，2011，18(5)：84-89.

[32] 唐建荣，童隆俊，邓贤峰等. 智慧南京[M]. 南京：南京师范大学出版社，2011.

[33] 巫细波，杨再高. 智慧城市理念与未来城市发展[J]. 城市发展研究，2010，17(11)：56-60.

[34] Chares Landry. The Creative City：A Toolkit for Urban Innovators[M]. London：Earthscan Publications，2000.

第 3 章

城市新区创新空间特征分析

本章以南京江北新区为例，分析城市新区产业空间的发展特征和问题，进而提出新区创新空间发展的相关特征。江北新区自 2015 年 6 月获批以来，积极落实国务院批准确定的“自主创新先导区，新型城镇化示范区，长三角地区现代产业集聚区，长江经济带对外开放合作重要平台”的功能定位，特别是“自主创新先导区”功能的构建，积极打造江北新区创新生态环境，以优势环境吸引了一大批国内外高等级的创新团体和人才群，并强化其“根植性”；以优惠政策培育了一大批具有高发展潜力的“瞪羚企业”，被美国《彭博商业周刊》誉为“中国南京正在建设一处科技工业园，孵化中国下一代科技巨头。中国政府正努力与美国硅谷展开竞争，而南京江北新区正处在竞争的最前沿”。①

3.1 城市新区产业空间发展分析

3.1.1 城市新区产业空间发展脉络

对江北新区产业空间发展脉络进行梳理，可以发现江北新区产业空间布局呈现由沿江散点分布到沿江、沿江北大道轴向分布的特征；从空间形态演变来看，呈现由以“点”（龙头企业）带动到“面”（产业园区）区域再轴向拓展的特征；从产业结构变化情况来看，江北新区的产业结构呈现由总体偏重到逐步走上产业高新化之路的特征（见图 3-1）。

① 美国《彭博商业周刊》网站，2018 年 7 月 11 日.

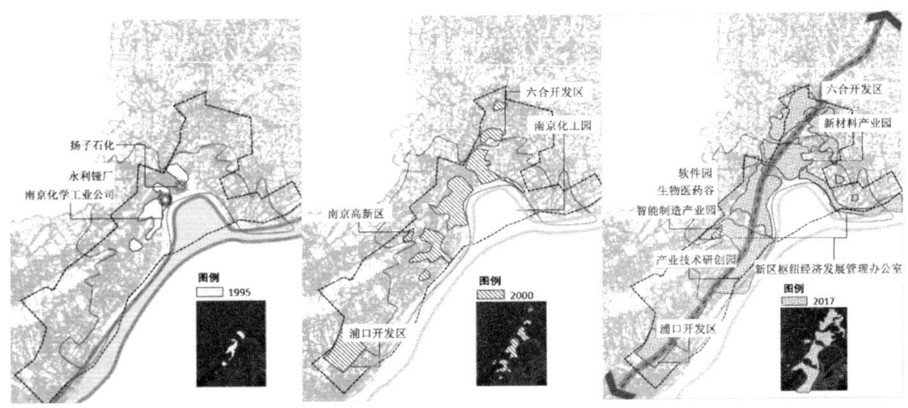

图 3-1　南京江北新区产业空间的演变历程

资料来源：自绘

1. 第一阶段(1930—1987 年)：以“点”(龙头企业)带动，产业沿江发展

在第一阶段，江北新区的产业空间发展呈现以“点”(龙头企业)带动的特征，永利铔厂、南京化学工业有限公司和中国石化扬子石油化工有限公司等龙头企业带动了本阶段江北新区的产业发展：1934 年 7 月，我国民族资本家范旭东在南京江北新区的大厂创办了中国最早的化工基地、远东第一大厂——永利铔厂，这是中国第一个化肥厂，先后创造了 30 多项“中国化工之最”。1958 年，原化工部决定以永利铔厂为基础，合并当时尚未建成的南京磷肥厂及原化工部的一部分建筑安装和设计单位，成立南京化学工业公司。南京化学工业公司后在国家重大产业重组中成为中国石化集团成员单位。1983 年 9 月，中国石化扬子石油化工有限公司成立，其前身为 30 万吨/年乙烯扩建工程，该工程是我国“六五”“七五”期间的重点项目，主要从事石油炼制及烃类衍生物的生产加工和销售。这些龙头企业在第一阶段的江北产业空间发展中扮演着重要的角色。

2. 第二阶段(1988—2009 年)：以“园”(产业园区)带动，产业结构偏重

在第二阶段，产业园区成为江北新区产业发展的重要空间载体，有一批园区平台先后成立：1988 年 4 月南京高新区成立，1991 年 3 月升格为国家级高新区；1993 年 11 月浦口经济开发区和六合经济开发区成立；1995 年 10 月海峡两岸科工园成立；1999 年 2 月南京软件园经国家科技部批准成立；2001 年 7 月南京化工园区成立。这些园区平台为江北产业发展提供了良好的空间载体，江北产业进入飞速发展阶段。然而，从产业结构来看，本阶段江北总体产业结构偏重，主要以化工产业和制造业为主，产业发展在带来经济增长的同时也带来了一系列环境污染问题。

3. 第三阶段(2009年至今)：以“轴”(过江通道)带动，产业趋向高新

2009年以来，随着南京长江隧道、南京扬子江隧道等多条过江通道相继通车，区域基础功能逐步完善，江北产业发展进入新时期。产业空间呈现沿江、沿交通干道(江北大道)带状分布的特征。自2015年6月江北新区获批成为国家级新区以来，不断以创新为引领，推进产业走向高新化发展道路，新区积极推进对化工、传统制造业的转型升级，同时积极发展战略性新兴产业，加快培育“4＋2”现代产业体系，产业发展呈现高新化特征。

3.1.2 城市新区产业布局分析

采用标准差椭圆法和核密度分析法来探讨江北新区制造业和第三产业的布局特征。

1. 江北新区制造业布局分析

江北新区直管区[①]现有工业用地为48.3平方公里，工业用地占比达35%，高于南京市工业用地占比。产业功能是江北新区的主要功能，特别是制造产业，产业用地形成“大企业＋多园区＋小组团”的空间格局：①“大企业”主要指中国石化扬子石油化工有限公司和南京钢铁联合有限公司，占江北新区直管区产业用地的39%，具有高产出、高能耗、高污染的特点。②“多园区”主要指南京化工园、智能制造产业园、南京软件园、生物医药谷、卫星应用产业园等园区，占江北新区直管区产业用地的45%。从园区层级来看，江北新区拥有三个国家级园区、两个省级经济开发区，产业园区建设水平较高。三个国家级园区分别是南京化工园、南京高新区、海

---

① 为加快江北新区发展，2017年5月，南京市委市政府决定将浦口区的顶山、泰山、沿江、盘城四个街道和六合的大厂、葛塘、长芦三个街道共七个街道的行政区域约386平方公里范围划为江北新区管委会直接管理，简称“直管区”，将国务院批复的江北新区788平方公里规划范围内、直管区外的区域作为江北新区、浦口区、六合区及栖霞区的共同建设区域，简称“共建区”，将南京市长江以北的区域即浦口区、六合区、栖霞区八卦洲街道等构建的2 451平方公里区域内、国务院批复的江北新区788平方公里规划区外的区域作为江北新区、浦口区、六合区、栖霞区的发展协调区域，简称“协调区”。

峡科工园，两个省级开发区分别是六合经济开发区、浦口经济开发区，以及中山科技园、大厂精细化工园等两个省级特色产业集聚区，沿江工业园区、长芦工业园区等五个市级工业园区，盘城、葛塘等15个其他工业集中区（见图3-2、图3-3）。具有较强的自主创新能力和国际竞争力，但相比大企业，地均效益有待提高。③“小组团”主要指各类街道园区，占江北新区直管区产业用地的16%。街道园区布局分布散、效益低，面临转型和搬迁（见图3-4和表3-1）。

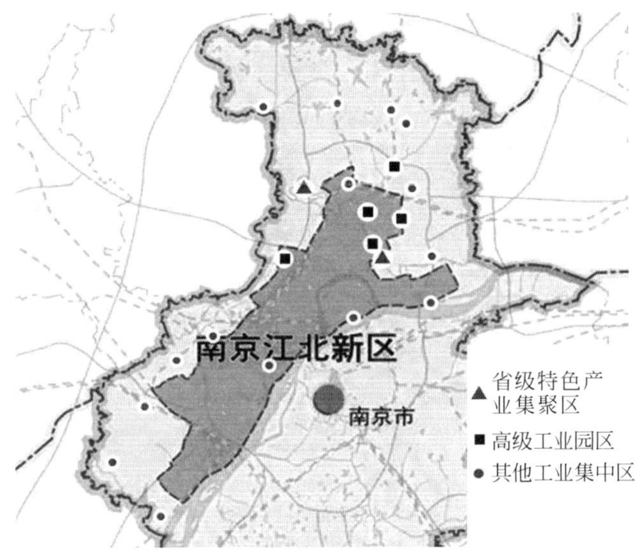

图3-2　江北新区工业园区的分布
资料来源：自绘

表3-1　江北新区直管区各相关平台效益的比较（2018年）

平　台	产值占比/%	地均工业增加值/(亿元/平方公里)
大型企业	39.0	62.0
园区平台	45.0	43.0
街道园区	16.0	31.0

资料来源：自绘

标准差椭圆法是分析空间分布方向性特征的经典方法之一，椭圆的大小反映空间格局总体因素的集中程度，偏角（长半轴）反映格局的主导方向（王宝军，2009）。选择江北新区制造及装备产业、新材料产业、生命健康产

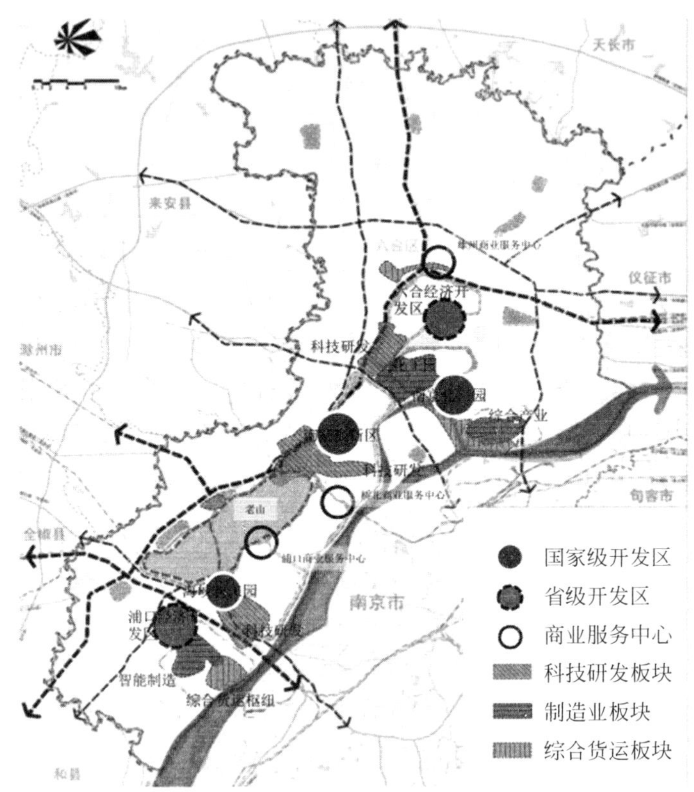

图 3-3 江北新区制造业的分布

资料来源：自绘

业三大主导产业和一大转型升级产业冶金化工产业进行空间分布分析。根据各个不同类型的企业坐标，运用标准差椭圆法对各类产业分布进行分析。在离散点集的原始坐标系（XOY）下，假设存在某一方向，所有离散点到该方向的标准差距离最小，那么，该方向与原坐标轴的 X 方向的夹角 θ 就是点集的定向方向。将坐标轴进行旋转形成新的坐标系（$X'O'Y'$），新的坐标系的坐标原点为点集中所有点的平均值中点（μ,ν）。

根据标准差椭圆法和江北新区企业统计情况得出江北新区企业数量及分布图（见图 3-5），江北新区三大主导产业：制造及装备产业企业数量及分布图（见图 3-6）、新材料产业企业数量及分布图（见图 3-7）、生命健康产业企业数量及分布图（见图 3-8），江北新区转型升级产业冶金化工产业企业数量及分布图（见图 3-9）。

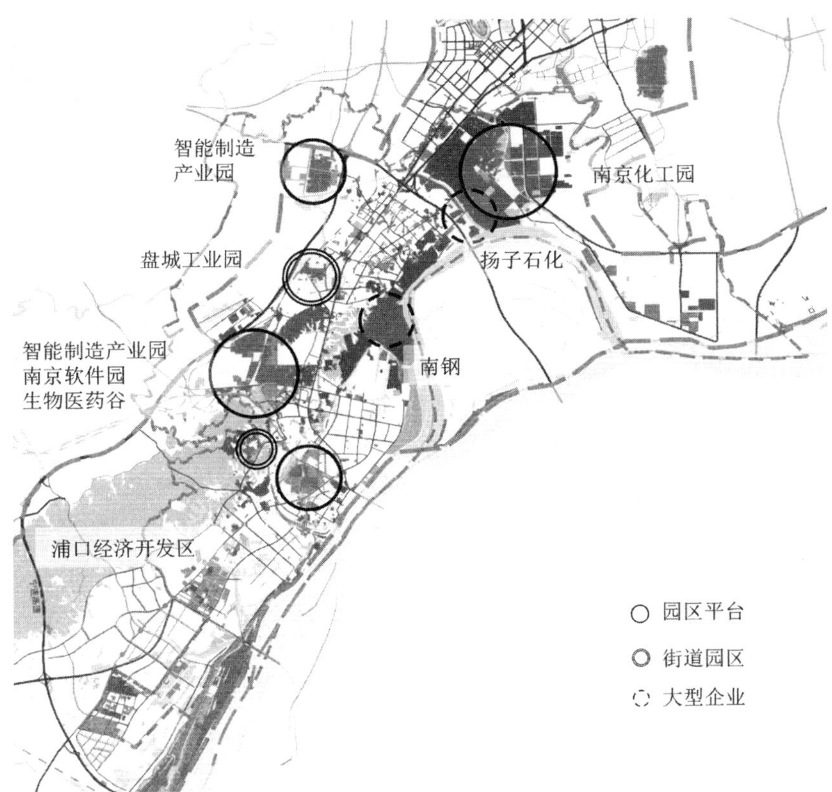

图 3-4　江北新区直管区制造业的空间布局

资料来源：自绘

图 3-5　江北新区的企业数量及分布

资料来源：自绘

图 3-6 江北新区制造及装备产业的企业数量及分布

资料来源：自绘

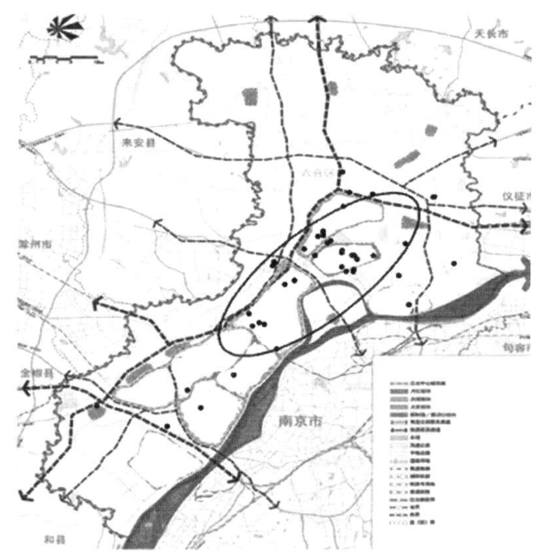

图 3-7 江北新区新材料产业的企业数量及分布

资料来源：自绘

图 3-8　江北新区生命健康产业园的企业数量及分布

资料来源：自绘

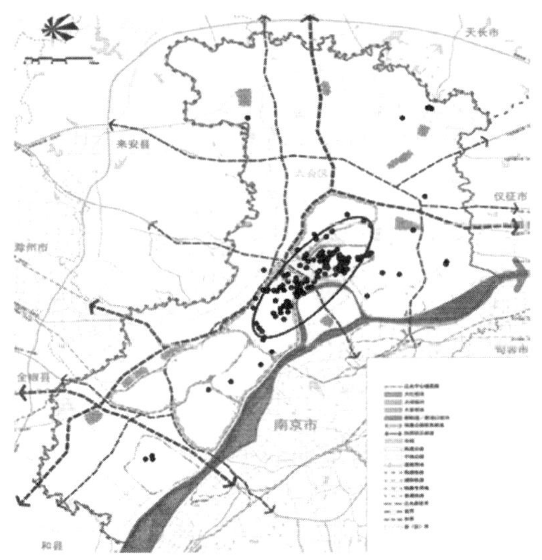

图 3-9　江北新区冶金化工产业的企业数量及分布

资料来源：自绘

通过查找不同类型的企业坐标，运用核密度分析方法对各类产业分布进行分析。核密度估计可以标示为

$$f(s)=\sum_{i=1}^{n}\frac{1}{h^2}k\left(\frac{s-c_i}{h}\right)$$

式中，$f(s)$为空间位置 s 处的核密度计算函数；h 为距离衰减阈值（即带宽）；n 为与位置 s 的距离小于或等于 h 的要素点数；k 函数表示空间权重函数；c_i 为核心要素的位置。核密度估计存在两个关键参量：空间权重函数 k 与距离衰减阈值 h（禹文豪、艾廷华，2015）。

根据核密度分析方法测绘出江北新区产业总体核密度分析（见图 3-10），江北新区三大主导产业：制造及装备产业核密度分析（见图 3-11）、新材料产业核密度分析（见图 3-12）、生命健康产业核密度分析（见图 3-13），江北新区转型升级产业冶金化工产业核密度分析（见图 3-14）。

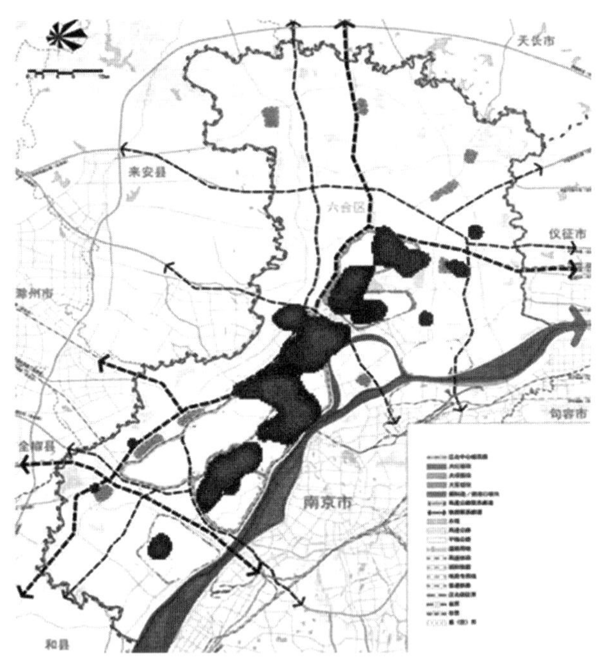

图 3-10　江北新区产业总体核密度分析

资料来源：自绘

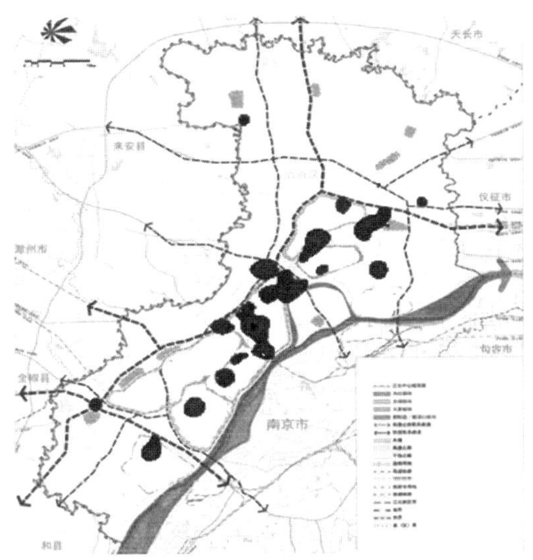

图 3-11　江北新区制造及装备产业核密度分析

资料来源：自绘

图 3-12　江北新区新材料产业核密度分析

资料来源：自绘

图 3-13　江北新区生命健康产业核密度分析
资料来源：自绘

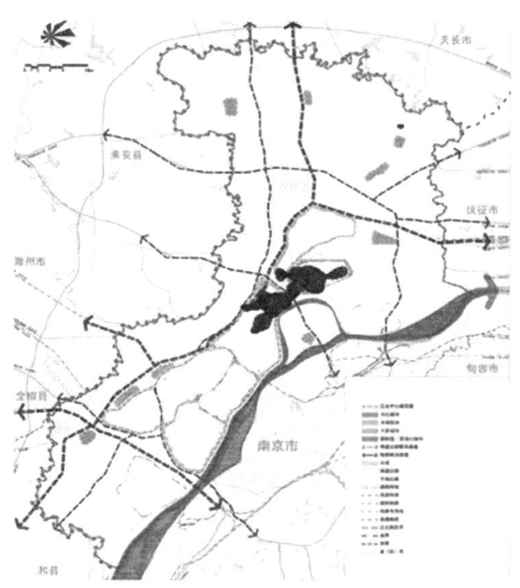

图 3-14　江北新区冶金化工产业核密度分析
资料来源：自绘

2. 江北新区第三产业布局分析

根据我国《国民经济行业分类》(GB/T 4754—2002)，第三产业主要是指各类服务式商品，包括科技教育、交通运输、金融业、房地产业等。因此，这里主要从科技服务业、物流仓储业、商业服务与商务金融、文化旅游产业等四个产业分析江北新区第三产业布局特征。

1）科技服务业

江北新区科教文化资源突出，拥有众多知名高校和科研机构，包括南京信息工程大学、南京工业大学等 13 所高等院校，南京大学模式动物研究所、中德智能制造研究院、南京化学化工研究院等在内的 20 家独立研究院所，拥有南京金融科技研究创新中心和剑桥大学—南京科技创新中心 2 处科研创新中心。此外，江北新区还有科研创新基地 4 处、省级及以上科技企业孵化器 10 家、省级及以上众创空间 13 家，新区内的高层次人才资源丰富（见图 3-15）。从空间布局来看，呈现沿江北大道轴线分布的空间特征。

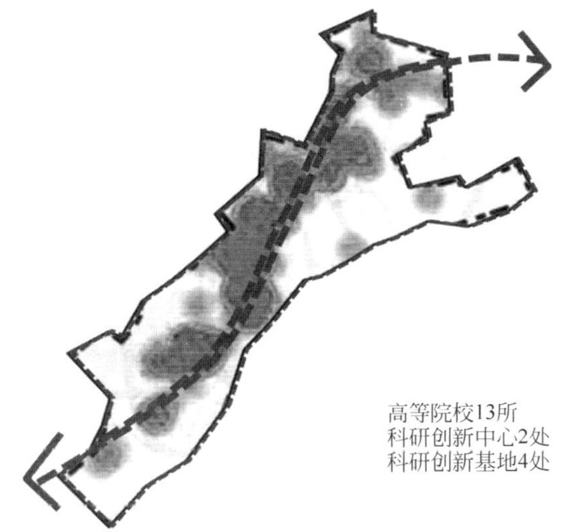

图 3-15　江北新区科技服务业的分布

资料来源：自绘

2）物流仓储业

江北新区现代物流主要集中于共建区内，呈现“小块分散，沿江沿园布局”的特征。江北新区的大块物流仓储用地主要沿长江分布，主体是大企业的自用码头如南京钢铁厂的矿石码头、华能南京电厂的煤码头。在南京新材料产业园、浦口开发区、智能制造产业园周边也有物流仓储用地零散分布和物流企业集聚（见图 3-16）。

图 3-16　江北新区物流仓储用地的分布
资料来源：自绘

通过查找不同类型的企业坐标，运用标准差椭圆法和核密度分析法对江北新区物流企业布局进行分析。从图 3-17 和图 3-18 可知，江北新区物流企业分布方向性显著，且分布较为分散。

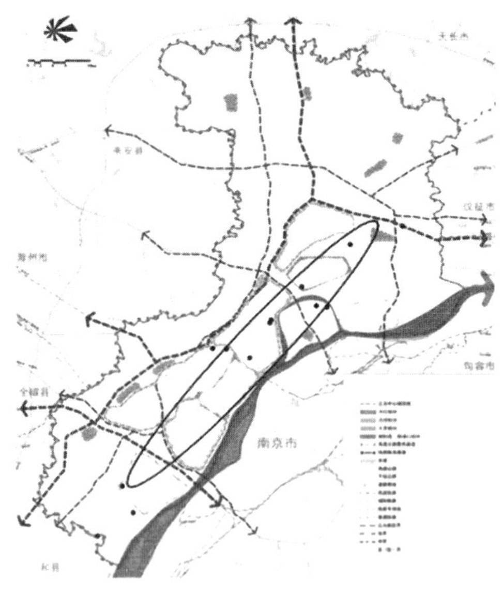

图 3-17　江北新区物流企业的数量及分布
资料来源：自绘

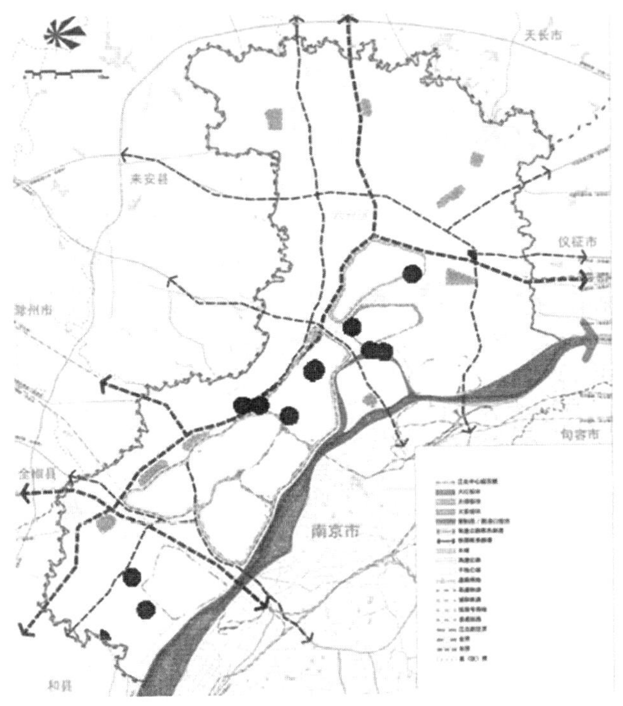

图 3-18　江北新区物流企业核密度分析

资料来源：自绘

3）商业服务与商务金融

江北新区的商业服务设施主要集中分布于共建区范围内，且呈现沿轴线分布的特征。商业服务设施主要包括家居市场群 1 处（桥北建材家居市场群）、商业街 2 条（分别为六合长江路商业街和长冲商业步行街）、二手车交易市场 2 个（分别为六合区鸿顺二手车交易市场和浦口区石佛寺二手车交易市场）（见图 3-19 和图 3-20）。

作为区域性中心城市，目前南京市已集聚众多金融机构，金融环境具有一定的优势，江北新区共建区范围内的金融集聚也初具规模，即将建成的江北新区中央商务区（CBD）是南京江北新区商业和经济中心，包括中央商务区、老浦口火车站历史文化街区、长江隧道片区三大板块，融合新金融、商业商务、文化休闲和生态宜居等多种功能，以高端商务、金融商贸产业为主导，吸引跨国公司及各类企业总部入驻，旨在成为引领南京江北新区发展的活力聚集区和多功能示范区（见图 3-21）。

图 3-19 江北新区商业设施的分布

资料来源：自绘

图 3-20 江北新区市场群及商业街的分布

资料来源：自绘

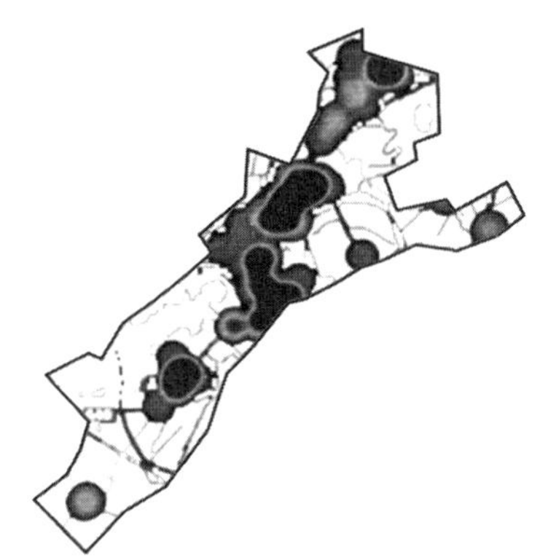

图 3-21 江北新区金融机构的分布

资料来源：自绘

4）文化旅游产业

江北新区的文化旅游产业主要集中布局于老山、金牛湖片区，其主要的空间形态为“主题公园＋田园综合体”。其中，四大主题公园分别为地球之窗地质主题公园、华昌龙之谷主题乐园、灵玲野生动物王国和乔波冰雪世界。在休闲度假类旅游产品方面，江北新区的休闲度假类旅游产品分散化、同质化，影响力度不够。江北新区 82％的休闲度假类旅游产品为餐饮、果蔬采摘、垂钓、度假居住，8％的休闲度假类旅游产品为观光娱乐，2％的休闲度假类旅游产品为科普教育(见图 3-22 和图 3-23)。

图 3-22　江北新区文旅休闲设施的分布

资料来源：自绘

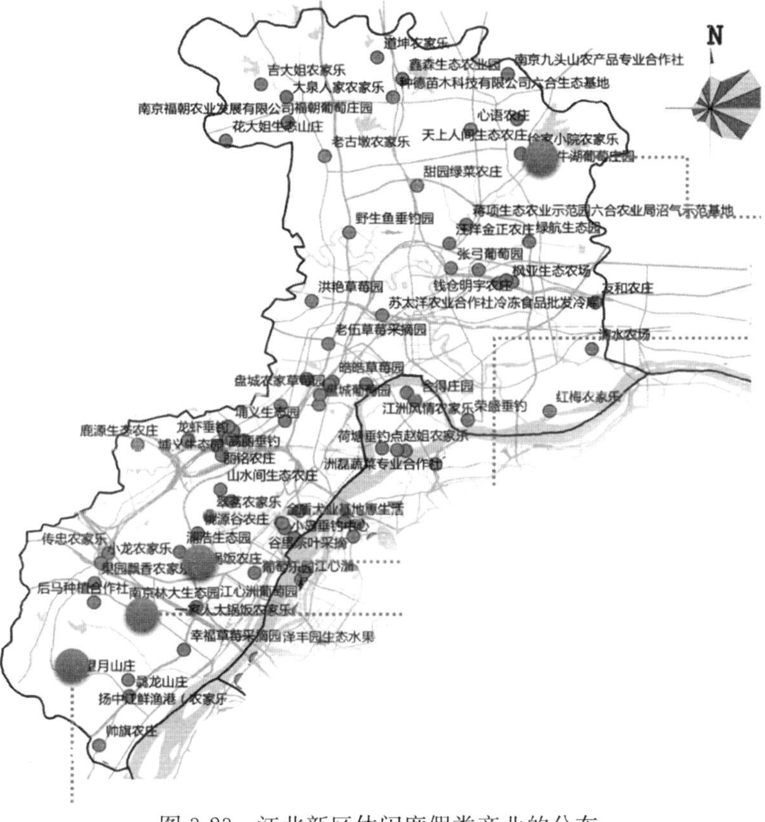

图 3-23　江北新区休闲度假类产业的分布

资料来源：自绘

3.1.3 城市新区主导产业规划

在新的国际环境与发展条件下，国家地位与战略的变化、新科技成果的井喷与发展观念的进步驱动着新的产业空间发展模式的持续涌现。同时，全球技术代际更替周期急速缩短，技术创新有力地驱动了江苏区域层面的产业转型与升级，在给江北新区带来无限的发展机遇的同时，也对江北新区的产业空间发展模式提出了新的要求。为此，在2018年年初，江北新区提出打造“两城一中心”：IC之城、基因之城、新金融中心，把发展以集成电路为主的信息产业、生命健康产业、金融业作为新区的主导产业，并制定了新区主导产业发展规划。

1. 江北新区产业转型的紧迫性

从背景要求、现状问题和发展趋势三个方面对江北新区产业转型发展的总体要求进行研判。

1）背景要求

进入新世纪特别是党的十八大后，我国的产业发展呈现出以下三个导向。

一是创新导向。创新是目前产业发展转型的最主要导向。近15年来，全球技术代际更替周期急速缩短，技术创新引领产业结构发生重大变革。但我国经济发展质量尚待进一步提高，包括集成电路、高端医疗设备等重要科技，国内尚无法自主研发并生产核心技术和装备，受制于人而仰人鼻息。江北新区作为以制造业拉动经济发展的国家级新区，亟待完成由“产业”向“创新”的全面升级，必须鼓励自主创新，突破技术壁垒，解决关键领域“卡脖子”的问题。对于产业空间来说，应增加或置换可供创新产业活动的新型产业空间，提高高科技产业发展比重。

二是绿色导向。党的十八大以来，习近平总书记就绿色发展提出了一系列新思想、新论断、新举措，深刻阐述了绿色发展的内涵，提出了推动绿色发展的重大理论和实践意义，为加快建设“美丽中国”、走向生态文明新时代提供了行动指南。在产业领域，必须坚持以绿色发展理念引领创新变革，加快产业转型升级的步伐。

三是品质导向。产城融合要求产业与城市功能相融合，与城市空间相整合，强调“以产促城，以城兴产，产城融合”，城市化与产业化有对应的匹配度，不能一快一慢脱节分离。换言之，就是产业空间要实现品质化转型。对于产业用地，应设立产业/企业准入负面清单，保障低碳生态环保的产业空间需求。

2）产业空间现状特征

根据现状调研，结合资料与卫星图比对查看，梳理得到江北新区产业空间现状存在如下问题：一是第二产业空间缺乏整合，重化工产业用地比例偏高；二是第三产业空间发展尚处于起步阶段，缺乏统筹规划；三是各产业平台存量用地趋紧，缺乏引进规模企业的大体量地块；四是产业空间整体利用效益偏低。

3）发展趋势研判

从宏观、中观、微观三个层面梳理产业空间发展趋势，对江北新区有以下启示：一是保护控制产业用地；二是以金融商务区为核心，依托交通干道布置产业带，带动全区产业发展；三是产业空间组织模式向空间功能复合、创新互动、环境升级转变；四是研发与产业用地比例科学。

2. 江北新区产业空间发展战略

为实现江北新区经济产业的良性发展，推动新经济模式与传统工业经济模式的融合，提升综合竞争力。根据产业空间发展的要求，提出六大发展战略：一是创新引领，增加或置换可供创新产业活动的新型产业空间；二是品质提升，腾退低效用地，建设高品质产业空间；三是绿色低碳，设立产业/企业负面清单，保障低碳生态环保的产业空间；四是资源整合，结合现状特征，整合集聚“小而杂”的产业用地；五是融合共享，学习前沿产业空间组织形式，组织开放、创新、高效的产业空间；六是功能重塑，借鉴先进案例空间布局模式，打造功能定位明确、开放融合的产业空间布局模式。同时，为落实江北新区“两城一中心”的主导产业，对标成功案例浦东新区的发展模式，将江北新区主要产业“4＋2”产业体系优化提升为新金融、芯片与相关产业和基因及相关产业三大主导产业协同新材料产业、高端交通装备、现代物流业和科技服务业四大特色产业联动发展。

1）芯片之城

以台积电公司为龙头企业，形成在全国具有竞争力，在全球具有影响力的芯片产业集群，重点打造集成电路设计及综合应用基地、集成电路设计产业基地、集成电路先进制造产业基地。集成电路设计及综合应用基地主要以新区产业技术研创园为载体，重点依托 ARM、Synopsys、展讯等龙头企业，借力省产业技术研究院、中德智能制造研究院等创新发展平台，加快发展网络通信、物联网等领域的集成电路设计业。集成电路设计产业基地主要以南京软件园为载体，重点依托中星微电子、华大半导体等企业发展集成电路设计产业基地，强化南京集成电路产业服务中心（ICisC）平台支撑作用，以创建国家集成电路设计产业创新中心为核心，打造集成电路设计产业基地。集成电路先进制造产业基地主要以浦口经济开发区和江北新区智能制造产业园为载体，依托台积电公司等龙头企业，大力发展晶圆制造、配套材料及封测产业。

2）基因之城

立足于新区基因及生命健康产业现有布局特点和产业发展基础，重点优化“一谷一园一示范”空间布局，即生物医药创新谷、健康大数据产业应用园、健康服务产业示范区，重点突出生物医药产业（见图 3-24）。生物医药创新谷，依托国家重大新药创制、重大科技成果转移试点示范基地，重点发展基因产业、免疫细胞治疗、CAR-T 细胞治疗、生物制药、医药研发、医

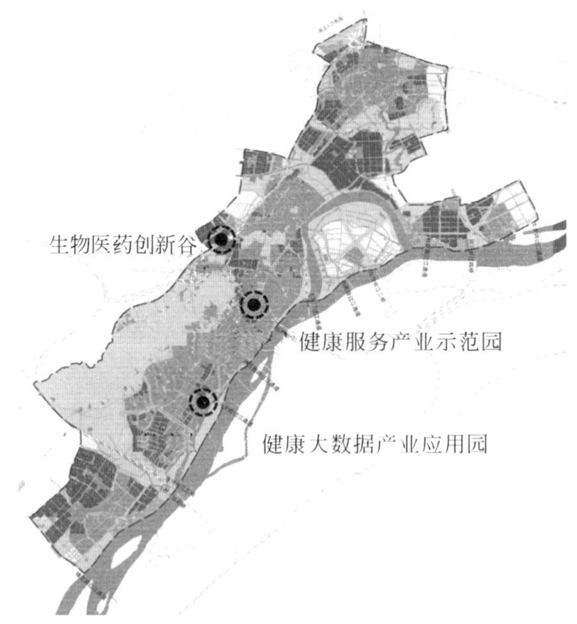

图 3-24　江北新区基因之城产业的布局

资料来源：自绘

疗器械等领域。健康大数据产业应用园，以新区产业技术研创园、扬子科创中心等为载体，依托国家健康医疗大数据中心，重点发展多组学检测、基因检测、高端体检管理等领域，打造包含最大的基因测序平台、存储中心、大数据中心和展示中心等一系列应用中心。健康服务产业示范区，依托新区国际健康城，重点发展医疗、教育、研究、康复、养老五大板块，建立覆盖全生命周期、内涵丰富、结构合理的健康服务体系。

3）新金融中心

按照与区域发展相适应、与产业体系相配套、与生态环境相协调的理念，重点形成以“一心、两谷”为主阵地、多区域联动发展的现代金融产业集聚发展格局。扬子江城市群新金融聚集区（见图3-25），以注册资本120亿元的中国工商银行资管银行为龙头，吸引南京的新金融业态，向江北新区集中。CBD资产管理与证券化中心，以新区中央商务区为主要载体，重点推进新金融核心功能区、绿地金融中心、新金融创意街区、新金融国际会展中心等重点项目建设。创业创新基金谷依托产业技术研创园创新创业企业密集的优势，先期利用“腾飞大厦”作为过渡期载体，打造投资基金集聚区。南京北站金融科技谷规划建设金融科技产业集聚区，构建绿色、和谐、

图3-25　江北新区新金融中心产业的布局

资料来源：自绘

共享的开放式金融科技产业集群，以智能化为方向，运用区块链、人工智能等技术手段，优化传统金融业务模式，提供金融服务解决方案。

3.2 城市新区创新空间发展分析

本节将系统梳理江北新区创新空间的发展现状，分析总结目前江北新区创新空间发展的特征及存在的主要问题，为进一步优化江北新区创新空间布局、完善江北新区创新生态环境奠定基础。为此，本节在对江北新区产业发展进行分析的基础上，对创新空间整体进行分析，再次将分别针对产业型与知识型两类创新空间进行分析。

3.2.1 创新集群的内涵

在知识经济时代，生产的知识密集程度和复杂程度显著提高，物力在生产中的地位显著下降，创新成为企业以及区域提高竞争能力的重要手段。与大多数产业集群的低成本战略相区别的是，创新集群的核心竞争力是以持续的创新进行价值创造，产品或服务的创新价值在一系列价值链环节中被创造出来，相互关联的不同企业拥有不同的核心专长，相互合作可以创造更大的价值，发挥更大的创新潜力。因此，当城市新区创新空间进入创新集群阶段后，在技术创新规范的指导和推动下，创新集群将呈现繁荣景象。

1. 创新集群的内涵

随着经济全球化和信息技术的快速发展，知识和信息的流动加快，一些产业集聚区内企业紧密合作，知识和信息高速流动，整体创新能力迅速提高，经济合作与发展组织（OECD）在深入研究这些产业集聚区的基础上，将其称为创新集群。这是继国家创新体系之后经济合作与发展组织推出的又一个重要概念（肖广岭，2009）。龙开元（2009）认为，创新集群的概念是从产业集群概念演化出来的，是创新性的产业或基于创新的产业集群。王缉慈等认为，创新集群是区别于低成本产业集群或低端产业集群而言的，创新集群是产业集群的升级或高端化（见表3-2）。

表 3-2　创新集群与一般产业集群的比较

类　　型	非正式集群	有组织的产业集群	创新集群
关键参与者参与度	低	低到高	高
信任	几乎没有	高	高
技能	低	中	高
技术	低	中	高
关联	有些	有些	广泛
合作	几乎没有	有些、不持续	高
知识流动	低	中	高
产品创新	几乎没有	有些	持续

资料来源：龙开元，2009

虽然国内外对创新集群的界定尚无统一的概念，对创新集群的特征研究有待深入，但是综合已有创新集群的概念及相关研究，可以概括创新集群的几个基本特征：①创新集群以创新活动为中心，强调创新主体的相互作用与学习，强调集群内的知识流动；②创新集群中企业之间具有较高的信任程度，具有广泛的生产关联度，企业之间具有较多的合作与竞争；③创新集群中企业具有持续的创新行为和较高的创新能力。

2. 产业集群向创新集群的演化过程①

创新集群是集群发展的高级阶段，是由企业、研究机构、大学、政府和中介组织等多主体、多要素组成，共同参与创新活动的经济网络。这些创新主体在创新活动中形成了战略联盟或竞争对手，以创新为导向，相互协作、反馈、竞合，形成一个不可逆的、路径依赖的进化过程，集群整体呈现从低级到高级、从简单到复杂的动态演化。

创新集群中的组织具有较强的学习能力和创新能力。研发和生产过程中所涉及的知识技术具有局部性、默会性和复杂性，已经不能单纯通过市场途径获得，而创新集群则是不同创新主体建立的一种长期合作学习的关系网络，主体之间具有较高的信任程度和广泛的关联度，在每个正式网络背后都存在着大量的非正式网络，默会知识正是依赖于这些非正式网络

① 该段内容引用自陈海华、陈松的《从产业集群到创新集群的演化过程及机制研究》一文

得以扩散。学习网络为创新主体提供了一种启发式学习模式,引导企业不仅要知道技术的功能是什么,而且要知道如何利用和拓展这些功能,并分享"失败经验"。正是这些学习网络为创新主体提供了良好的学习平台和条件,促进了他们的学习和创新能力,这恰恰是当今社会竞争的最有力武器。

产业集群和创新集群是集群发展的不同阶段,大多数创新集群的形成和发展源于产业集群的升级演化。作为有生命的组织聚集体,集群的演化过程有其生命周期和发展规律(见图 3-26)。纵观集群从产生到升级或再生的整个过程,大致可以分为以下几个阶段:产业集群的萌芽阶段、成长阶段、成熟阶段(创新萌芽阶段),产业集群衰退或转型阶段(创新集群发展阶段)及创新集群成熟阶段。

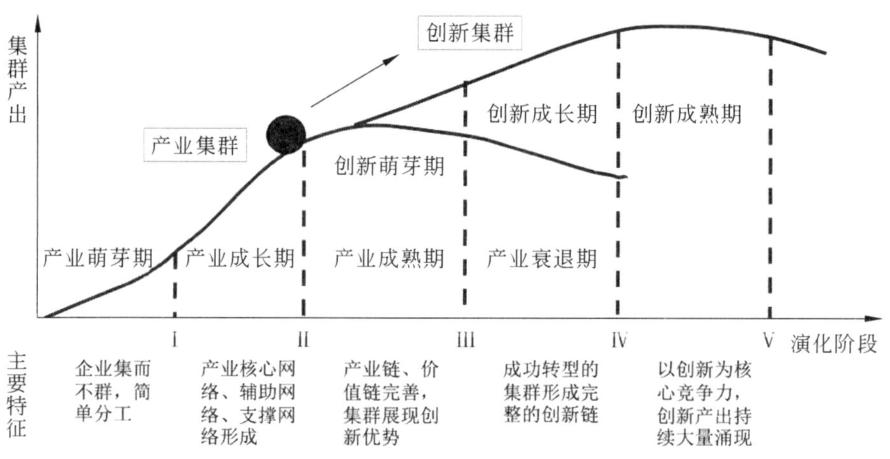

图 3-26 产业集群到创新集群的演化周期及过程

资料来源:陈海华、陈松,2010

根据创新集群的概念与基本特征,产业集群进入成熟期后,基于价值链的集群分工网络非常完善,产品和服务标准化,集群的边际规模不断上升,边际成本迅速下降,边际利润逐渐提高,集群内出现了一些在国际上具有竞争力的龙头企业,企业间既竞争又合作,联系广泛而密切。但随着产业的成熟,以低成本作为企业竞争力变得越来越难以持续,群内企业逐渐认识到通过创新增加产品和服务的附加值,通过创新获取细分市场和高端市场的重要性,逐步增加了研发和创新投入,并加强了组织间的学习与合作。随着成员间信任度的增加，默会知识和复杂知识、信息和技能等在集群内快速扩散，从高位势企业向低位势企业流动，有利于知识的生产利用和创新的产生，创新氛围逐步形成，此时进入创新集群萌芽阶段。这一阶段虽有一定的技术引进、合作开发和自主开发，但集群的创新模式主要是以模仿创新为主。

当创新产出大量涌现时，则创新集群进入成熟阶段，特别是作为重要标志的核心技术不断有突破。成熟的创新集群是一个高度动态、有序的自组织创新系统，多元的创新主体（如企业、大学、科研机构等）不断实现创新产生→外溢→持续的过程，创新成果遵循"基础研究→应用研究→开发研究→技术创新→商业化→产业化→基础研究"的链环回路。企业在相当长的时期内，持续不断地推出、实施新的创新（包括产品、工艺、组织和市场等创新）项目，并不断地实现创新经济效益。组织之间或是互相竞争、互相替代，或是互相协同、互相促进，创新的技术范式确立。

3. 创新空间的类型

创新空间是聚集创新活动的场所，是以创新、研发、学习、交流等知识经济主导的产业活动为核心内容的空间系统。曾鹏（2007）将城市创新空间划分为两大类，分别为开展基础研究为主的空间和开展高技术及其产业为主的空间；王兴平、朱凯（2015）则通过创新空间功能的不同在都市圈的研究层面上将其划分为知识型空间与产业型空间，并进一步划分至研究院所、实验室等具体空间类型；陈家祥（2017）从生产模式的视角提出创新空间的四大类型，包括城市中心型、开发园区型、城市更新型以及规划生成型。本次研究借鉴相关学术研究成果，根据不同创新主体目的与功能的差异将创新空间划分为知识型与产业型两大类。同时，考虑到新区尺度相较区域、都市圈等层面可开展更为详细的研究，因此本书将两大类创新空间又分别细划成创新空间载体的具体类型来进行深入分析（见图3-27）。

其中，知识型创新空间主要对应创新链条上游的基础研究、源头创新等环节，具体创新载体包括高等院校与研究院所；产业型创新空间主要对应创新链的技术成果转化、高新技术产业等中下游环节，具体载体包括孵化机构与创新型企业两类，其中孵化机构包含众创空间、科技企业孵化器以及加速器等，创新型企业则既包含已认定的高新技术企业，也包含拥有附属技术中心与附属实验室等创新载体的其他企业个体。

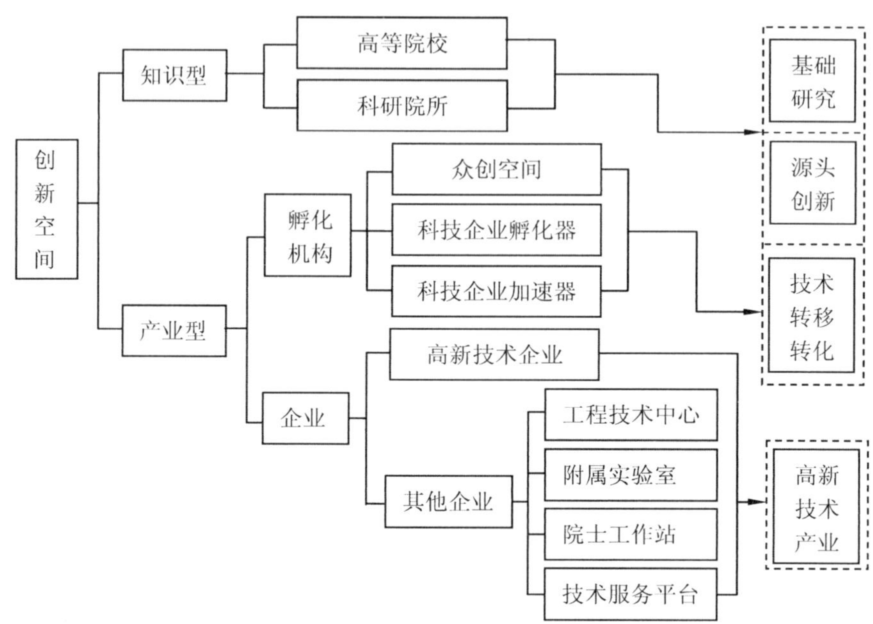

图 3-27 创新空间的分类

资料来源：王兴平、朱凯，2015

3.2.2 城市新区创新空间总体特征分析

理清江北新区整体创新空间规模，并将江北新区与其他国家级新区或国内外典型创新功能集聚区进行横向比较，从而判断江北新区目前创新空间所处的发展阶段以及相较而言所存在的优势与劣势，可为江北新区创新空间的发展提出合理建议。

1. 创新空间总体规模研判

创新空间的用地规模和建筑规模是衡量新区创新能力最基本的物质指标，也是形成新区产业集聚、创新集群的基础，梳理、分析江北新区各类创新主体空间基础信息，并在地图上标注其区位与具体范围便可获取江北新区当前创新主体空间分布图(见图 3-28)。这既可以考察新区创新空间的规模，又可以判断新区创新空间的集中度、集聚度。

根据调查，江北新区直管区内创新空间总占地面积约 16.3 平方公里，其中产业型创新空间占地面积约 8.8 平方公里(企业型创新空间约占 8.4 平方公里，孵化机构约占 0.4 平方公里)，知识型创新空间占地面积达 7.5 平

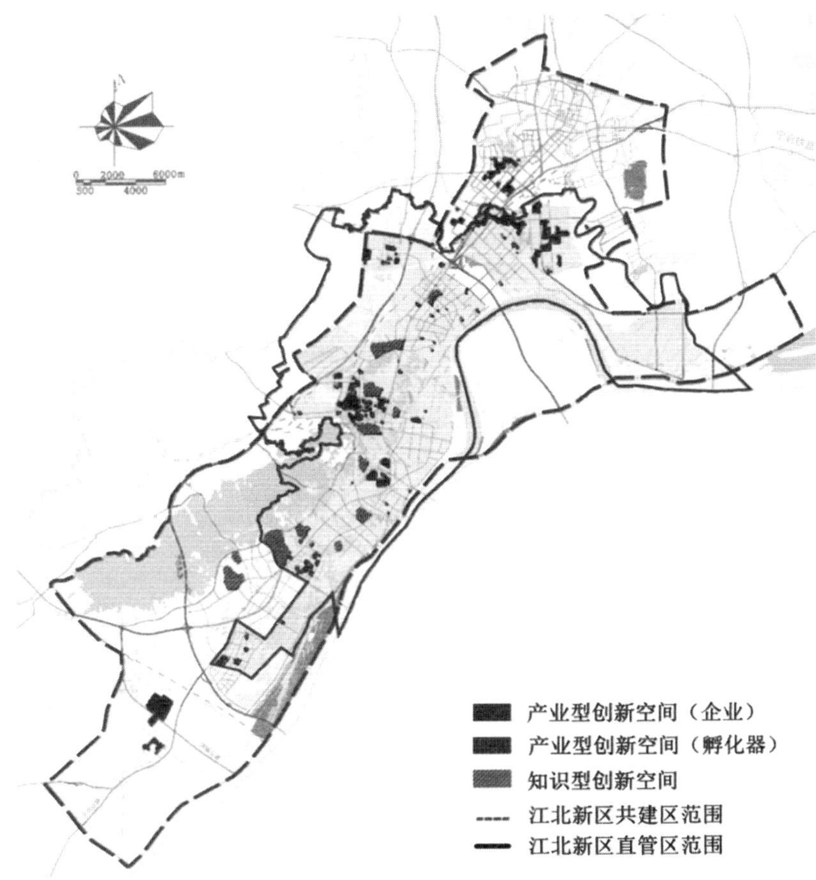

图 3-28　江北新区当前创新主体空间的分布

资料来源：自绘

方公里(见表 3-3)。江北新区共建区内现状创新空间占地总面积约 22.4 平方公里,其中产业型创新空间占地面积约 13.3 平方公里(企业型创新空间约占 12.5 平方公里,孵化机构约占 0.8 平方公里),知识型创新空间占地面积约 9.1 平方公里(见表 3-4)。

2. 创新空间发展阶段研判：向创新集群跨越的重要转折期

江北新区正着力打造以"两城一中心"(芯片之城、基因之城与新金融中心)为核心的主导产业集群及产业布局。从近年来的产业发展来看,除了新区成立前有较好基础的、传统的钢铁、能源、化工等重化工业外,电子信息、生物医药、汽车、轨道交通、新能源及新金融等高新技术产业发展迅

表 3-3 江北新区直管区创新空间规模的统计

序号	类别		占地规模/平方公里	占比/%
1	产业型创新空间	企业	8.4	51.5
		孵化机构	0.4	2.5
		小计	8.8	54.0
2	知识型创新空间		7.5	46.0
	合计		16.3	100.0

资料来源：自绘

表 3-4 江北新区共建区创新空间规模的统计

序号	类　　别		占地规模/平方公里	占比/%
1	产业型创新空间	企业	12.5	55.8
		孵化机构	0.8	3.5
		小计	13.3	59.3
2	知识型创新空间		9.1	40.7
	合计		22.4	100.0

资料来源：自绘

速，形成了相应的产业集群，使江北新区的经济发展取得了骄人的业绩。2018 年，仅直管区的国内生产总值就达 2 528 亿元，比 2017 年增长 13.1%，增长速度高于南京市 5.1 个百分点，高于江苏省 6.0 个百分点，高于全国约 2 倍；一般财政预算收入达 175 亿元，比 2017 年增长约 35.0%。产业、经济的快速发展，已使江北新区初步成为江苏省、南京市最重要的高新技术产业集聚区、区域经济增长极（见表 3-5）。

表 3-5 江北新区经济发展的统计

项目	2015 年	2016 年	2017 年	2018 年
GDP	1465	1840	2212	2528
增长率/%	—	25.6	20.2	14.3

资料来源：自绘

1）基于产业集群角度的“两城一中心”分析

从图 3-26 可知，产业集群的发展主要有五个阶段：阶段Ⅰ是产业集群的萌芽，在产业集群发展初期，组织及其他要素资源的简单物理聚集，企业小而全，分工内部化，是一种“集而不群”的状态。阶段Ⅱ是产业集群的成长，随着大量新企业进驻，集群垂直产业链上分工合作机制逐步完善，研发、制造、营销、消费到最后循环利用的各个环节越来越专业化，产业集群进入快速成长阶段。阶段Ⅲ是产业集群成熟（创新集群萌芽），集群不断地从市场获得生产要素、服务要素，从政府宏观调控环境获得政策、金融信息，与外界进行物质流、信息流、能量流的交换。阶段Ⅳ是产业集群衰退或转型（创新集群发展），成熟期后的产业集群容量已趋于饱和或超饱和，土地、人力、交易成本大幅增加，市场竞争激烈，出现成本更低或更有效的替代品。阶段Ⅴ是创新集群成熟，此阶段集群创新能力达到高峰，群内创新节点不断变换，形成了创新集群可持续发展的特征（陈海华、陈松，2010）。

（1）芯片之城——江北新区芯片产业集群发展分析。虽然南京集成电路产业并无雄厚基础，但随着台积电公司落户江北新区，改写了江北新区芯片产业发展的态势。台积电公司是世界首个晶圆代工企业，市值突破 2 000 亿美元，超过英特尔。全球近 60%的芯片代工都由台积电完成，苹果、高通等全球高科技巨头跳动的“芯”都掌握在台积电公司。随着台积电项目的落户特别是快速达产后，华大九天、新思科技、展讯通信等集成电路上下游企业超过 250 家已陆续入驻江北新区，而集成电路服务平台、创新中心等载体也正处于在建中（见图 3-29）。

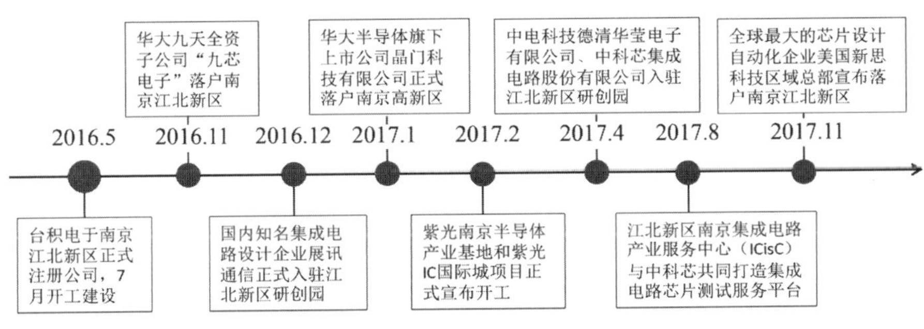

图 3-29　“芯片之城”产业与创新资源的集聚

资料来源：自绘

目前，国内排名前十的 IC 设计企业有一半落户江北新区，逐步成为全国集成电路设计、制造产业的新高地。正在积极申报建设国家集成电路设计服务产业创新中心，争创江苏省制造业创新中心和智能制造示范区，加快形成自主可控的产业体系，努力在打造原创性重大科技和产业成果上起到示范作用。重点加大人工智能、5G 通信、卫星导航等集成电路设计领域布局，力争 2020 年集成电路及应用产业继续保持 30%以上增速，主营业务收入超过 300 亿元。

① 基于“产”的阶段研判。根据江北新区发展现状与趋势，对未来“芯片之城”产业发展规模进行预测。近期拟打造千亿级产业集群，在国内、国际的份额追平浦东新区，考虑台积电、清华紫光等制造业龙头企业的产值带动作用，产业结构以制造为主。远期赶超浦东新区，特别是使 IC 设计发力成为带动产业结构转型。根据对上海浦东新区(2015 年)的调查，IC 产业总产值 605.79 亿元，同比增长 17.5%，占我国内地比例的 16.78%，占全球比例的 2.78%；IC 设计、制造、封测产业结构比为 39∶8∶33。其中，上海张江高科技园区 IC 设计、制造、封测产业结构由 2005 年的 5∶85∶10 转变为 2010 年的 39∶42∶19，2017 年上半年产业结构比为 45∶36∶19。说明上海浦东新区的芯片产业在不断地向高端发展。由此推测江北新区芯片之城的“产值”规模(见表 3-6)。

表 3-6　江北新区芯片之城——“产”的规模预测

内　　容	近期(2020 年)	远期(2025 年)
总产值/亿元	1 000	1 500
R&D 占销售收入比重/%	10	15
集聚企业数/家	300	1 000
占中国大陆比重/%	16	20
占全球比重/%	3	6
产业结构比(设计∶制造∶封测)	15∶75∶10	34∶53∶13

资料来源：自绘

从江北新区芯片产业的发展态势来看，由于目前国内正迎来新一轮集成电路制造投资建厂热潮，IC 制造业规模将高速增长，江北新区 IC 制造业借助台积电公司等龙头企业设厂投产达产，江北新区有可能在该产业处于国内领先地位。由于 IC 制造业可能处于国内领先地位，因而 IC 封装制造、IC 设计业也将达到国内领先地位。根据对上海浦东新区和深圳的调查，上海浦东新区(2015 年)IC 设计产业规模为 218.7 亿元，占内地比例的

17%；IC制造业产业规模为155亿元，占内地比例的17%；IC封测业产业规模为182.2亿元，占内地的比例为13%。深圳(2016年)IC设计产业规模达569.35亿元，占内地的比例超70%。由此可推测出江北新区芯片之城的细分产业的"产值"规模(见表3-7)。

表3-7　江北新区芯片之城细分产业规模的预测

	项　目	近期(2020年)	远期(2025年)
IC设计	总产值/亿元	150	500
	占中国大陆比例/%	6	25
IC制造	总产值/亿元	750	800
	占中国大陆比例/%	30	35
IC封测	总产值/亿元	100	200
	占中国大陆比例/%	5	10

资料来源：自绘

② 基于"城"的阶段研判。"城"主要包括主体空间规模以及就业人口规模、配套设施用地规模。根据对浦东新区张江高科技园区的调查，2014年张江高科技园区从事IC设计、制造、封测产业工作的人数分别为3.2万人、2.2万人、3.4万人，相对应的产业产值分别为240亿元、186亿元、310亿元。其中设计、制造、封测对应的专业技术人才数分别占总就业人数的70%、30%和20%。上海张江高科技园区：工业用地规模达411公顷，占比21.16%；居住用地规模达351.41公顷，占比18.08%；公共服务设施用地规模达140.26公顷，占比7.22%。

根据张江高科技园区IC设计、制造、封测产业工作的总人数、专业技术人才数的占比、产值及用地规模(见图3-30)，对照江北新区2020年、2025年的产值规模，可以预测江北新区近期2020年、远期2025年IC设计、制造、封测产业工作的就业总人数、专业技术人才数、居住用地规模及公共服务设施用地规模。同样，根据张江高科技园区IC设计、制造、封测产业的产值及用地规模，分别计算出IC设计、制造、封测三种产业的地均效益，通过经验值估算，对江北新区近期2020年、远期2025年IC设计、制造、封测产业的用地规模就可以进行预测(见表3-8)。

图 3-30 张江高科技园区地均效益估测

资料来源：自绘

表 3-8 江北新区芯片之城——“城”的规模预测

类 别	项 目	近期(2020 年)	远期(2025 年)
产业用地/平方公里	IC 设计产业用地	0.2	0.7
	IC 制造产业用地	4.7	5.5
	IC 封测产业用地	1.0	2.0
	小计	5.9	8.2
就业人口/万人	从业人员数	10.0	15.0
	专业技术人才数	3.0	6.0
配套设施用地/平方公里	配套居住用地	4.8	6.0
	公共服务设施用地	1.8	2.4

资料来源：自绘

(2) 基因之城——江北新区基因之城产业集群发展分析。基因之城，江北新区依托生物医药谷、国际健康城等核心载体，集聚先声药业、绿叶思科等大健康产业链企业 800 余家，引进 Joslin 糖尿病专科医院等一批国内外一流专科医院，吸引诺禾致源、云健康等一批基因行业龙头企业在新区创业。获批设立国家人类遗传资源江苏创新中心，生物医药苏南科技成果产业化基地投运，建成国家健康医疗大数据中心，年测序能力超过50万人次，已成为全亚洲最大的基因测序基地，推动建设“中国南京细胞谷”。完善基因测序、大分子创新药物等生命健康全产业链，力争基因及生命健康产业继续保持30%以上增速，2018年主营业务收入超过800亿元，从业人员超过2万人，同时，江北新区还依托国家健康医疗大数据中心、国家遗传基因工程小鼠资源库等高等级科研院所，正积极集聚创新服务平台、高等院校及相关研发生产企业等，培育基因产业的核心创新竞争力（见图3-31）。江北新区国内外产业与创新资源正围绕核心主导领域在内部快速集聚。

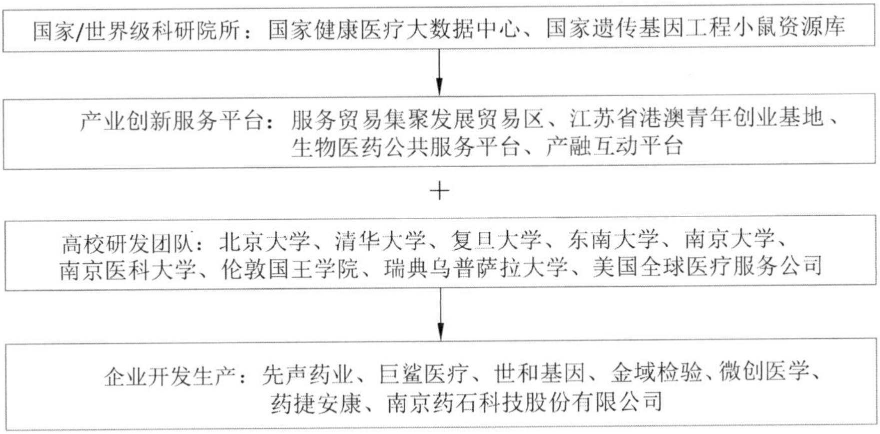

国家/世界级科研院所：国家健康医疗大数据中心、国家遗传基因工程小鼠资源库

↓

产业创新服务平台：服务贸易集聚发展贸易区、江苏省港澳青年创业基地、生物医药公共服务平台、产融互动平台

＋

高校研发团队：北京大学、清华大学、复旦大学、东南大学、南京大学、南京医科大学、伦敦国王学院、瑞典乌普萨拉大学、美国全球医疗服务公司

↓

企业开发生产：先声药业、巨鲨医疗、世和基因、金域检验、微创医学、药捷安康、南京药石科技股份有限公司

图3-31 “基因之城”产业与创新资源的集聚

资料来源：自绘

① 基于“产”的阶段研判。采用标杆法，参照上海浦东新区张江高科技园区生物医药产业近年来的发展规模与速度，结合江北新区发展现状与趋势，对未来“基因之城”产业发展规模进行预测。2015年，上海浦东新区张江高科技园区生物医药产业经济总量约900亿元，比上年增长12.5%，其中制造业实现工业总产值406.7亿元，同比增长2.9%。据此可以预测江北新区“基因之城”近期2020年、远期2025年的产值规模（见表3-9）。根据图3-32所示的张江高科技园区生物医药产业构成的情况、图3-33所示的张江高科技园区生物医药产业的总产值及其占上海市的比例，可以预测江北新区“基因之城”在近期2020年、远期2025年的产值占南京市的比重及产业结构（见表3-10）。

表 3-9 基因之城——“产”的规模预测

<table>
<tr><th colspan="2">项　目</th><th>近期(2020 年)</th><th>远期(2025 年)</th></tr>
<tr><td colspan="2">总产值/亿元</td><td>1 000</td><td>1 500</td></tr>
<tr><td rowspan="2">占南京市比重</td><td>基因产业</td><td>80</td><td>85</td></tr>
<tr><td>生命健康产业</td><td>50</td><td>60</td></tr>
<tr><td colspan="2">产业结构比(研发∶制造业∶商业销售)</td><td>45∶40∶15</td><td>50∶35∶15</td></tr>
</table>

资料来源：自绘

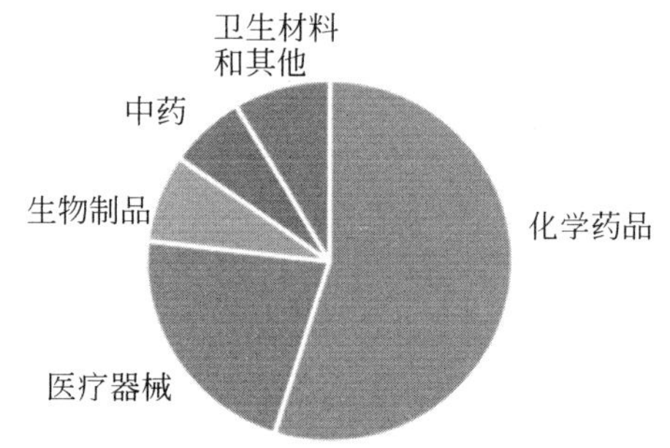

图 3-32　张江高科技园区生物医药产业的构成

资料来源：自绘

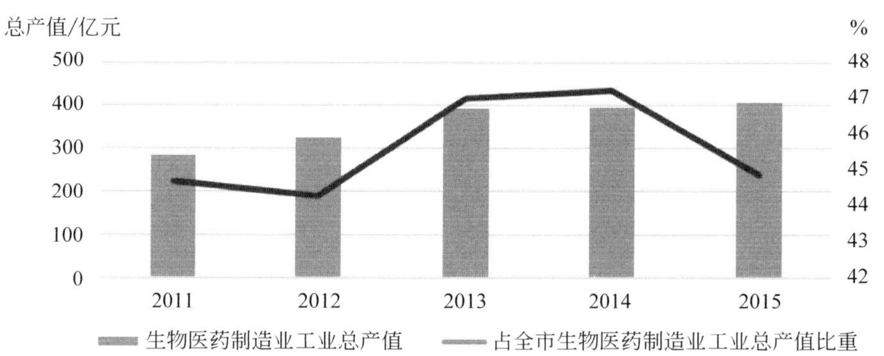

图 3-33　张江高科技园区生物医药产业的总产值及其占全市比例

资料来源：自绘

② 基于“城”的阶段研判。“城”主要包括产业主体空间、人口规模以及相关服务配套等，分别对其进行规模预测。2014 年，上海张江高科技园区生物医药产业的用地规模达 4.11 平方公里，占比 21.16%；居住用地规模达 3.51 平方公里，占比 18.08%；公共服务设施用地规模达 1.40 平方公

表 3-10　2020 年江北新区“基因之城”的主要发展指标

分类	指 标 名 称	指标值
创新名城建设	新增高新技术企业数/(家/年)	60
	规上工业企业 R&D 经费投入强度/%	2.3
	新型研发机构数/(家/年)	15
	每万人拥有发明专利申请数/(个/年)	60
产业发展	主板上市公司数量/(家/年)	4
	主营业务收入增长/%	15
	新引进各类企业数/(家/年)	80
	新增规上工业企业数/(家/年)	15
	服务业增加值增速/%	15
对外开放	实际利用外资/(万美元/年)	14 000

资料来源：自绘

里，占比 7.22%。其中，就业人口本科以上学历近 50%，博士以上学历达到 2%。参考就业人口估算指标，生物医药产业的人口容量指标为 1.5 万人/平方公里左右(见表 3-11)。

表 3-11　基因之城——“城”的规模预测

项　　目		近期(2020 年)	远期(2025 年)
产业用地/平方公里	研发用地	1.4	2.5
	制造用地	4.0	4.8
	小计	5.4	7.3
就业人口/万人	从业人员数	7.0	9.5
	本科以上人才数	3.5	4.7
配套设施用地/平方公里	配套居住用地	4.6	5.9
	公共服务设施用地	1.6	2.3

资料来源：自绘

(3) 新金融中心——江北新区新金融中心产业集群发展分析。

① 基于“产”的阶段研判。采用标杆法，结合江北新区发展的条件与趋势，对江北新区未来“新金融中心”产业发展的经济规模进行预测。以上

海浦东新区和天津滨海新区为对标案例，2016 年，上海浦东新区金融业增加值约为 4 700 亿元，天津滨海新区金融业增加值约为 1 700 亿元；上海浦东新区金融产值的增加约占全国比例 16.23%，天津滨海新区金融产值的增加约占全国比例的 9.6%。根据江北新区产业发展规划，新金融中心在近期(2020 年)将加快项目建设，集聚新金融产业；远期(2025 年)将进一步推进新金融集聚，扩大金融影响力，跻身主要追赶型金融中心(见表 3-12)①。

表 3-12 江北新区新金融中心产业规模的预测

项　目	近期(2020 年)	远期(2025 年)
金融业增加值/亿元	600	1 000
占中国大陆比重/%	3.0	8
集聚各类金融企业/家	1 000	2 000
集聚各类金融资本规模/亿元	5 000	10 000
管理资金规模/亿元	5	10
集聚基金/家	100	300

资料来源：自绘

② 基于“城”的阶段研判。江北新区将打造新金融中心，建设“一中心两生态圈三试验区”，构建“融资＋投资＋保险”三位一体的现代金融之城(见图 3-34)。

结合江北新区“两城一中心”的指引以及江北新区金融产业现状，新金融中心空间布局结构为“一心两镇”(见图 3-35)，在“人、产、城”三方面实现跨越式发展(见表 3-13)。

“一心”为 CBD 资产管理与证券化中心，即江北新区正在全力打造的江北 CBD 区域，规划面积为 7.49 平方公里。它是江北新区高级金融活动的聚集地，集聚了江北新区工行资管银行等龙头新金融业态。

“两镇”：一是研创园创业创新基金镇，对标美国格林尼治基金小镇。产业规模上，2018 年集聚了各类基金机构 160 家，资产规模超过 1 000 亿元。空间规模方面，核心区规划总占地面积 2.5 平方公里，总建筑面积约 30 万平方米。功能配套方面，集基金、文创和旅游三大功能为一体。服务

① 东南大学区域与城市发展研究所. 转型发展背景下江北新区产业空间布局研究报告[Z]. 2019 年 1 月.

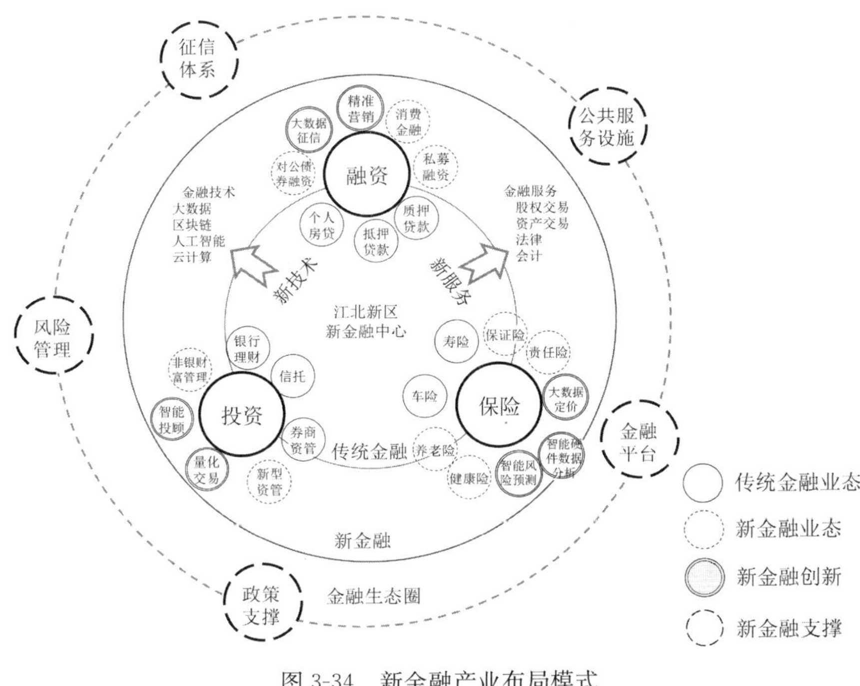

图3-34 新金融产业布局模式

资料来源：自绘

图3-35 江北新区新金融中心的空间布局

资料来源：自绘

配套方面，用“微城市”的理念打造园区，建设生活配套服务平台，公共食堂、商务宾馆、停车场、配套超市等服务设施齐全。二是南京北站金融镇。位于老山风景区内，在浦泗路南侧，规划总用地面积约 0.32 平方公里。依托老山片区低密度、生态、宜居、宜业的自然环境，重点发展物流金融、私募基金、金融服务，构建绿色、和谐、共享的开放式基金镇。

表 3-13 江北新区新金融中心发展目标

主体	项　　目	近期（2020 年）	远期（2025 年）
人	新增金融就业岗位 /万人	20	25
	每年引进新金融顶尖专家/人	3～5	3～5
	每年吸引江浙皖 985/211 高校人才/人	1 000	2 000
	日均访客（与新街口持平）/万人次	15	30
产	中小企业外源融资占比/%	10	10
	资产管理规模	长三角前三	长三角前三
	保险深度与密度 & 增速	全国前五	全国第一
	新金融龙头企业（细分行业排名前三）/家	5	10
城	区域创造力指数评分（接近美国、新加坡）	1	1
	发展动力指数全国排名（与西雅图、旧金山相仿）	前 50	前 50
	区域生活质量指数评分（与波士顿相仿）	80	90

资料来源：自绘

江北新区坚持产融结合的发展路径，全面推动扬子江新金融集聚区建设，新金融示范区（基金小镇）已正式开园。大力发展 PE、VC 等新金融业态，着力为集成电路、生命健康等新兴产业的发展提供资本支撑。目前，工银金融资产投资公司、供销金融等 20 余家新金融机构和华泰证券产业基金、盈科资本投资基金等 80 余支基金集聚新区，集聚各类金融资本达 2 000亿元规模（见表 3-14）。

2）基于创新集群角度的“两城一中心”分析

为判断新区创新空间的总体发展阶段，以上海张江高科技园区为对标对象，对其发展阶段进行初步分析。园区发展大致经历了“产业集聚—创新培育—新三商生态构建”三大阶段（见图 3-36）。在产业集聚第一阶段，

表 3-14 江北新区新金融中心核心产业分析规划

发展阶段		近期(2020 年)	远期(2025 年)
发展方向		扩大创新供给,形成产业集群	体现需求导向,构建良性循环
创新融资	对公债权融资	促进创新供给: 搭建企业信用体系,试点供应链金融及无形资产融资; 政府出台担保贴息等政策,提高创新意愿	以需求促进创新:政府牵头挖掘、引导 4+2 产业的新融资需求
	消费金融	搭建个人信用体系,引入领先消费金融公司	基于需求推广信用应用:将个人信用体系应用到多元消费场景和社会管理领域
	私募股权融资	增加私募机构,丰富资金供给: 成立政府基金; 出台优惠政策,吸引机构入驻,例如,减税	基于需求完善多层次资本市场:构建从天使投资、VC、PE 到新三板的全周期融资服务
发展方向		丰富资产种类,引入创新机构	拓宽资金来源,促进产业成长
创新投资	新型资产管理	对接实体经济,丰富可投资产: 梳理重点项目,引导新型资管机构对接投资; 试点供给侧改革资管产品(例如,传统行业债转股)	引入公有资金:试点保险资管机构管理政府社保基金; 吸引多元资金:出台税优政策(例如,投资所得税减免),吸引多元资金
	非银财富管理	集聚、孵化非银财管机构: 给予专项财政鼓励,引入领先机构; 成立专项引导基金,投资、孵化江北的非银财管机构	引导外地民间资本:通过互联网等创新手段,吸引江苏和南京以外的资本投入,服务全国
发展方向		聚焦核心业务,布局创新集群	培育创新龙头,树立创新标杆
创新保险	创新保险机构	引入创新保险机构:出台优惠政策(如落户奖励等),布局新保险及衍生产业链	着力培育创新保险龙头企业,引领全行业发展
	消费金融	聚焦发展四大跨界创新产品:创新健康险、养老险、保证险、责任险	树立跨界创新标杆:鼓励险资参与医院混改和养老事业,构建新医疗和养老网络
	私募股权融资	多种手段提升创新保险需求: 落实个人保险税优政策,鼓励购买个人险; 推广强制责任险,如企业环责险等	对接信用体系:连接个人、机构信用体系,提高保险覆盖效率

资料来源:自绘

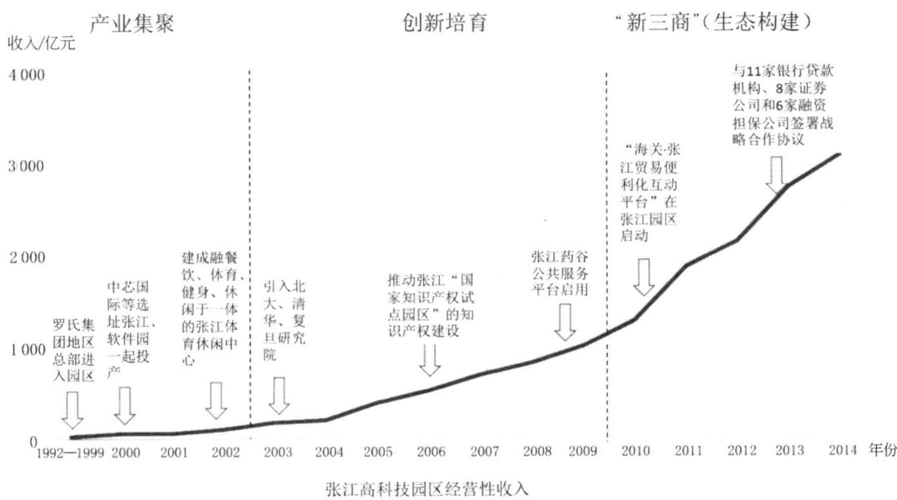

图 3-36　上海张江高科技园区的发展阶段

资料来源：自绘

罗氏集团、中芯国际等龙头企业入驻园区；在创新培育第二阶段，张江高科技园区在引入北大、清华、复旦研究院的同时，还积极推动张江“国家知识产权试点园区”的建设以及张江药谷公共服务平台的搭建；在“新三商”创新生态构建的第三阶段，园区探索建立了科技地产商、产业投资商、创新服务商协同服务的“新三商”模式，为创新活动与人才搭建了完善的服务体系，完善了创新生态的建设。

江北新区目前在积极引入各主导产业龙头企业的同时，也在积极搭建“产学研”合作桥梁与创新服务平台。基于其创新空间发展现状，对照张江高科技园区的发展经验，并参考相关文献中对从产业集群到创新集群的演化周期及过程的研究，江北新区围绕主导产业的企业、产业基地等产业资源的集聚已初具规模，产业已由萌芽期进入成长期；而研究院所、创新服务平台等各类创新资源正加速在新区集聚，新区正处于创新萌芽期的高速发展期。由此判断，江北新区现正处于由产业集群向创新集群实现跨越式提升的重要转折期。

3. 国家级新区横向比较：存在人才与技术短板

创新链条是指围绕某一个创新的核心主体，以满足市场需求为导向，通过知识创新活动将相关的创新参与主体连接起来，以实现知识的经济化过程与创新系统优化目标的功能链接结构模式。创新链是描述一项科技成果从创意的产生到商业化生产销售整个过程的链状结构，主要揭示知识、技术在整个过程中的流动、转化和增值效应，也反映各创新主体在整个过程中的衔接、合作和价值传递关系。

按照创新过程的不同阶段，创新活动可分为基础研究、应用基础研究、应用开发研究（技术转化）和高新技术产业化等四个阶段。基础研究是原理性的研究，为解决科学技术中的一系列实际问题提供理论指导；应用基础研究的任务是探讨基础研究的原理性成果在实际运用中的可能性，它注重科研成果的实用性，一般是指在实验阶段创造和研制新产品、新技术、新工艺；应用开发研究则是在前两者的基础上，将科研成果应用于生产而进行的研究；高新技术产业化是指在应用开发研究的基础上将科研成果与人员、资金、设备、信息、工艺、管理等要素结合，经过创意过程打造成具有价值的商品在市场上营销推广，并形成新兴产业或者应用于生产过程中，从而产生经济效益、社会效益的环节。创新链条的四个环节密不可分、缺一不可。

为了衡量江北新区的创新活动活跃程度并与发展较快的国家级新区相比，我们根据创新链条涵盖的“基础研究—应用基础研究—科技成果转化—高新技术产业化”四大环节涉及的主要活动，针对各环节的主要活动选取相应的核心计量指标，建立创新链条比较研究的指标体系（见表 3-15）。基于数据的可得性，基础研究环节指标选取“高校研究与发展人员全时当量人员”数据，应用基础研究环节选取“地均专利授权量” 数据，科技成果转化环节选取“全区技术合同成交额”与“高校技术合同收入”两项数据进行综合叠加，高新技术产业化环节则综合 “高新技术产值占工业总产值比例”与“高新技术企业数量”两大数据指标。

表 3-15　国家级新区创新链各环节比较指标体系

创新链环节	研究核心指标	分析权重
基础研究	高校研究与发展人员全时当量人员/人年	1
应用基础研究	地均专利授权量/件	1
科技成果转化	全区技术合同成交额/亿元	0.5
	高校技术合同收入/亿元	0.5
高新技术产业化	高新技术产值占工业总产值比例/%	0.5
	高新技术企业数量/家	0.5

资料来源：自绘

将江北新区与其他国家级新区在各创新环节方面进行核心指标的对比研究，其中福州新区、贵安新区、西咸新区等7个新区数据暂缺。可以发现，江北新区在技术成果转化方面优势较为突出，但在基础研究与应用基础研究（源头创新）的创新链中上游环节上发展相对优势不大，由此可见人才与技术是制约新区创新空间发展的两大短板（见图3-37）。

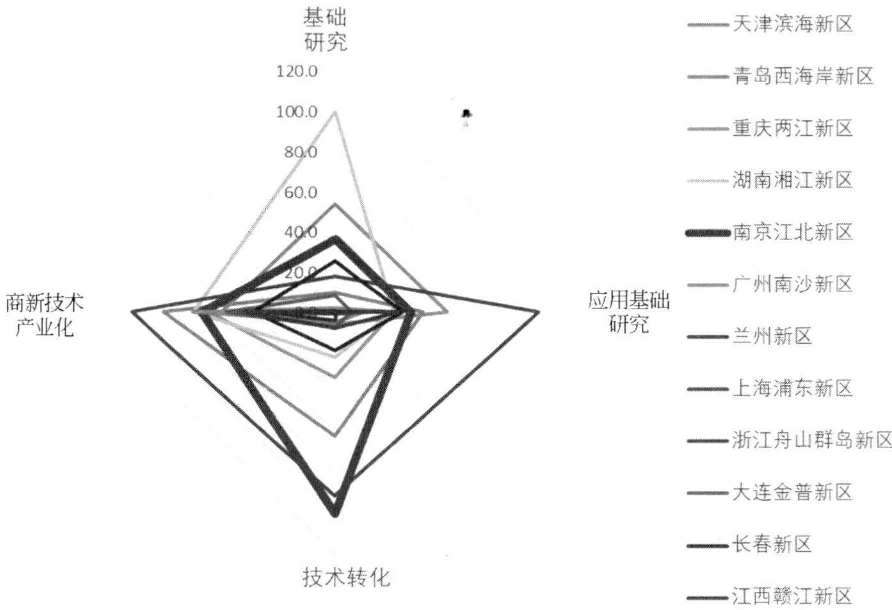

图3-37　江北新区与其他国家级新区各创新链环节的比较分析

资料来源：自绘

4. 实地调研总结：创新配套服务设施需求缺口大

首先，在对江北新区软件园、智能制造产业园、生物医药谷、产业技术研创园等各园区平台以及典型企业的访谈与实地调研中，大部分调研对象均表示目前其内部大部分管理层人员及技术人才均居住在江南地区，且园区周边缺乏企业配套金融设施、高端教育与医疗等公共服务设施。

其次，在对江北新区就业与居住人群的问卷调查中，大部分人群认为相较于江南地区，江北新区最缺少的是高品质的科教文卫体设施，人才对新区高品质配套服务设施的需求巨大（见图3-38）。而从调研过程中的实地观察来看，早高峰时期地铁站出站口众多过江人群均在排队搭乘园区接驳车，晚高峰时期园区周边的地铁站内则会短时集聚一波过江人群排队安检乘车，这也与园区平台和企业反映的“大部分就业人群处于每日过江通勤状态”的现实相符。

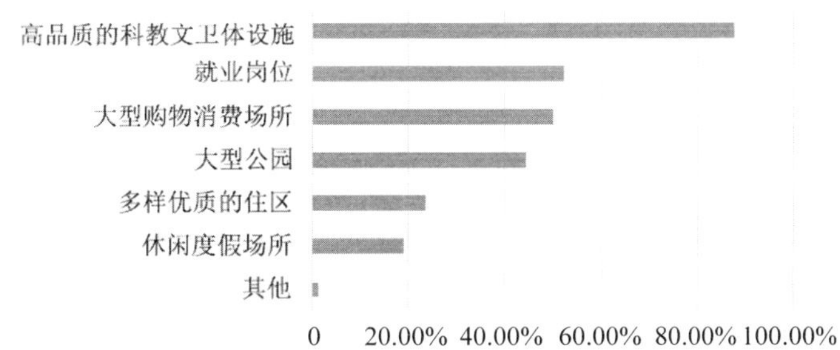

图 3-38　江北新区城市功能短缺程度

资料来源：自绘

通过对江北新区创新空间整体规模的梳理、发展阶段的判断及与其他国家级新区创新链环节的横向比较，特别是实地调研，对江北新区创新空间现状的整体发展特征可以归纳如下：江北新区创新空间正处于由产业集群向创新集群转变的重要转折期；目前新区创新链中上游环节相对优势尚不突出，存在人才与技术短板；创新服务链尚未全面形成，科技金融与高品质公共服务设施需求缺口大。这些特征与我国大多数的国家级新区类似。

3.2.3　城市新区产业型创新空间分析

这里首先对江北新区产业型创新空间的发展脉络与空间分布的整体特征进行梳理，其次进一步对创新型企业与孵化机构进行详细发展现状情况的梳理。

1. 整体发展现状

1）整体发展脉络梳理

1988 年 4 月南京高新区成立，1991 年 3 月升格为国家级高新区；1989 年 6 月南京科技创业服务中心成立，是江苏省首家科技孵化器；1999 年 12 月南京软件园成立；2001 年 3 月南京化工园成立，2018 年 3 月转型为南京新材料科技园；2010 年 6 月桥林新城正式启动开发建设；2011 年 3 月生物医药谷成立，2018 年 6 月转型升级为中国细胞谷；2015 年 9 月产业技术研创园孵鹰大厦正式投入使用，标志着产业技术研创园正式开园。伴随着新区各产业园区、孵化机构等重要产业创新载体逐步成立与投入使用，新区产业型创新空间逐步形成规模。

对江北新区创新型企业以及各类孵化机构从 20 世纪 80 年代至今的主体数量变化进行汇总统计（见图 3-39），可以看到的是，孵化机构从 2000 年开始数量逐步增长，自 2010 年至今，则进入数量的高速增长期。江北新区产业型创新主体的构成也由原先的企业绝对主导型走向了现今企业与孵化机构多元共生的格局。同时，从产业型创新主体 20 世纪 80 年代至今的空间分布变化来看（见图 3-40），其由在北部组团式集聚逐渐向南部呈轴带状延伸。

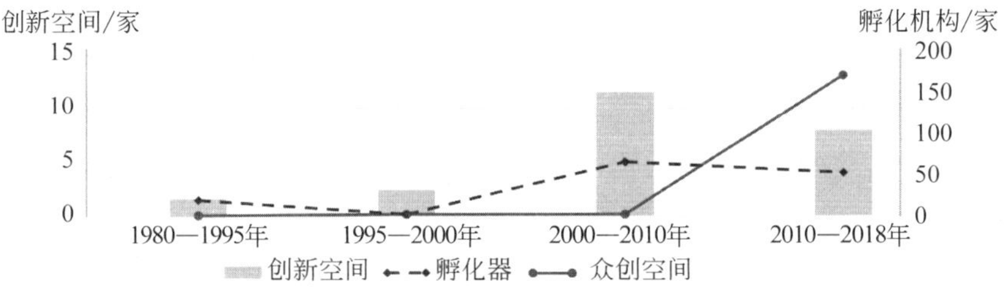

图 3-39　江北新区各阶段产业型创新主体的数量变化情况

资料来源：自绘

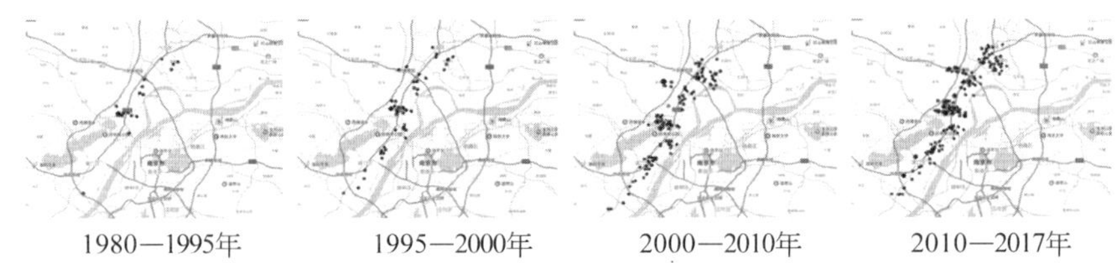

图 3-40　江北新区各阶段产业型创新主体的空间分布情况

资料来源：自绘

2）整体空间分布特征

将各产业型创新主体所处园区平台的现状区位进行统计分析，并进一步落实到空间层面，以探析江北新区产业型创新空间的分布与集聚特征。从统计结果来看，大部分创新主体均分布于软件园、智能制造产业园、生物医药谷、产业技术研创园等大型产业园区平台内，但仍存在部分创新主体分布于原浦口开发区隧道片区、沿江工业区等小型园区或片区内（见图 3-41 和图 3-42）。因此，可以判断江北新区目前产业型创新主体空间的分布与集聚特征为“大平台＋小园区”，面向未来土地集约利用以及产业创新集群发展的要求，创新空间进一步整合提质的需求较大。

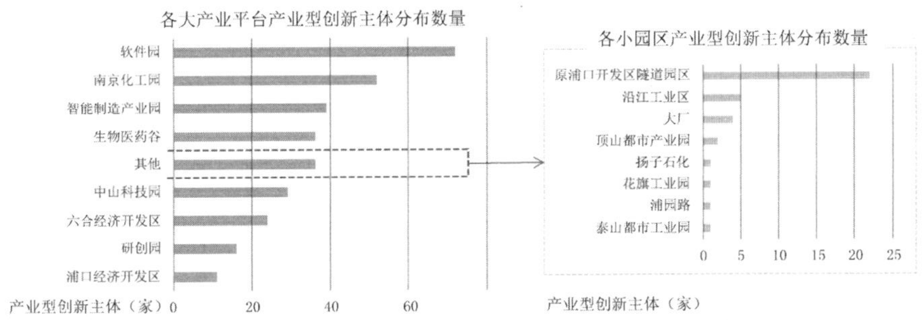

图3-41　江北新区产业型创新主体在各园区平台的分布情况

资料来源：自绘

图3-42　江北新区产业型创新空间的分布状况

资料来源：自绘

2. 创新型企业发展现状梳理

江北新区创新型企业有291家高新技术企业(不包括研究院有限公司),其中直管区260家,包括24家省级及以上附属研发机构的非高新技术企业。对创新型企业进行企业类型、创新成果产出以及企业空间布局等多个维度的分析,分别总结其在不同方面的特征与问题。

1) 企业类型:研究与试验型主导,但转型压力仍存

一方面,对江北新区1995年、2000年、2010年以及2017年的创新型的企业类型进行统计汇总,可以看出1995年至今,制造类创新型企业占总数的比例由54.5%逐步下降至目前的42.1%,而研究与试验型企业则由1995年的27.3%上升为2017年的54%,已占据创新型企业的主导地位(见图3-43)。

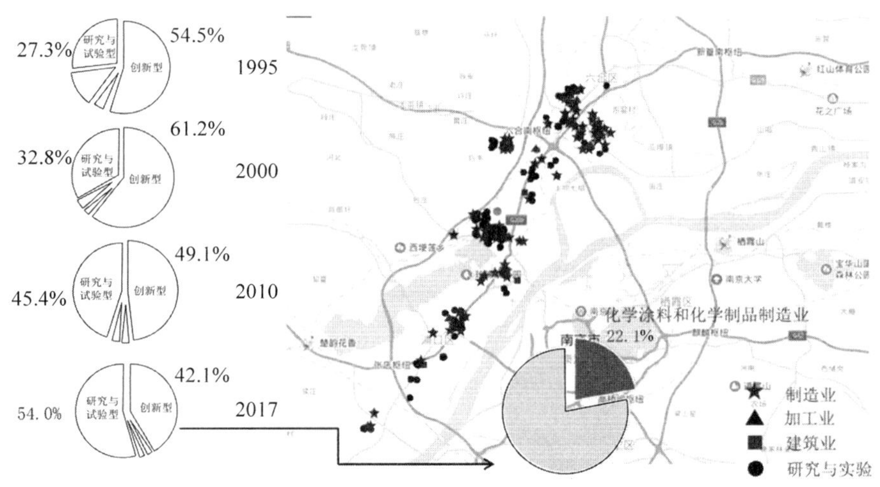

图3-43 江北新区创新型企业从事行业类型的分布

资料来源:自绘

另一方面,对目前制造类创新型企业的具体行业类型进行分析,其中化学原料和化学制品制造业这一传统行业类型仍占据制造类企业的22.1%。在当今国家长江经济带层面积极推动由“化工围江”到绿色发展转变提升的大背景下,可预见江北新区在实现产业创新发展的过程中,企业转型压力仍存。

2) 创新产出:专利布局与新区主导产业吻合度低

对江北新区创新型企业的创新成果产出,分别分析其企业软件著作权

数与专利授权数的空间分布，将其二者进行综合叠加最终可得出新区企业总体创新成果产出的空间分布情况（见图3-44）。可以看到江北新区创新型企业的创新成果产出总体呈现由原高新区片区向两侧递减的特征，而新区南部目前虽已集聚部分创新载体，但成果产出成效还有待时日。

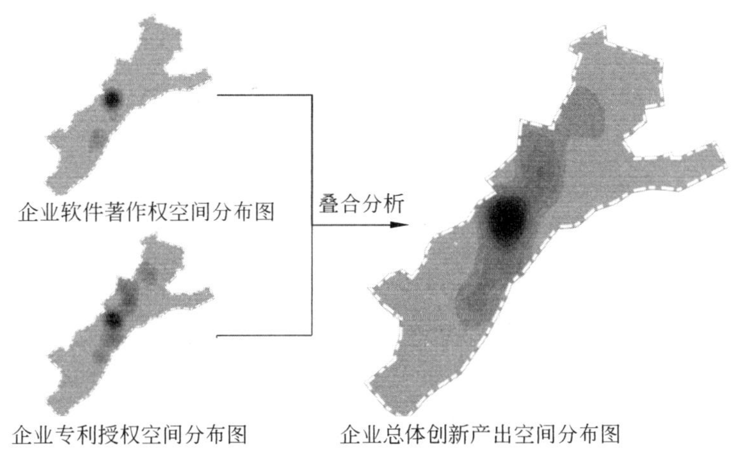

图3-44　江北新区创新型企业总体创新成果产出的分布

资料来源：自绘

在2017年江北新区创新型企业的专利布局中，63.8%的专利授权数集中于制造类企业，而精确到企业个体层面，扬子石化、中车铺镇、南钢等大中型企业的专利授权数占总数的比重则高达42.5%（见图3-45）。这些

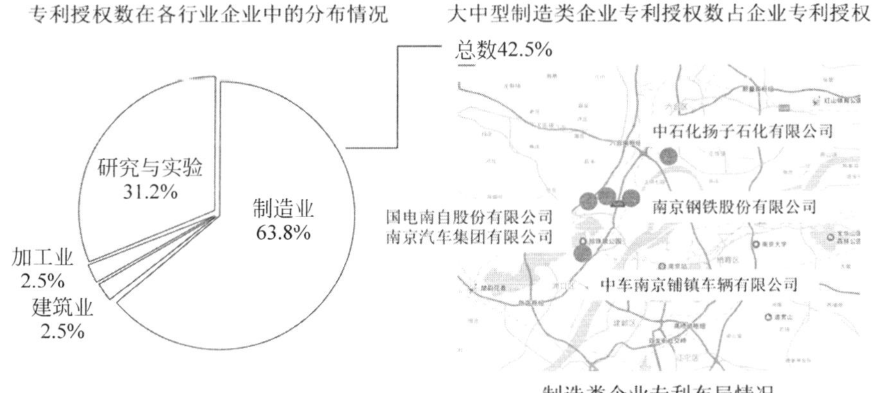

图3-45　江北新区2017年专利布局从事行业类型统计分析

资料来源：自绘

大中型制造企业的行业类型多为石化、车辆制造等传统制造类。在31.2％的研究与实验专利授权中，主要集中于江北新区产业发展基础较好的生命健康产业，占总数的32％，其高新技术企业有79家，规模以上企业46家。而集成电路产业因发展时间较短，专利授权数相对较少。但总体来看，这与江北新区目前“两城一中心”主导的集成电路与基因等产业的吻合度均较低。

对照我国专利高地——深圳的发展经验，深圳市2017年国内有效发明专利量仅次于北京市，每万人国内有效发明专利量是全国平均水平的10倍，国际专利申请量更是占了全国的半壁江山。深圳市创下如此辉煌的专利战绩的法宝是大中型企业成为其专利布局主体，且其中大部分企业从事行业与深圳市电子信息主导产业高度吻合。截至2016年年底，深圳市企业作为专利权人的专利（职务发明）占申请总量的95.2％。在国际专利方面，申请量前十名的企业为华为、中兴等大企业，占全市国际专利申请总量的50.64％。而华为、中兴、华星光电、腾讯等专利授权前几名的企业均紧紧围绕新一代信息技术产业。

由此可知，江北新区目前创新型企业的创新成果产出仍存在专利布局行业与主导产业吻合度较低的问题。

3）空间效率：企业腾退后的空间再利用问题严峻

江北新区创新型企业的主要空间载体为各产业园区平台。对新区各平台进行实地调研发现，目前新区各平台包括北部既有历史渊源较为深厚的“老园区”以及南部新设立的“新园区”，均认为园区下一步主要工作重点应对现有低效或传统企业进行拆迁腾退，为未来新兴的高新技术企业或科研机构提供新的创新空间。

由此看来，在新区整体及各产业园区平台可利用的产业用地、创新用地趋紧的背景下，传统企业腾退后的空间再利用是江北新区创新空间增量发展的重要途径之一。为此，江北新区出台了低效工业用地再开发利用的相关指导意见，鼓励平台、企业对低效工业用地根据“两城一中心”主导产业发展方向进行再开发，引进高新技术企业，提高现有空间的利用效率。

3. 孵化机构发展现状梳理

江北新区拥有5家省级、5家国家级科技企业孵化器，4家省级、9家国家级众创空间。通过对这些孵化机构主导产业类型、服务提供类型等维度的分析，总结其特征与问题。

1）孵化器数量少，与主导产业紧扣度一般

江北新区目前有10家省级以上科技企业孵化器，其中有5家专业型科技企业孵化器，占孵化器总数的50%。如将其与上海浦东新区以及深圳市相比较，上海浦东新区的专业性科技企业孵化器11家，占总数比重的84.6%，深圳市的专业性科技企业孵化器18家，占总数比重的66.7%（见图3-46）。江北新区与两者相比，专业孵化机构的数量较少，存在一定的差距。

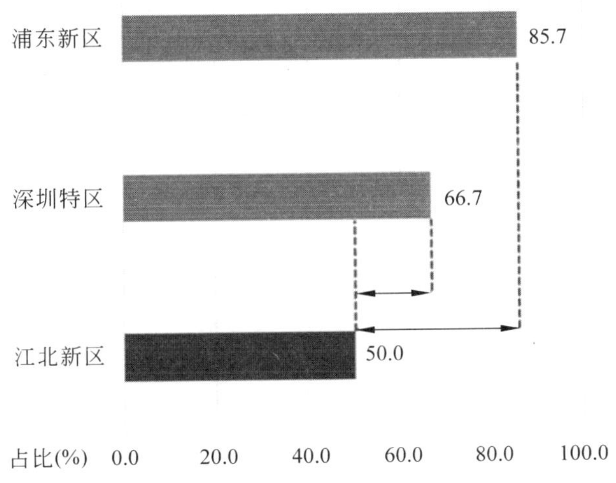

图3-46　江北新区专业型孵化机构占总数比重与其他地区对比的情况

资料来源：自绘

进一步对江北新区6家专业性省级以上科技企业孵化器的主导产业进行观察，其中仅3.5家为主导生物医药产业，与新区目前规划建设的“基因之城”主导产业相吻合；仅有1家与“芯片之城”相对应的专业孵化器；尚无一家与新金融产业相对应的专业孵化器（见表3-16）。由此可见，目前孵化机构与新区主导产业的紧扣度还尚待提升。

2）孵化器的专业性服务配置

从江北新区现有科技企业孵化器所提供的服务类型包括场地空间、物业管理、创业培训、金融服务、法律服务、生活服务、专业技术服务以及专业设备提供等来看，基础性的场地提供现仍为新区孵化器基地的主流服务，金融等资本服务已基本覆盖各高等级孵化机构，但专业技术服务及专业设备提供等专业性服务配置较为欠缺(见图 3-47)。

表 3-16　江北新区专业型科技企业孵化器主导产业类型统计

序号	名　　称	级别	主导产业
1	南京高新区留学人员产业园	国家级	生物医药
2	南京化工园区新城科技创业中心	国家级	生物医药
3	南京生物医药谷科技创业园	国家级	化工技术 生物医药
4	南京鼎业百泰生物科技创业园	国家级	生物医药
5	国家集成电路设计服务产业创新中心	国家级	集成电路
6	江苏膜科技产业园创业服务中心	省级	膜材料

资料来源：自绘

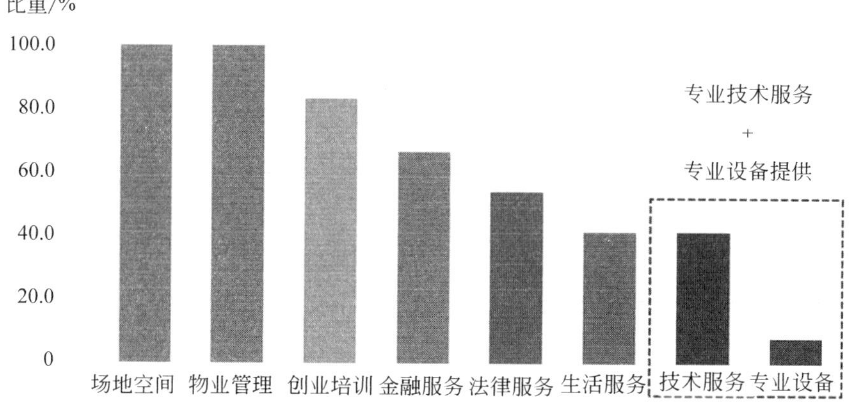

图 3-47　江北新区高等级创业机构提供服务类型的分布

资料来源：自绘

对照以色列 FutuRx Incubator 孵化器的运营模式来看，完备的专业实验室与专业技术服务是其成功的重要经验之一。获得以色列经济部批准所建立的 FutuRx Incubator，是以色列第一家定向培育的生物技术型孵化器，其特点与借鉴意义在于：设备齐全的实验室，即孵化器的管理团队通过专用实验室和管理设施帮助相关企业发展并予以全面支持，对选定的产品和技术进行培育与发展。在 6～8 个月的进驻培育期间，孵化器提供知识产权布局、财务资源贯通、技术辅导引进等做法与策略，针对早期阶段的生物医学新创团队与企业给予适当的辅导与协助。因此，江北新区的科技企业孵化器亟需实现由物理空间的提供者进一步向全方位创新创业综合服务平台实现跨越式提升。

通过对产业型创新空间的现状进行梳理，可知江北新区产业型创新空间总体呈“大平台＋小园区”的空间分布特征，各主体从事行业与新区“两城一中心”主导产业紧扣度一般。其中，创新型企业面临传统制造类产业转型压力，部分闲置低效企业空间有待腾退与整合再利用。孵化机构需实现由空间载体提供者向全方位创新创业综合服务平台的跨越式提升。

3.2.4　城市新区研发型创新空间分析

这里首先对知识型创新空间分布整体特征进行梳理，其次针对新区高等院校创新能力进行分析，最后对新区“产学研”合作绩效、空间格局以及纽带构建等进行深入探究。

1. 沿带状布局的空间特征明显

江北新区目前知识型创新空间主体包括 11 所高等院校、20 家独立研究院所（初步统计结果），具体包含南京工业大学、南京信息工程大学、南京大学金陵学院、东南大学成贤学院、南京农业大学、南京大学模式动物研究所、中德智能制造研究院、南京化学化工研究院等。从图 3-48 可知，江北

图 3-48　江北新区知识型创新主体空间的分布

资料来源：自绘

新区研发型创新主体沿着江北大道呈现沿带状布局的特征，这与江北大道的历史与功能密切相关。从历史来看，它是江北城市发展的轴线；从功能来看，它是串联长江大桥、二桥及长江隧道、扬子江隧道等过江通道的快速路。

2. 研究优势与主导产业方向吻合

江北新区正着力打造“两城一中心”，而在“芯片之城”“基因之城”等打造过程中，基础研究环节是科技创新能力培育与持续发力的关键环节，而高等院校、科研院所等则为该环节的重要空间载体。据此，对江北新区现有高等院校的专业优势以及科研院所的从事行业进行分析，江北新区主要高等院校的优势专业与“两城一中心”主导产业方向吻合较多，且其在全国排名大多数较领先(见表 3-17)。如南京农业大学在第四轮全国一级学科评估中，作物学、农业经济管理、植物保护、农业资源与环境四个学科获评 A+，公共管理与工程为 A，食品科学与工程、园艺学为 A－。南京工业大学的化学工程与技术为 A，材料科学与工程、安全科学与工程为 B+。南京信息工程大学的大气科学为 A+，计算机科学与技术、数学、科学技术史为 B。

表 3-17　江北新区重点高校优势专业梳理

高校名称	高校优势专业
南京信息工程大学	大气科学、应用气象学、环境科学与工程、电子信息工程、计算机科学与技术、数学、科学技术史、软件工程
南京审计大学	审计学、工商管理、理论经济学、应用经济学、金融学、财政学
南京工业大学	化学工程与技术、材料科学与工程、制药工程、安全科学与工程、轻工技术与工程、控制科学与工程、管理科学与工程、工程管理、软件工程
南京农业大学	作物学、农业资源与环境、植物保护、农业经济管理、公共管理、食品科学与工程、园艺学
南京大学金陵学院	计算机科学与技术、金融学
东南大学成贤学院	土木工程、电气工程及其自动化专业、计算机科学与技术

资料来源：自绘

科研所中从事生物医药的有 5 家，其他均为从事化工技术、智能制造、北斗应用等，与芯片之城主导产业吻合的科研院所数量却较少(见图 3-49)。

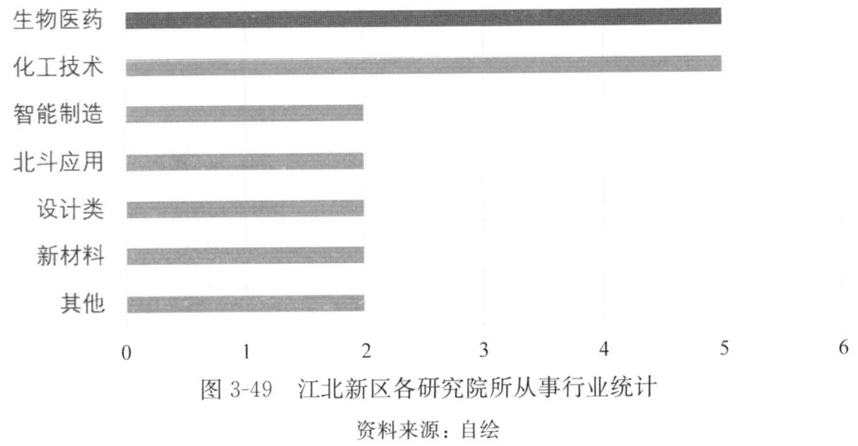

图 3-49　江北新区各研究院所从事行业统计

资料来源：自绘

我们仍然选取深圳市、上海张江高科技园区的发展经验进行比照。深圳市在发展初期与江北新区类似地存在科研院所少的发展短板，为此，深圳市采取的措施包括：①2000 年建设大学城，邀请北大等三校建设深圳研究生院；②2007 年，深圳大学按国际标准创建医学院，支持深圳生物医药产业发展；③2010 年，国家教育部批准筹建南方科技大学，为与深圳高新技术产业结合，大学以理学、工学、管理学为三大支柱学科，同时注重发展交叉学科和新兴学科。通过以上举措，深圳市在一定程度上弥补了基础科学研究和科研院所缺少的短板，寓科研目的于“高等教育目的”之中。上海张江高科技园区则在 2018 年 4 月正式启动建设上海交大张江科学园，布局“三个科学中心，两个创新平台”①，聚集 1 200 余名高校科技人才，大幅推动物理、材料、生物、医药和网络等多个交叉学科前沿领域的原创性研究，通过创新型大学与科研机构的加速集聚来推动科技创新基础研究环节的发展进步。

深圳市与上海张江高科技园区在知识型创新空间发展方面的成功经验表明，必须紧紧围绕地区主导产业方向进行聚焦，大力引进并建设具有相关专业优势的高等院校与研究院所，吸纳高等级人才，以“人才池”的建设完善推动地区“技术池”发展。江北新区目前也正积极引进国内外高等院校或重点机构进驻新区，但目前来看，仍需补足基础研究短板，助力“两

---

①　三个科学中心：超快科学中心、材料基因联合创新科学中心、同步辐射诊疗和医学影像科学中心；两个创新平台：国际合成生物学与健康研究创新平台、网络空间安全创新平台。

城一中心”建设。

3. “产学研”合作纽带搭建尚待完善

美国斯坦福大学鼓励师生创业，积极支持建立学术界与产业界合作，由此创造了“硅谷”的经济奇迹；由顶尖大学、大型企业、创业公司构成的集群是以色列拥有强大的创新能力的重要原因之一；“产学研”结合，曾极大地释放了中关村的创新能力，今天，“松绑输氧”继续细化，高校正在搭建新的平台，让产业资本、科技金融与创新项目直接对接……从美国硅谷、以色列以及北京中关村等这些国内外典型创新功能集聚区创新能力培育的经验来看，“产学研”合作是地区创新能力培育的关键环节之一。而从对江北新区典型创新型企业的实地走访来看，南京微创医学科技股份公司（股票代码 688029）、南京聚隆科技股份有限公司（证券代码 300644）、南京大学模式动物研究所等企业也表示“产学研”合作是其保持并提升自主创新能力的重要源泉（见图 3-50）。

南京微创	“我们与南师大、东南大学医学院、机械学院等通过项目委托以及研究中心建立共同培养人才、培育技术。我们很乐意与高校和研究院所合作，因为这能让我们保持较高创新能力”
南京聚隆	“研发是我们企业的核心竞争力，我们与东华大学等许多高校都有合作，建立了省企业技术中心、研发平台等”；“与四川大学合作，建立了博士后工作站，院士工作站，引进了俄罗斯、日本、芬兰等国的院士、博士等高级科技人才，开展国际合作创新”
南京大学 模式动物研究所	“我们与很多高校都有合作，合作的效果也都很好。同国外的顶尖大学也有合作交流，使我们能有原创性的成果”

图 3-50 “产学研”合作是企业自主创新的源泉

资料来源：自绘

在此背景下，对江北新区高校院所“产学研”创新转化成果进行分析。从江北新区知识型与产业型创新主体科技奖项（包括国家自然科学家、国家技术发明奖、国家科学技术进步奖、江苏省科学技术奖、南京市科学技术进步奖）获得情况的对比结果来看，2017 年，江北新区知识型创新主体与产业型创新主体的创新成果，特别是高等院校的科技创新成果相对来说还不突出（见图 3-51）。从获得各项科技奖项的高校、企业等“产学研”合作活动的空间格局关系来看，江北新区目前异地化“产学研”合作占主导地位，“产学研”合作对象集中于北京、青岛等地，而在南京市层面及江北新区自身层面的合作成效并不突出（见图3-52）。

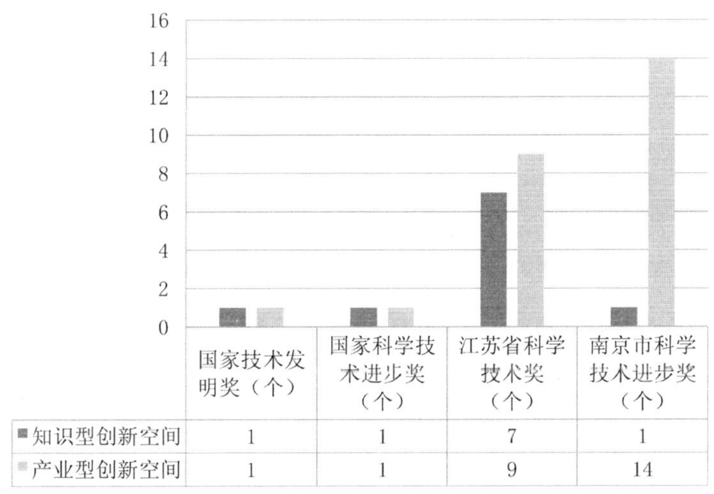

	国家技术发明奖（个）	国家科学技术进步奖（个）	江苏省科学技术奖（个）	南京市科学技术进步奖（个）
知识型创新空间	1	1	7	1
产业型创新空间	1	1	9	14

图3-51　知识型与产业型创新主体科技奖项的获得情况

资料来源：自绘

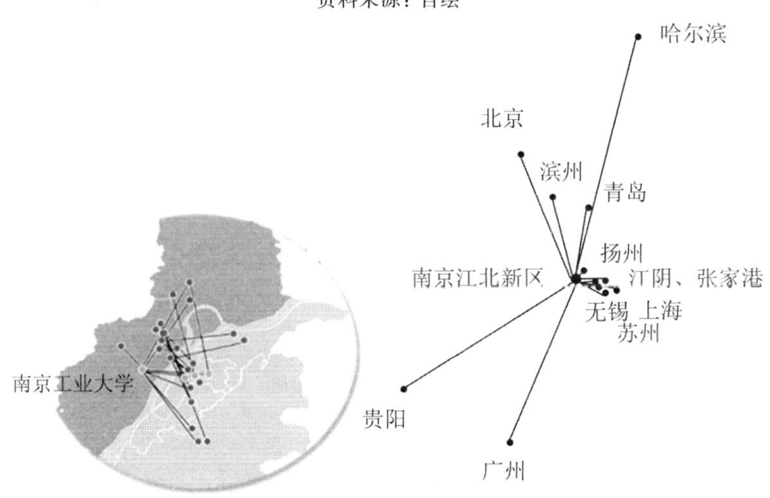

图3-52　江北新区各级科技奖项“产学研”合作联系地图

资料来源：自绘

近年来，江北新区围绕核心产业集聚南京大学—伦敦国王学院联合医学研究院、剑桥大学—南京科技创新中心、南京江北新区硅谷创新中心、中美国际口腔医学合作中心、上海交通大学—南京江北新区新材料工程化研究中心、中瑞国际肿瘤综合治疗中心等国内外高水平“产学研”合作平台（见表 3-18），积极探索向创新价值链上游转化的路径。

表 3-18　江北新区重要国外“产学研”合作平台搭建情况

国家	平 台 名 称	从事行业
英国	南京大学—伦敦国王学院联合医学研究院	生物医药
	剑桥大学（南京）科技创新中心	多领域
美国	南京江北新区硅谷创新中心	集成电路
	中美国际口腔医学合作中心	生物医药
	江苏南京高新—劳伦斯伯克利生命可持续中心	生物医药
瑞典	中瑞国际肿瘤综合治疗中心	生物医药

资料来源：自绘

作为日本最大的高等教育与科研基地，日本筑波科学城积极构建“产学研”合作纽带建设的经验表明，搭建大学与科学城内的研究机构、企业之间完善的“产学研”合作纽带，对创新成果的产出极其有利，其采取的措施包括：①建立专门推进“产学研”合作的研究中心——筑波工业联盟与合作研究中心，主要负责支持学校科学研究转化为科技发明，搜集并提供技术种子和技术需求，支持当地“产学研”合作，实施旨在促进产学合作的调查、研究和计划。②建立知识技术转化中心——产业关系及技术转让办公室，加强大学、产业以及政府机构之间的关系。通过“产学研”研究中心与转化中心的建设搭建了较为完善的“产学研”合作桥梁纽带，促进并保障“产学研”活动的开展。由此看来，江北新区目前虽处于国内外“产学研”合作平台快速集聚的阶段，但“产学研”合作的纽带尚待搭建完善。

参 考 文 献

[1]　肖广岭. 创新集群及其政策意义[J]. 自然辩证法研究，2003(10)：51-54.

[2]　龙开元. 创新集群：产业集群的发展方向[J]. 中国科技论坛，2009(12)：53-56.

[3]　陈海华，陈松. 从产业集群到创新集群的演化过程及机制研究[J]. 中国软科学，2010(增刊)：227-232.

[4]　王宝军. 基于标准差椭圆法 SEM 图像颗粒定向研究原理与方法[J]. 岩土工程学报，2009，31(7)：1082-1087.

[5]　禹文豪，艾廷华. 核密度估计法支持下的网络空间 POI 点可视化与分析[J]. 测绘学报，2015，44(1)：82-90.

[6]　曾鹏. 当代城市创新空间理论与发展模式研究[D]. 天津大学，2007.

[7]　王兴平，朱凯. 都市圈创新空间：类型、格局与演化研究——以南京都市圈为例[J]. 城市发展研究，2015，22(7)：8-15.

[8]　陈家祥. 城市创新空间生成机理研究——以江北新区为例[J]. 江苏城市规划，2017(12)：12-16.

第 4 章

城市新区创新空间的发展趋势与定位

在创新发展被列为国家发展“第一动力”的时代背景下，各大城市以及各级各类新区在其最新发展规划中均瞄准了创新发展高定位。北京规划提出将北京建设成为世界主要科学中心和科技创新高地；上海提出要向具有全球影响力的科技创新中心进军；深圳规划聚力打造有全球影响力的“创新之都”。上海浦东新区要打造国际化创新创业高地；雄安新区提出坚持“创新驱动发展引领区”，打造现代化经济体系的新引擎，打造全球创新高地。2017 年 4 月，国家发展与改革委员会颁布印发了《2017 年国家级新区体制机制创新工作要点》[①]，要求各国家级新区着力增强创新优势、培育新动能、发展新经济，提升发展质量和效益，积极探索形成可复制、可推广的经验，并对全国当时已批的 13 个国家级新区系统地明确了提质创新工作要点。在此时代背景下，国家新区及其他各级各类新区如何确定新区创新空间发展的定位与目标，并在宏观层面对新区创新空间发展趋势进行分析，提出新区在各尺度层面的创新空间定位，是一个非常迫切而又重要的工作。本章以南京江北新区为例，探讨江北新区在国际层面、国家层面、区域层面的创新空间定位，明确江北新区在近期和远期创新空间的发展目标。

4.1 国际层面创新空间的发展趋势与定位

当今时代是全球化、知识化、信息化全面融合、深度融合的时代，创新的全球化同时也处于快速发展中。因此，研究城市新区创新空间的功能定

① 国家发展和改革委员会印发《2017 年国家级新区体制机制创新工作要点的通知》(发改地区〔2017〕583 号)，2017 年 3 月 28 日。

位，必须树立全球视野，把握全球创新发展趋势的特征。

4.1.1　发展趋势：嵌入全球产业创新链，向价值链上游攀升

杨波、邓智团（2016）分析了全球创新链出现和发展的动因，认为：①创新全球化深入发展。当前，在投资贸易自由化和资本与创新加速融合的两种力量作用下，市场作为引导创新要素流动的关键力量和企业作为配置创新要素的核心载体的作用进一步强化，跨国公司、金融资本、商业模式等市场要素推动创新资源在全球范围内加速流动和配置，世界开始进入以科技创新全球流动为特征的创新全球化时代。②国家开放式创新战略。在科技创新全球化的背景下，开放式创新已成为世界各国创新战略的新趋势，客观上要求各国进一步扩大开放，深化国际合作，融入全球创新网络，利用全球创新资源，把握科技革命和创新前沿技术的发展趋势。③跨国公司全球研发布局。作为高新技术的主要开发者和拥有者，跨国公司推动了创新活动的全球扩张与地方镶嵌，并在全球范围内选择优势研发要素，组合开展研发活动，改变了创新活动的空间组织形式，使得创新链环节分工日益细化且空间分离成为可能，成为全球创新链形成的直接动力。④信息通信技术变革升级。以互联网、大数据等为代表的信息通信技术在经济发展中的变革性作用日益突出。互联网技术为各种创新性技术提供了规模化、网络化的综合试验环境，催生了以平台及应用为主要创造价值来源的创新模式，更重要的是改变了全球创新活动的连接机制、生产机制和扩散机制，使得分散在全球各地的各个创新环节能够实现紧密联系，从而为全球创新链布局提供重要技术支撑。

开放带来进步，封闭导致落后；创新带来活力，守旧导致僵化。2016 年 4 月 26 日，习近平在视察中国科技大学时再次阐述了自主创新和开放创新的关系，他指出："对正走在复兴之路上的中国来说，开放和创新都永远在路上，只有进行时，没有完成时。所以，我们必须处理好自主创新与开放创新的关系。""我们强调自主创新，决不是要关起门来搞创新。在经济全球化深入发展的大背景下，创新资源在世界范围内加快流动，各国经济科技联系更加紧密，任何一个国家都不可能孤立依靠自己力量解决所有创新难题。要深化国际交流合作，充分利用全球创新资源，在更高起点上推进自主创新，并同国际科技界携手努力，为应对全球共同挑战作出应有贡

献。”我们要以开放的心态拥抱全球创新。习近平指出：“我们不拒绝任何新技术，新技术是人类文明发展的成果，只要有利于提高我国社会生产力水平、有利于改善人民生活，我们都不拒绝。”①

康奈尔大学、欧洲工商管理学院和世界知识产权组织（WIPO）已经连续11年发布了全球创新指数。该指数是根据80项指标对120多个经济体进行排名的，这些指标从知识产权申请率到移动应用开发，从教育支出到科技出版物，等等。在《2017年全球创新指数GII》中，中国创新指数排名从2016年第25名攀升至第22名，是进入前25名的唯一中等收入经济体。中国指数的提升主要体现在：市场的开放，企业更为重视研发的投入、人才的培养和知识产权的保护，国际专利申请总量上升，自主设计研发产品比重的增长，以及创业人才的增长和能力的提升等正向变化。中国有待于提升的方面主要有：政策法规环境、创造力人才的培养、资本市场的开放程度，尤其是微金融服务体系和中小企业的融资生态等。在《2018年全球创新指数GII》中，跻身全球创新指数前10名的国家是瑞士、荷兰、瑞典、英国、新加坡、美国、芬兰、丹麦、德国和爱尔兰。中国闯入世界上最具创新性的前20个经济体之列，排名第17位。这对于这个在政府重视研发的政策指引下实现快速转型的经济体而言，是个突破。世界知识产权组织总干事弗朗西斯·高锐指出，“中国排名的快速攀升反映出最高领导层的战略导向，那就是开发世界一流的创新能力，推动经济基础结构向知识密集型产业发展，而这些产业需要通过创新来保持竞争优势，这预示着多极创新格局的到来”②。

《2017年全球创新指数GII》报告对“知识产权统计数据库（2011—2015）”进行了大数据分析，以专利申请总量为指标，对热点地区创新集群进行排名，其中我国有7个跻身前100名的创新集群，江北新区所在的长三角地区是中国“创新集群”集聚的重镇之一，上海市在创新集群排名中位列第19名、杭州市85名、南京市94名、苏州市100名（见表4-1）。由此可见，我国在全球层面的创新实力整体上升，南京市科技成果转化集群也初见成效。

---

① 习近平八天内两论自主创新与开放创新. 中国青年网（news. youth. cn），2016年4月28日.

② 中国知识产权网络版. WIPO发布2018年全球创新指数，2018年7月11日.

表 4-1　2017 年中国进入全球创新集群前 100 名的城市

排名	城市	PCT 专利数
2	深圳—香港	41 218
7	北京	15 185
19	上海	6 639
63	广州	1 670
85	杭州	1 213
94	南京	1 030
100	苏州	956

资料来源:《2017 年全球创新指数 GII》

从 2016 年美国、日本、韩国、欧洲、中国大陆及中国台湾的创新研发机构在集成电路、生物医药、新能源汽车三大领域取得的全球发明专利数来看,在生物医药、集成电路产业领域,中国大陆取得的专利数处于绝对的领先地位,说明这两大产业领域正由欧美发达国家向中国大陆转移,中国大陆目前创新机构数量已达到全球领先水平(见图 4-1)。在新能源汽车领域,中国大陆取得的专利数与其他国家、地区相当。其中江北新区上榜相关企业有华大基因、台积电等。然而从创新环节上看,目前大多数上榜机构尚位处芯片制造、制药或医疗器械制造等制造中下游价值端。以集成电路领域为例,江北新区虽位于长三角集成电路产业集聚区内,江苏省集成电路产业的规模与北京、上海、深圳相当,但是其结构偏重于制造,IC 设计的收入规模仅占全国的 9.81%,约为北京(19.81%)、上海(22.21%)的一半,深圳(30.01%)的 1/3(见图 4-2)。

深圳—香港在前 100 名的创新集群中名列第二名,因此深圳市创新发展的经验尤其可资借鉴。第一,紧抓产业转移机遇嵌入全球科技链条。20 世纪 80 年代,全球电子信息产业制造业部分向中国大陆转移。深圳毗邻香港,具有进出口便利的优势,成为此波产业转移的最优择址。政府按照电子制造产业链的要求,投资赛格集团等重要的元器件生产工厂,部分国内创业的终端企业如长城电脑、联想、康佳等也迅速成长起来,使得深圳及周边地区的制造产业集群形成规模优势。第二,深圳市在奠定了 IC 制造全球主要生产基地的地位后,其本土创业公司并不止步于生产制造工序,而是进一步向产业链上游攀升,从而在研发和服务环节进行“进口替代”。

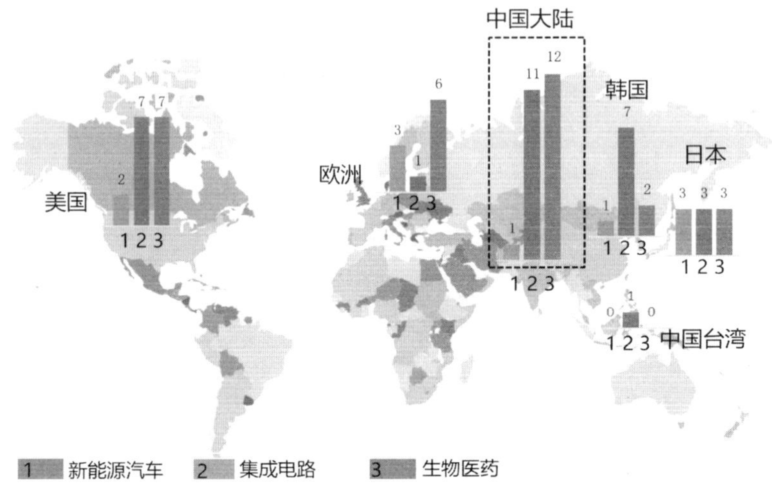

图 4-1 各领域全球发明专利数领先的创新机构分布空间格局(2016 年)

资料来源：2017 全球创新报告

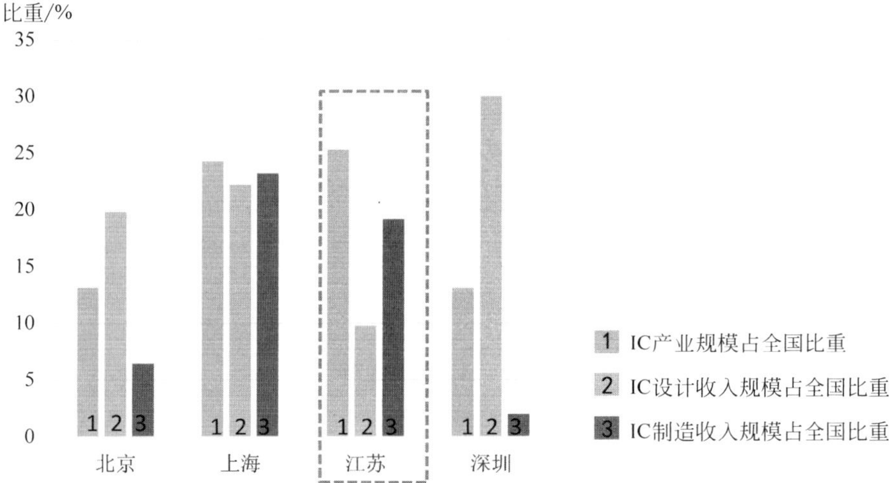

图 4-2 2016 年中国大陆 IC 产业结构的区域对比

资料来源：自绘

此外在生物医药、新材料、新能源等产业技术方向上，深圳借由北美华裔人才回国就业创业这一渠道，与北美的产业及研发体系建立了直接联系，介入研发等环节，参与到全球产业分工的上游环节中来。

由此可见，在我国积极承接国际产业转移以及江北新区打造“两城一中心”的背景下，借鉴深圳市创新发展经验，江北新区要夯实并提升在国际层面的核心产业创新地位，其创新空间发展趋势应为嵌入全球产业创新链条，并进一步向创新价值链上游攀升。

4.1.2　发展定位：具有全球影响力的产业科技创新重要基地

笔者曾对国家高新区的功能定位进行了研究，认为高新技术产业有个残酷的竞争规律："赢家通吃"，必须第一，第二就没戏。不同国家之间可能由于制度、文化、地理等方面的制约使人才、技术等的流动受到限制，而出现在某个高新技术产业方面的相似，如爱尔兰和印度都是软件出口大国，但在一国内部因为人才、技术等流动的限制要少得多，这种相似现象出现的可能性也就微乎其微了。因此，只有认真考虑本地实际，充分发挥本地优势，创建区域领先、具有特色的高新区，这样高新区的建设才能取得预期的目标(陈家祥，2006)。

屠启宇、李健(2017)认为，创新活动高度集中在全球的少数地方，以及科技全球化的深入，随着中国创新实力的不断提升，大格局的形成，上海和国内其他一些城市(如北京、深圳等)正成为全球创新资源集聚的关键性节点。全球科技创新中心具有不同的尺度，可以是一个科技园区(如剑桥科技园、中关村等)，也可以是一个地理行政区域(如德国巴登-符腾堡州、日本筑波等)，还可以是具有抽象名称的一片分散性区域(如硅谷等)。从产业门类来看，全球科技创新中心覆盖了农业、传统制造业、现代服务业、高新技术产业等各类领域。

相对于其他新区，南京江北新区作为江苏省唯一的国家级新区，既有在科教、技术、产业、人文等方面具有不可比拟的综合优势，又肩负着建设自主创新先导区的战略使命，理应成为创新驱动发展的示范和标杆。既然要嵌入全球产业创新链并向价值链上游攀升，就要成为在全球具有影响力的创新空间。围绕南京江北新区主导产业以及产业转型升级，瞄准建立自主可控的产业科技创新体系，从而打造重点突出、富有全球竞争力的创新成果产业化基地。引导科技创新链与产业创新链的深度融合，深入开展高校院所科技成果转化的产业科技创新重要基地。

因此，从区域地位、创新链环节、创新重点领域、政策制度以及价值形象五个维度和江北新区现状发展情况、既有规划定位两个层面分别提取新区创新空间定位的关键词。经综合考虑，提出南京江北新区在国际层面的创新空间定位为“具有全球影响力的产业科技创新重要基地”，其中创新链环节集中于源头创新到高新技术产业的中上游环节，创新领域则聚焦于“两城一中心”主导的集成电路、生物医药与新金融领域(见表 4-2)。

表 4-2 江北新区在国际层面创新空间的“五维度”定位分析

项目	区域地位	创新链环节	创新领域	政策制度	价值形象
现状发展情况	已引进部分全球领先龙头企业、精英企业	尚处于创新链中下游环节，正探索向上游迈进路径	生物医药、集成电路等	国际产业转移	重要基地
既有规划定位	具有全球影响力	产业科技创新，瞄准中上游环节	生命健康、人工智能、数字创意		
本书研究定位	具有全球影响力	源头创新到高新企业的中上游环节	聚焦生物医药、集成电路领域	国际产业转移	重要基地

资料来源：自绘

根据南京市特别是江北新区的创新资源优势和所承担的国家使命，建设“具有全球影响力的产业科技创新重要基地”的内涵(见表 4-3)是：①具有强大的创新活力和良好的创新创业生态环境；②在关键核心技术领域占有一席之地，在原创技术领域不断取得新的突破；③一定数量的有全球影响力的科技型企业，具有能对全球创新格局产生重大影响甚至颠覆性影响的企业；④高效的科技创新效率；⑤集聚高素质的创新创业人才，成为原创思想的发源地和汇聚地；⑥具有整合创新资源的能力，能统筹谋划和布局创新；⑦强大的辐射功能和引领功能(屠启宇、李健，2017)。

表 4-3 具有全球影响力的产业科技创新重要基地的内涵

功能	空间	空间维度上创新网络的扩展
	深度	从引进到自主，从应用开发到知识创新
	领域	以科技为主的科技、经济、文化、社会领域全覆盖： • 数字新区 • 生态新区 • 健康新区 • 精品新区(智能制造) • 平台新区(创新服务) • 源头新区(知识创新与教育)

续表

内涵	体系	核心： • 科技（创新）体系 • 知识产权与诚信体系支撑 • （泛）创新体系（包括文化、创意） • 产业承接转化体系 • 社会创新生态体系
	人才	核心： • 旗（领军者） • 库（人才库） • 源（教育） • 聚（宜居）
	市场	核心： • 领军型高科技企业 • 技术交易市场 • 创投市场 支撑： • 金融服务市场 • 专业服务市场 • 公共治理体系
	开放	核心： • 全球创新网络 GIN 节点（MNCs 研发网络） • 全球指数网络 GKN 节点（高校、出版） 支撑： • 全球信息网络的节点 • 全球人员流动的节点 • 全球会展中心 • 全球生产网络 GIN 节点

资料来源：屠启宇、李健，2017

4.2　国家层面创新空间的发展趋势与定位

4.2.1　发展趋势：自主创新先导，区域创新联动与协调

2017 年 10 月，党的十九大报告强调了建设创新型国家的必要性与重要性。特别是习近平总书记提出的“创新是引领发展的第一动力”这个重大理论创新成果，写入了党的十九大报告和新修订的党章。习近平总书记强调，“创新始终是一个国家、一个民族发展的重要力量，也始终是推动人

类社会进步的重要力量”。创新涉及生产力和生产关系的全要素、多方面，其中最核心、最重要的是科技创新。习近平总书记关于“第一动力”的论断，是对马克思主义关于发展理论的创造性发展，对“什么是生产力”以及“如何发展生产力”作出了重大理论创新，体现了习近平总书记对人类社会发展规律和历史发展动力机制演变规律的准确把握。从“科学是历史的有力杠杆、是最高意义上的革命力量”，到“科学技术是第一生产力”，再到“创新是引领发展的第一动力”，实现了马克思主义唯物史观发展的重大飞跃（王志刚，2018）。

我国要从 2020 年到 2035 年，在全面建成小康社会的基础上，再奋斗 15 年，基本实现社会主义现代化。到那时，我国经济实力、科技实力将大幅跃升，跻身创新型国家前列。这个重大理论创新成果，写入了党的十九大报告和新修订的党章并且要加快建设创新型国家，其中便包括瞄准世界科技前沿，强化基础研究，实现前瞻性基础研究，引领性原创成果重大突破。2018 年 5 月，习近平总书记在中国科学院第十九次院士大会、中国工程院第十四次院士大会开幕会上作重要讲话，再次强调了“六个坚持”——“坚持党对科技事业的领导，坚持建设世界科技强国的奋斗目标，坚持走中国特色自主创新道路，坚持以深化改革激发创新活力，坚持创新驱动实质是人才驱动，坚持融入全球科技创新网络”。明确我国科技主攻方向和突破口，努力实现优势领域、关键技术重大突破，主要创新指标进入世界前列。自主创新已经成为我国建设创新型国家的战略基点和核心途径之一。

落实到江北新区层面，2015 年 6 月国务院以国函〔2015〕103 号印发《国务院关于同意设立南京江北新区的批复》，同意设立江北新区。批复文件指出，“要更加注重自主创新，建设自主创新先导区”。到目前为止，江北新区也是在批复文件中唯一被提出要和其他国家级新区（上海浦东新区、浙江舟山群岛新区）形成区域联动发展的国家级新区。区域联动发展的目的就是希望 3 个国家级新区利用共处长三角的区位优势，建立以共享机制为核心，整合高等院校、科研院所、各类科技企业、技术经纪人、资产评估机构、担保公司和会计、律师、咨询、专利等商务服务机构，整合资源，集成服务，形成面向国内外的、全球性的技术创新高地和技术支撑服务体系。

2017 年 4 月，国家发展与改革委员会颁布的《2017 年国家级新区体制机制创新工作要点》中，对江北新区明确提出“以科技创新培育发展新动能，以新技术助推行政管理体制改革，努力打造优良创新环境，积极发挥辐射带动作用”总要求，具体有两条要求：一是要进一步理顺管理体制和运行机制，探索以法定机构形式建设运营江北新区大数据管理中心，运用大数据促进政府管理方式创新；二是开展专利、商标、版权“三合一”知识产权综合管理体制改革试点，推进科技创新资源集聚区建设，发挥江北高校联盟作用，创新科技成果转化方式，促进众创空间、创客联盟、创业学院发展。根据国务院对各国家级新区的批复文件及其“十三五规划”等文件，以及国家级自主创新平台情况进行梳理与比较分析，江北新区目前国家级自主创新平台数量在国家级新区中占一定优势（见表 4-4）。

表 4-4　部分国家级新区创新定位与国家级自主创新平台的梳理比较

新区名称	新区定位	国家级自主创新平台
江北新区	国家自主创新先导区	南京国家高新技术产业开发区、苏南自主创新示范区
雄安新区	新兴产业集聚的创新驱动引领区	
浦东新区	上海全球科技创新中心核心功能区	上海张江高新技术产业开发区、上海张江国家自主创新示范区
滨海新区	高水平的现代制造业和研发转化基地	天津滨海高新技术产业开发区、天津国家自主创新示范区
两江新区	长江上游地区的金融中心和创新中心	
舟山群岛新区	国家级海洋科教基地	
南沙新区	以生产性服务业为主导的现代产业新高地	
西咸新区	统筹科技资源的新兴产业集聚区	
天府新区	以现代制造业为主的国际化现代新区、现代高端产业集聚区	成都高新技术产业开发区、成都自主创新示范区
福州新区	东南沿海重要现代产业基地、改革创新示范区	

资料来源：自绘

在国家大力倡导以自主创新实现创新型国家建设的背景下，江北新区肩负着国家级新区的责任与使命，要借助于国家级自主创新平台优势，实现自主创新先导，同时协调联动区域创新发展。

4.2.2 发展定位：国家自主创新先导区，力争在国家级新区中创新功能处于领先地位

从区域地位、创新链环节、创新重点领域、政策制度以及价值形象等5个维度和江北新区现状发展情况、既有规划定位两个层面分别提取江北新区创新空间定位的关键词，经过综合考虑，提出江北新区在国家层面的创新空间定位为“国家自主创新先导区，力争在国家级新区中创新功能处于领先地位”，其中创新链环节集中于上游环节，创新领域则聚焦于生物医药、集成电路、新能源汽车等高新技术产业领域（见表4-5）。

表4-5 江北新区在国家层面创新空间的“五维度”定位分析

<table>
<tr><th>项目</th><th>区域地位</th><th>创新链环节</th><th>创新领域</th><th>政策制度</th><th>价值形象</th></tr>
<tr><td>现状发展情况</td><td>创新实力总体位处国家级新区第一梯队</td><td>源头创新环节优势尚不突出</td><td rowspan="2">生物医药、集成电路、新能源汽车等高新技术产业领域</td><td rowspan="2">区域创新联动</td><td rowspan="2">先导区、示范区</td></tr>
<tr><td>既有规划定位</td><td>承担引领创新驱动发展的使命与任务</td><td>自主创新环节</td></tr>
<tr><td>本书研究定位</td><td>力争在国家级新区中处于领先地位</td><td>基础研究—源头创新的创新上游环节</td><td>生物医药、集成电路、新能源汽车等高新技术产业领域</td><td>区域创新联动</td><td>先导区</td></tr>
</table>

资料来源：自绘

4.3 区域层面创新空间的发展趋势与定位

在区域层面，主要从长江经济带与江苏省两个层面来分析江北新区创新空间的发展趋势与创新功能定位。

4.3.1 长江经济带层面创新空间的发展趋势与定位

2014年9月，国务院印发《关于依托黄金水道推动长江经济带发展的指导意见》，部署将长江经济带建设成为具有全球影响力的内河经济带、东

中西互动合作的协调发展带、沿海沿江沿边全面推进的对内对外开放带和生态文明建设的先行示范带。长江经济带战略是我国新一轮改革开放转型实施新区域开放开发战略。

1. 发展趋势：对外创新合作辐射带动长江中上游地区

2016 年 9 月,《长江经济带发展规划纲要》正式印发,规划纲要明确了其发展的核心主题包括“创新”与“开放”。其中在“创新”主题引领下,长江经济带要强化创新驱动产业转型升级：①增强自主创新能力。打造创新示范高地,强化创新基础平台,集聚人才优势。②推进产业转型升级。推动传统产业整合升级,重点打造电子信息、高端装备、汽车、家电、纺织服装五大产业集群,培育和壮大战略性新兴产业。③引导产业有序转移。突出产业转移重点,建设承接产业转移平台,创新产业转移方式。

在“开放”主题的引领下,长江经济带将构建东西双向、海陆统筹的对外开放新格局：①发挥上海及长江三角洲地区的引领作用；②将云南建设成为面向南亚的辐射中心；③加快内陆开放型经济高地建设。推动区域互动合作和产业集聚发展,打造重庆西部开发开放重要支撑和成都、武汉、长沙等内陆开放型经济高地。江北新区位处长江经济带与东部沿海经济带的“两带”交汇处(见图 4-3),在此发展主题下,其必然成为创新发展承东启西的重要支点之一。

图 4-3　江北新区位于东部沿海经济带与长江经济带的交汇处

资料来源：自绘

推动长江经济带发展是党中央做出的重大决策，是关系国家发展全局和改革开放空间布局的重大战略。作为长江经济带的重要节点城市，同时也是我省唯一跨江布局城市，南京在落实长江经济带发展中担负着特殊使命。而江北新区作为长江经济带沿线重要的国家级新区，理应在长江经济带高质量发展工作中走在前列，当好长江经济带绿色发展排头兵，成为加快推动长江经济带发展的新的经济增长极，辐射带动长三角和长江中上游地区发展的创新源，为长江经济带创新转型和区域协调发展提供示范，更好地体现国家级新区的使命担当。

参考朱贻文、曾刚等(2017)的研究成果，对江北新区在长江经济带层面的创新发展水平进行分析，结合长江经济带自身的区域特征，采用研发人员全时当量、单位 GDP 研发经费投入作为创新投入指标，将每千人专利数、每千人科技论文数及高新技术产业产值率等相对指标作为衡量创新产出的主要指标(见表 4-6)。采用近年来讨论研发及创新绩效问题的主要方法——数据包络分析(Data Envelopment Analysis，简称 DEA)，对长江经济带 105 个地级及以上城市 2000—2014 年间的投入产出效率进行测度分析。通过对长江经济带 2014 年创新绩效进行 Ward 聚类分析，研究案例中的长江经济带 105 个城市可被划分为 4 个主要组群。4 个组群的创新绩效分别为 0.678、0.466、0.329 及 0.135(见表 4-7)。其中组群 1 的城市数量为 4 个组中最少(18%)，但创新绩效整体水平最高，综合绩效、纯技术绩效以及规模绩效都达到最优绩效的 60%以上，其中位于经济带东部的上海、杭州、南京等 3 个城市已达到效率最优，其城市经济发展水平、创新投入及产出的绝对值远高于中下游地区的其他城市。综合创新研发投入与产出等多方面评估，说明江北新区所在的南京市在长江经济带中创新绩效水平位处于第一梯队。

表 4-6 长江经济带研发资源投入与产出效率评价指标

指标类型	一级指标	二级指标
投入指标	R&D 投入	R&D 人员全时当量/万人年
		单位 GDP 的 R&D 经费投入/亿元
产出指标	专利产出	每千人专利数/个
	创新产出	每千人科技论文数/篇、高新技术产品产值率

资料来源：朱贻文、曾刚，等，2017

表 4-7　长江经济带各组群的基本情况及创新绩效

组群	数量/个	百分比/%	整体绩效	技术绩效	规模绩效
组 1	19	18	0.678	0.870	0.784
组 2	23	22	0.466	0.632	0.738
组 3	30	29	0.329	0.452	0.729
组 4	33	31	0.135	0.237	0.592

资料来源：朱贻文、曾刚，等，2017

从综合实际使用外资额以及引进国外技术经费支出两项重要指标来考察长江经济带沿线各国家级新区，将江北新区在长江经济带辐射的断裂点进行计算并落实到图上，可知江北新区所在的江苏省对外创新合作能力对长江中上游地区的辐射能力较强。而江北新区身为江苏省唯一的国家级新区，虽目前在长江经济带层面各国家级新区中实际使用外资额水平还不占优势，但近年来的增速高居榜首(见图 4-4 和表 4-8)。

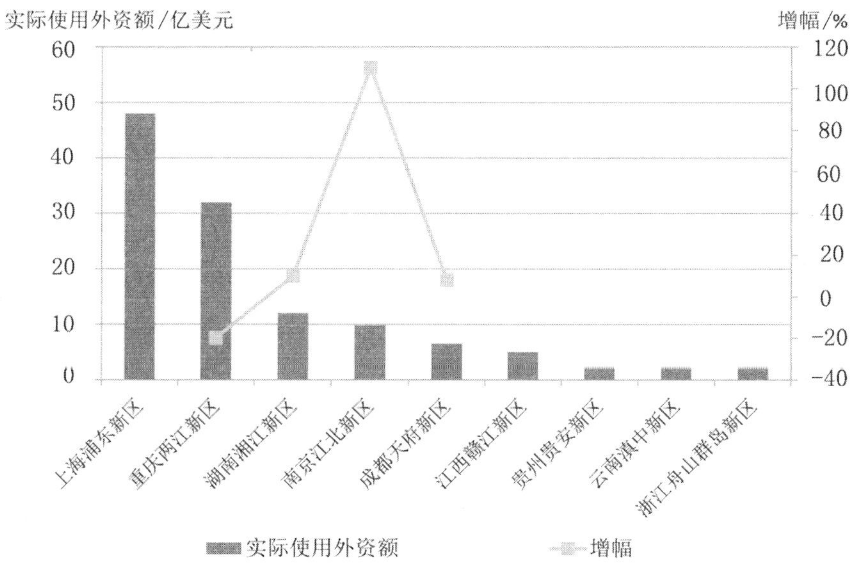

图 4-4　2015 年长江经济带沿线各国家级新区实际使用外资水平的对比

资料来源：自绘

由此看来，江北新区在长江经济带的对外创新合作、带动辐射中上游地区的潜力也较大，未来可成为创新发展的重点发力与辐射方向。

表 4-8 江北新区 2015—2018 年实际利用外资的情况

项　　目	2015 年	2016 年	2017 年	2018 年
实际利用外资/亿美元	9.06	9.86	10.57	11.55
比上年度增长/%		8.83	7.20	9.27

资料来源：自绘

2. 发展定位：长江经济带对外产业技术创新合作的重要枢纽区

从区域地位、创新链环节、创新重点领域、政策制度以及价值形象 5 个维度和江北新区现状发展情况、既有规划定位两个层面分别提取新区创新空间定位的关键词，对江北新区在长江经济带层面的创新空间定位为“长江经济带对外产业技术创新合作的重要枢纽区”。顺应长江经济带的发展趋势与需求，并结合新区自身发展优势与重点方向，新区创新链环节集中于高新技术产业环节，创新领域则聚焦于电子信息、高端装备、汽车等产业领域（见表 4-9）。

表 4-9 江北新区在长江经济带层面创新空间的“五维度”定位分析

项目	区域地位	创新链环节	创新领域	政策制度	价值形象
现状发展情况	创新实力位处第一梯队，对外开放程度暂优势不大，但增速高	高新技术产业环节	电子信息、高端装备、汽车等产业领域	创新驱动产业转型升级，构建对外开放新格局	承东启西的重要枢纽区
既有规划定位	创新实力位处第一梯队，对外开放水平领先				重要平台
本书研究定位	创新实力位处第一梯队，对外开放水平领先	高新技术产业环节	电子信息、高端装备、汽车等产业领域	创新区域合作与对外开放	重要枢纽区

资料来源：自绘

4.3.2 江苏省层面创新空间的发展趋势与定位

1. 发展趋势：构建“产学研”协同创新网络

2016 年，《江苏省关于加快建设具有全球影响力的产业科技创新中心的意见》（以下简称《意见》）印发，《意见》强调江苏省要瞄准“世界有影响、全国最前列”的目标，提升省产业技术研究院建设水平、建设支撑产业科技创新的高水平研究型大学，充分发挥高校的创新源头作用，同时发挥企业创新主体作用，促进"产学研"深度合作和产业链上下游的资源整合。此外，还要提升产业科技开放创新水平。实施产业创新国际化行动计划，对接国家"一带一路"战略部署，广泛集聚国际创新资源，深度融入全球研发创新网络。积极构建产业科技创新全球合作伙伴关系，深化与以色列、芬兰等世界创新强国及美国麻省理工学院、德国弗朗霍夫应用研究院等国际知名机构的交流合作，像华为公司一样在海外建立一批产业技术国际合作平台（见表4-10）。因此，联动、开放已成为全省创新发展的重要方向之一。

表4-10　华为公司海外研发机构布局情况

策　略	战略布局
海外研发中心（16个）	布鲁塞尔（比利时）、华沙（波兰）、慕尼黑（德国）、柏林（德国）、纽伦堡（德国）、莫斯科（俄罗斯）、巴黎（法国）、布加勒斯特（罗马尼亚）、达拉斯（美国）、硅谷（美国）、东京（日本）、隆德（瑞典），斯德哥尔摩（瑞典）、米兰（意大利）、班加罗尔（印度）、伊普斯维奇（英国）
海外研发领域	光电（伊普斯维奇、米兰）、微波传输（米兰）、无线技术（斯德哥尔摩、哥德堡）、终端（隆德）、运营商软件（慕尼黑、布鲁塞尔）、光网络（慕尼黑）、业务分发平台（布鲁塞尔）、技术标准（巴黎、柏林）、能源（纽伦堡）、未来网络即多媒体（慕尼黑）、机械工程（慕尼黑）、软件平台（慕尼黑）
与国外大学建立研发合作（16个）	美国：哈佛大学、麻省理工学院、斯坦福大学、加州大学伯克利分校、加州大学尔湾分校、加州大学洛杉矶分校、加州大学圣迭戈分校、佐治亚理工学院、德州大学奥斯汀分校、德州大学达拉斯分校、华盛顿大学、耶鲁大学 英国：伦敦大学学院、格拉斯哥大学、贝尔法斯特女王大学、布拉德福德大学

资料来源：屠启宇、李健，2017

江北新区在"产学研"联动发展方面的资源禀赋则包括以下几点：①高等教育资源量多质高，南京是江苏省高等院校的主要集聚区，全省拥有188所高校，南京拥有53所，占全省的28.2%；其中南京市拥有12所"双一流"院校，占全省总数的80.0%；在全省100名两院院士中，南京拥有82名，占82.0%。②位处全省高新技术产业集群重镇，新区所在的江北地区工业发展起步早，有较雄厚的产业基础和较完整的产业体系；处于改革开放前沿的苏南地区，近年来高新技术产业发展快速，2018 年高新技术产业产值占全省比重达 57.7%（见图 4-5）。③科技创新能力强，由江苏省科技厅发布的《2017 江苏省科技进步统计监测报告》显示，南京市综合科技进步水平指数一直位居全省榜首；而国家科技部和国家统计局联合发布的《2015 全国科技进步统计监测报告》显示，江苏省综合科技进步水平指数在全国也处于前列。近期，省级产业技术研究平台基础进一步夯实。2016 年 4 月，江苏省产业技术研究院与南京江北新区共同签署落户南京江北新区的框架协议。由此看来，江北新区"产学研"联动的禀赋在全省层面占优势。④目前江北新区虽然科技原创企业数量不多，但南京地处南北交汇地带，海纳百川和兼收并蓄的情怀为创新提供了较为合宜的人文环境。建校 800 多年从未走出英国的剑桥大学已在江北新区建立了剑桥大学研究院，北京大学在江北新区建立脑科学研究中心，等等，说明江北新区正逐渐成为基于国内外著名高校研发中心基地的全球研发网络重要节点。

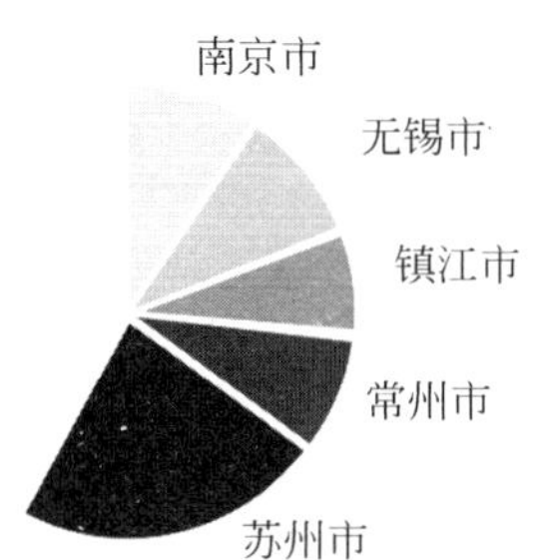

图 4-5　苏南各地高新技术产值的对比

资料来源：自绘

位于江北新区的南京高新区是建设苏南国家自主创新示范区的核心载体之一，是江北新区打造江苏省创新策源地的重要平台之一。对苏南国家自主创新示范区内各国家高新区载体进行创新能力进行评估，选取南京、苏州、无锡等 5 个地级市以及江阴、常熟、昆山 3 个县级市和武进区共 9 个国家级高新区作为评估对象，构建评估指标体系（见表 4-11）。根据 2014 年、2016 年国家级高新区主要经济指标，对南京高新区在 9 个国家级高新区中的创新能力位次进行比较分析。可以看到的是，南京高新区从 2014 年至 2016 年，创新能力的综合位次下降 0.4，其中创新投入与对外合作程度均下降 1 位，但高新技术企业创新资源的比较优势由第 6 位提升为第 5 位(见图 4-6)。

表 4-11　苏南自主创新示范区各国家级高新区创新能力评估指标体系

评价维度	评 价 指 标	权重
创新资源	R&D 人员全时当量/人年	0.2
	高新技术企业数/家	0.2
创新投入	R&D 经费内部支出/亿元	0.2
创新产出	工业总产值/亿元	0.2
对外合作	2016 年出口总额/亿元	0.2

资料来源：自绘

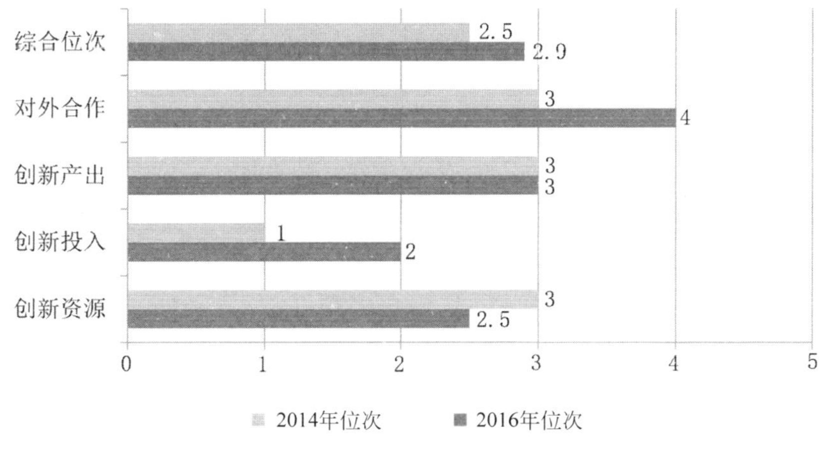

图 4-6　南京高新区 2014 年、2016 年创新发展在苏南自主创新示范区位次变化的情况

资料来源：自绘

借助江北新区管理体制的调整，南京高新区 2017 年、2018 年的发展取得了巨大进步。根据国家科技部的统计，在全国 157 个国家级高新区中，南京高新区的排名从 2016 年的第 32 名上升到 2017 的第 27 名，2018 年更是大幅进步，上升为第 20 名，高新技术产业产值、企业研发投入等多个关键指标争先进位，说明南京高新区在创新发展、高质量发展方面取得明显进步。

在全省提倡联动、开放创新发展的背景下，江北新区作为江苏省唯一的国家级新区，应充分利用自身资源的禀赋优势和区位优势，联动国内外著名的“产学研”主体，构建“产学研”协同创新网络。同时，按照国务院的批复意见，主动与上海浦东新区、浙江舟山群岛新区加强合作，创新国家级新区之间的科技合作模式，包括深化园区合作、构建创新链合作、优化产业链合作、鼓励社会合作、鼓励小微企业之间的合作等，创新长三角、新区之间的科技资源管理体制，建立“产学研”协调机制，优化区域一体化合作，加大社会合作力度，推进长三角地区科技创新一体化发展和 3 个国家级新区的协调发展。

2. 发展定位：江苏省“产学研”合作创新引领区

从区域地位、创新链环节、创新重点领域、政策制度以及价值形象 5 个维度和江北新区现状发展情况、既有规划定位两个层面分别提取新区创新空间定位的关键词，研究认为江北新区在江苏省层面的创新空间定位为“江苏省‘产学研’合作创新引领区”。结合江北新区自身资源与创新平台优势，构建涵盖基础研究—源头创新—技术转化—高新技术产业的全创新链环节，创新领域则聚焦于软件与信息服务、信息网络、生物医药、卫星应用等领域(见表 4-12)。

表 4-12 江北新区在江苏省层面创新空间的“五维度”定位分析

项目	区域地位	创新链环节	创新领域	政策制度	价值形象
现状发展情况	创新资源优势大，对外开放优势逐步压缩	基础研究、高新技术产业环节优势突出	软件与信息服务、信息网络、生物医药、卫星应用等领域	“产学研”协同联动、对外开放合作	引领区、策源地
既有规划定位	江苏省创新实力位处领先地位	突出基础研究、源头创新		“产学研”协同联动	
本书研究定位	省内创新资源优势与创新实力均位于领先地位	基础研究—源头创新—技术转化—高新技术产业的全创新链环节	软件与信息服务、信息网络、生物医药、卫星应用等领域	“产学研”协同联动	引领区

资料来源：自绘

4.4　新区自身层面创新空间的发展趋势与定位

新区创新空间的发展必须把准国际层面、国家层面、区域层面的发展趋势，找准新区在上述层面的功能定位，但最重要的应该是准确分析自身所处的发展阶段、发展问题、发展趋势，从而制定切实可行的发展目标和路径，实现弯道超越、跨越式发展。

4.4.1　发展趋势：打造科技与公共服务完善的科技新城

对江北新区成立以来的相关规划进行梳理，包括《江北新区发展战略规划》(2014 年)、《南京江北新区 2030 总体规划》(2014 年)、《江北新区浦口组团片区规划》(2015 年)、《桥林新城总体规划》(2016 年)、《龙袍新城总体规划》(2017 年)等，可以发现在创新空间发展方面，各规划着重强调的主要是：①提升区域创新地位，建设具有重大带动作用的区域协同创新中心。②构建创新产业体系，围绕“4＋2”主导的现代产业体系，即智能制造、生命健康、新材料、高端装备四个制造业和现代物流、科技服务等两个服务业，突出创新、高端、品质、机制，在高端产业核心技术的引进、转化、再造上实现关键突破。近期将重点落实“两城一中心” 建设，即“芯片之城”“基因之城”以及新金融中心，大力发展四大绿色智慧技术(智能制造、生命健康、智慧交通和绿色材料技术)，建设集成电路、生物医药与新能源汽车三大千亿级产业集群。③加强引进创新人才，面向全球开放，引进顶尖人才，建设国际化人才高地，同时围绕重点产业，汇集专业人才，探索构建跨区域、多维度的人才流动与柔性引才机制，此外要借助院校资源，培养创业人才，建设高校学生科技创业实习或孵化基地。而在 2018 年 2 月，江北新区决心打造以台积电公司等龙头企业为引擎，带动上下游产业链条跟进发展，形成芯片产业集群与完善的服务体系的高科技产业新城——“芯片之城”(见图 4-7)以及以科研院所研发创新为引擎，带动基因技术开发与生产营销发展，形成“产学研”一体化、人才配套服务体系完善的科技新城——“基因之城”(见图 4-8)。

对江北新区成立以来创新政策进行解读，可以发现其重点关注层面包括：①引进与集聚创新型高层次人才。给予符合国家重大产业科技战略

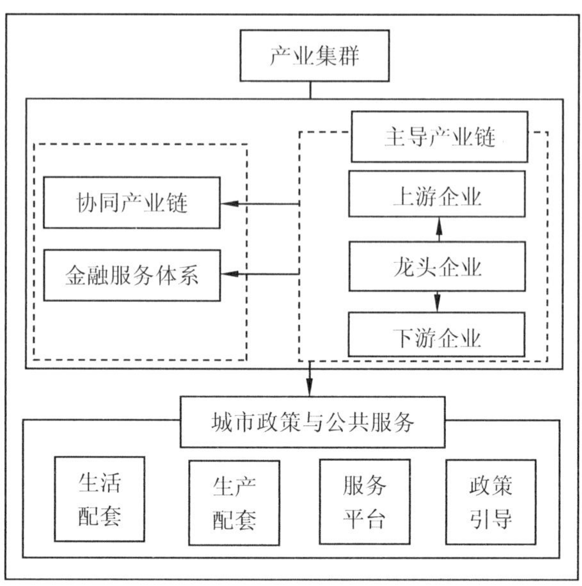

图 4-7 芯片之城——高科技产业新城

资料来源：自绘

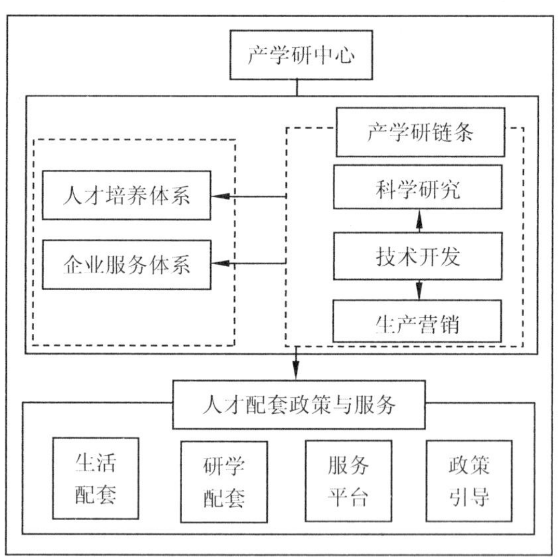

图 4-8 基因之城——科技新城

资料来源：自绘

和新区产业规划的海内外顶尖人才团队以项目资助，同时加大人才安居保障，提供优质生活配套服务。②培育高新技术企业，引进多元创新载体。围绕新区产业重点培育高新技术产业并给予资金资助，同时引进发展重点研发机构、科技孵化器、众创空间等，打造多元科创载体。③集聚科技服务功能，提升创新环境品质。支持科技服务骨干机构集聚，构建贯通产业上下游的科技服务链。建设知识产权交易服务中心与知识产权法庭，保障知识产权运用安全。

从上述分析可知，江北新区相关规划与政策对于新区创新产业体系培育、创新人才培育以及创新环境提质的指向性非常明确。

分析国内外典型创新功能集聚区的发展经验，美国硅谷健全了创新型科技投融资机制，通过专业化企业运作形式，搭建了灵活便捷的风险投资、完善的投融资机制以及成熟的金融支撑体系，依托核心技术，融科研、生产、销售为一体。上海张江高科技园区则完善了多元公共服务设施配套与建设，2008年年底投放租赁自行车，随后免费；2009年建设有轨电车，接驳地铁2号线站点，全长10公里，设15个站，平均站距600米，串联主要就业区和生活区；建设人才公寓共约4 000套，满足1.2万人居住。由此看来，国内外创新环境发展较好的地区均营造了面向创新活动与创新人才的高品质创新环境。

尽管南京市在2018年新一轮总体规划修编中，将江北新区由上一版总体规划中“一主城三副城”的3个副城之一，上升为“双主城”中的“新主城”，被调整为“主城片区”。这意味着江北新区今后建设标准、功能配套要求将更高，服务设施提档升级潜力更大，新区建设中“创新”的特点更多。借鉴上海各个新区新城建设中的规划创新（见表4-13），江北新区应对芯片之城、基因之城等相应的片区根据其特征提出城市建设的创新要求。

表4-13　上海各新城建设中的规划创新

创新过程	创新目标	创新路径	
规划创新	理念创新	空间创新	制度创新
南桥新城	低碳、生态、智慧、宜居	网络生态、紧凑发展、复合社区	公共设施优先
临港新城	低碳、慢行交通	创新的空间结构	TOD

续表

创新过程	创新目标	创新路径	
嘉定新城	产城融合、天线城区、建筑节能、慢行交通、低碳生态		
青浦新城	产城一体、水城融合		
松江新城		轨道交通站点周边综合开发	轨道交通先行
金山新城			
城桥新城	低碳生态、产城融合		

资料来源：屠启宇、李健，2017

顺应江北新区的政策与规划导向，聚力新区“两城一中心”建设目标，并借鉴典型创新功能集聚区营造创新环境的发展经验。在新区自身层面，江北新区目前创新空间的趋势应该是把“打造科技与公共服务完善的高科技产业新城与科技新城”作为重要的方向性工作。

4.4.2 发展定位：创新服务高质的宜居宜业新城

基于目标导向与需求导向两个维度的考虑，江北新区在目标层面要打造科技与公共服务设施体系完善的高科技产业新城与科技新城。而在需求层面，根据上述可知，江北新区目前创新型人才以及其他工作人员对高品质服务设施的需求较为强烈。因此，综合两个维度的考虑，提出江北新区在自身层面的创新空间定位为“创新服务高质的宜居宜业新城”。

通过在国际、国家、区域(长江经济带、江苏省)以及新区自身多个层面对江北新区创新空间发展趋势与定位的分析，江北新区创新空间要打造“一个基地＋三区一城”的总定位，包括具有全球影响力的产业科技创新重要基地、国家自主创新先导区、长江经济带对外产业技术创新合作的重要枢纽区、江苏省“产学研”合作创新引领区、创新服务高质的宜居宜业新城。其中创新链环节向中上游攀升，创新领域则紧扣新区“两城一中心”以及“4＋2”主导产业体系，紧紧围绕集成电路、生物医药、新能源汽车、智能制造等产业领域。

4.5 江北新区创新空间的发展目标与战略

在确定江北新区创新空间多尺度层面创新空间的发展定位后，有必要制定江北新区创新空间的发展目标与战略，并落实到具体的创新空间布局策略中。

4.5.1 创新空间的发展目标

江北新区目前正处于各类产业资源在新区高速集聚的发展阶段，要实现"一个基地＋三区一城"的创新空间定位，江北新区必须探索由产业集群向创新集群发展以及构建创新生态协调的路径。基于此分别提出江北新区近、远期创新发展的目标以及总体战略，构建目标体系，对关键指标进行预测。

1. 近期目标：建成国内领先的创新型国家级新区

近期(从当前至2025年)，综合考虑已有规划对江北新区创新空间发展目标的制定及目前新区发展的现状与趋势，提出新区创新空间发展近期目标为"建成国内领先的创新型国家级新区"。其中发展重点为补足现状创新空间短板，聚力"两城一中心"建设，实现创新空间集群发展。

其实现路径在借鉴"＋互联网"与"互联网＋"概念的基础上，提出"＋创新"概念，包括"＋"创新主体、"＋"创新服务、"＋"创新投入产出以及"＋"创新联动合作(见图4-9)。在既有创新空间的基础上，加速集聚科技创新载体，增加创新主体机构，补足创新服务设施，同时加大创新投入产出，并加强区域间、主体间的创新联动合作。其具体内涵如下。

1)"＋"创新主体

江北新区目前存在基础研究短板，特别是与新区"两城一中心"主导产业相吻合的基础研究较弱，且面临产业转型压力，在此现状背景下，新区要嵌入国际产业链环节，向价值链中上游攀升，还要培育自主创新能力，建设高品质创新新城。因此，在问题与目标的双向导向下，新区要聚力"两城一中心"的打造，聚焦主导产业，大力引进或培育一批紧紧围绕集成电路、基因等领域的企业、孵化机构、高等院校与研究院所等，实现创新主体的增加。

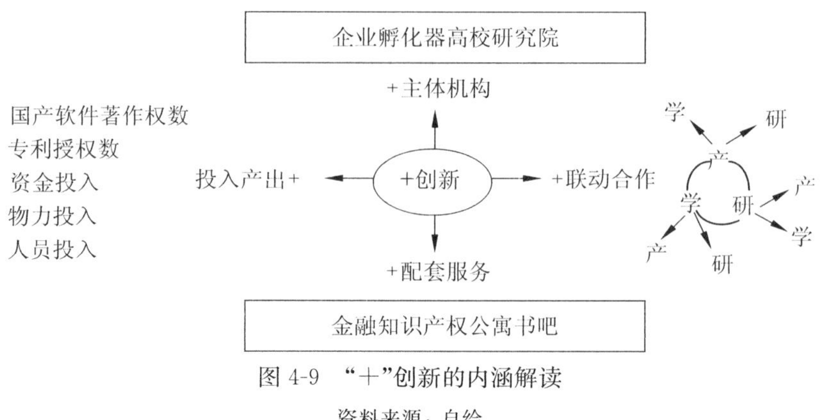

图 4-9 “+”创新的内涵解读

资料来源：自绘

2）“+”创新服务

江北新区目前创新服务设施需求缺口大，创新活动与创新人才对专业性与公共服务设施增量提质的需求较为强烈。在此现状背景下，江北新区要打造创新服务高质的创新城，因此江北新区要补足专业性与公共服务设施，增加金融、专业设备、专业技术服务、知识产权服务以及人才公寓、书吧等设施空间。

3）“+”创新投入产出

江北新区内的南京国家高新区目前创新投入在苏南自主创新示范区中比较优势下滑，而以专利授权数为主要衡量指标的创新产出成果目前与江北新区主导产业吻合度一般。在此现状背景下，江北新区要建成国家自主创新先导区，必须增加创新投入，并在近期内实现创新产出的高速增长。

4）“+”创新联动合作

新区目前“产学研”合作平台正迅速搭建，但本地资源转化成效不突出，“产学研”合作的纽带搭建不完善。在此现状背景下，新区要建成长江经济带对外产业技术创新合作的重要枢纽区以及江苏省“产学研”合作创新引领区。因此，江北新区需增加本地、外地以及国内外的“产学研”主体间的联动合作力度，并完善纽带搭建，保障“产学研”合作的进行。

2. 远期目标：建成创新创业生态完善的全域创新城

远期（当前至 2035 年），综合考虑已有规划对江北新区创新空间发展目标的制定及目前新区发展现状与趋势，提出新区创新空间发展远期目标为“建成创新创业生态完善的全域创新城”。其中发展重点为深度融合创新与其他领域，完善创新资源配置，实现创新生态体系的全域构建。

其实现路径为在近期创新要素快速集聚的基础上，将创新进一步融于经济产业、社会、空间、政策等领域。构建完善的全域创新产业体系，增强各类人群在新区的融入，同时整合高效创新空间布局，并探索保障创新要素在新区萌芽和发展的政策体系构建策略。基于此提出“创新＋”的概念，具体内涵则包括创新“＋”产业、创新“＋”社会、创新“＋”空间以及创新“＋”政策（见图 4-10）。其具体内涵如下。

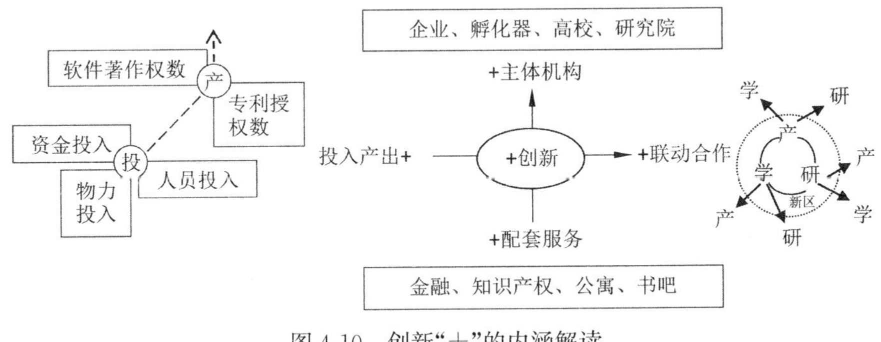

图 4-10　创新“＋”的内涵解读

资料来源：自绘

1）创新“＋”产业：将创新融于经济产业领域

在聚焦“两城一中心”主导产业搭建科技创新体系的基础上，进一步拓展创新产业领域，构建“5＋2”的全域创新产业体系，即智能制造、生命健康、电子信息、智慧交通、绿色材料与文化创意、农业创意产业。在江北新区全域层面大力集聚高等级产业创新资源，培育各产业的创新竞争力。

2）创新“＋”社会：将创新融于社会领域

在为新区就业创业人才以及其他从业人员提供高品质的专业与公共服务设施的基础上，实现新区内部优质就业岗位的增加，提升新区内职住平衡度，提升原住民、就业创业人才以及服务业从业人员等各类人群对新区生活、工作环境的满意度，使其融入新区，构建完善的新区家园文化。

3）创新“＋”空间：将创新融于空间领域

对现有零散低效的创新空间进行整合提升，并遵循创新空间布局与生长规律，在大量创新主体迅速在新区集聚的背景下，以集约高效的原则对新进创新空间进行布局，实现创新空间在新区全域层面的高效布局。

4）创新“+”政策：将创新融于政策领域

补足现有创新政策存在的短板，同时运用新技术，实现对创新空间的行政管理体系改革，建立大数据管理中心等，为新区全域范围内的创新活动与创新人群提供完善的政策保障，并保障创新要素在新区层面的萌芽与发展。

4.5.2 创新空间的发展战略

系统梳理江北新区创新空间现状问题以及面向未来的目标定位（见图 4-11），在目标与问题双向导向下，为实现近、远期创新空间的发展目标，提出江北新区创新空间发展要采取的总体战略，即创新产业与环节双聚焦、人才与技术资源双引进、专业与公共服务双提质以及创新领域与地域双拓展的发展措施。

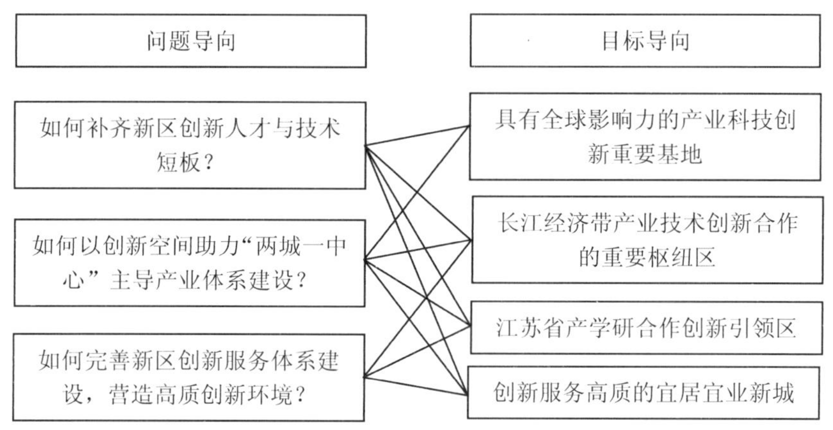

图 4-11 目标与问题双向导向下的战略制定逻辑

资料来源：自绘

1. 创新产业与环节双聚焦

聚焦“两城一中心”主导产业体系，瞄准创新价值链中上游环节，培育并提升现有与主导产业吻合的创新空间主体，加快产业转型与低效企业用地腾退，大力引进相关领域优秀龙头企业、高等院校、科研院所等，增强江北新区核心产业在国际、国内等多个层面的创新竞争力。

2. 人才与技术资源双引进

补足新区创新中上游链条短板，以高等院校与研究院所等知识型创新主体的引进带动新区人才数量的增加与质量的提升，并同步以专业人才的引进促进新区核心产业技术研发的进步，培育并提升新区自主创新能力。

3. 专业与公共服务双提质

实现孵化机构向完善高质服务平台的转变，搭建“产学研”合作与对外创新合作平台，完善创新服务设施配置与政策体系，同时补足新区目前与江南地区相比公共服务设施配置较弱的短板，完善教育、医疗等设施配置，为各类创新活动与人才创造宜居宜业环境。

4. 创新领域与地域双拓展

突破创新空间领域与地域限制，将创新领域由核心主导产业拓展至文化创意、农业创意等其他领域，构建完善的创新产业体系，同时，将创新地域由聚焦于江北新区直管区与共建区拓展至协调区全区层面，以此实现全域联动的特色化创新空间。

参考文献

[1] 杨波，邓智团. 全球创新链、链接机制与上海全球科创中心建设研究[J]. 上海城市规划，2016(6)：11-16.

[2] 陈家祥. 中国国家高新区功能偏离与回归分析[J]. 城市规划，2006(6)：22-28.

[3] 屠启宇，李健. 国家战略中的上海科技创新中心城市建设理论、模式与实践[M]. 上海：上海社会科学院出版社，2017.

[4] 王志刚. 坚持以创新引领发展　加快建设创新型国家[N]. 学习时报，2018-06-29.

[5] 朱贻文，曾刚，邹琳，等. 长江经济带区域创新绩效时空特征分析[J]. 长江流域资源与环境，2017(12)：1954-1962.

第 5 章

城市新区创新空间的规划布局与模式①

创新空间包括创新型国家、创新型都市圈、创新型城市、创新型园区、创新型场所、创新研发建筑、创新空间单元等，形成了一个在空间尺度上从宏观到微观、从大到小的空间系列；在内涵上则包涵了物质空间要素和精神空间的多层次的创新空间概念群，它们相互联系、相互促进，体现了创新空间系统的构成要素。自从 1990 年后期，区域创新系统及创新型国家、创新型城市等概念引入我国后，我国学者对区域创新的理论与实践开展了一系列深入的研究，取得了许多重要的成果，它们共同揭示了发达国家和地区，尤其是现代城市区域创新体系建设的主要特征和主要方式（顾新，2001；柳卸林，2003；邹再进，2006）。1990 年，美国著名学者波特对区域创新的空间结构进行了开创性的研究，令人信服地揭示了产业集群对区域创新的突出作用。我国许多学者也开展了众多关于创新空间的研究（曾刚，2007；李健，2016；尹稚，2018），但这些研究主要集中于宏观层面的创新空间研究，中观、微观层面的创新空间研究较少。因此，本书聚焦于城市新区创新空间这个中观层次的空间规划规律的研究。

本章主要从城市新区创新型人才的空间需求特征、创新空间的布局规律、空间的创新适宜性评价及创新空间结构规划引导等方面进行论述。

① 本章为国家社会科学重点基金项目《大都市中产化进程与政策》（17ASH003）的部分研究成果。

5.1　城市新区创新型人才的空间需求特征

城市新区创新空间是创新产业、创新人才在空间上的集聚，以及周边配套的服务空间所构成的一个空间整体。这个整体包括了创新空间中的人、产业空间及其配套空间(交通、休闲、居住空间和交往空间)(见图 5-1)。其中最主要的是创新型人才。因此，我们首先从创新型人才的内涵、特征开始分析，探讨创新型人才的空间需求特征，在此基础上研究城市新区创新空间的布局规律。

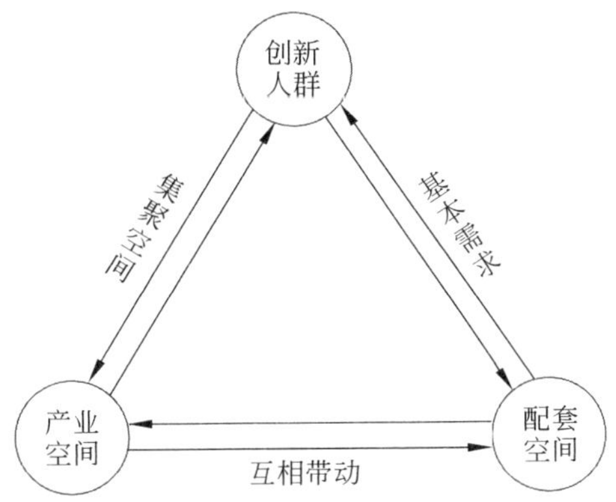

图 5-1　城市新区创新空间的空间要素

资料来源：章建豪、方晟岚、毕书卉，2017

5.1.1　高层次创新型科技人才的内涵

高层次创新型科技人才在当今的经济社会发展中的价值早已得到普遍的认可，但是对于高层次创新型科技人才的概念，目前尚无统一的定义。1912 年，美籍奥地利经济学家熊彼特在《经济发展理论》一书中提出了“创新”的概念，他认为创新是生产要素的重新组合，主要是指技术创新和组织创新。美国《创新杂志》从工业创新的角度给出了“创新”和“创新人才”的定义，认为“创新是运用已有的知识想出新办法，建立新工艺，创造新产品”，而“创新人才”是指“能够孕育出新观念，并能将其付诸实施，取得新成果的人”。而对于高层次创新型科技人才，美国的学者认为，是指在大学任助理教授以上，在研究所或大公司的研发部门中任科学家职衔以上的人员。徐爱萍、高爽(2012)认为,高层次创新型科技人才是指在科学技术领域内具备丰富的专业知识,具有较高的学术造诣,从事创造性劳动,发挥着引领和带头作用,为经济、社会的发展和科学技术的进步做出卓越贡献的科技人才。他们认为高层次创新型科技人才具有以下四个特点:一是高层次性;二是高创新性及智能性;三是业务的精湛性;四是贡献的巨大性和影响的广泛性。上述是从才能、实绩、业务等角度所直接分析出的显性特征,引申开来,他们还具有以下一些心理特点:①需求层次的高端性。相较于一般人才,他们更注重自我价值的实现。他们期望通过一种创造性或挑战性的工作来体现其自身的价值,通过自己的工作实绩来获得精神、地位上的满足,把攻克难关当成一种乐趣、一种体现自我价值的方式,因而更强烈地期望他们的劳动成果和价值在专业领域内取得一定成绩,并得到社会广泛的承认。②独立自主性。因为高层次创新型科技人才大多具有开阔的视野和较强的求知欲,不愿受制于人,不愿接受程序化的指示和控制,更强调工作中的自我引导。这种特征表现在他们对时间要求的灵活性、工作场所的不固定性。

由于各类创新主体的战略目标、重点不同,其对高层次创新型人才的知识、素质以及能力需求各有侧重。在创新体系中,主要有高校及科研院所、企业、政府和中介机构,因此,高层次创新型科技人才也主要分布在这四个领域中(见图 5-2)。

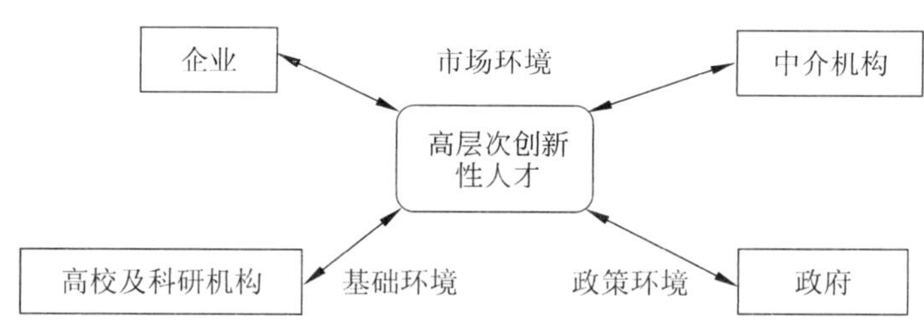

图 5-2　高层次创新型科技人才分布的主体领域

资料来源:张风华、张体勤、姜道奎,2012

张凤华等(2012) 从内涵与外延两个方面对高层次创新型科技人才进行了界定。从内涵上来看,高层次创新型科技人才主要是指对经济、科技产生重大影响,做出重要贡献的人,即高层次创新型科技人才需要具备专业知识、技能并做出特殊社会贡献的特征。从外延上讲,高层次创新型科技人才主要是指那些从事知识创新的拔尖人才、从事技术创新的专业人才和管理人才、从事知识传播的教育人才和中介服务人才，以及从事知识和技术应用的人才，并认为高层次创新型科技人才具有以下四个特征：稀缺性、创新性、影响广泛性、责任重大性。

5.1.2 创新型人才空间需求的特征分析

创新型人才是一个特征明显的群体，他们的工作特殊性决定了他们空间需求的特征。我们从创新型人才的年龄特征分析入手，解析他们空间需求的特征和城市间的流动特征。

1. 创新型人才的年龄构成分析

从事创新活动的主体人群是有其特殊性的，从年龄来看，创新型人群不断趋于年轻化、高学历化。科技创造的最佳年龄理论认为，科技劳动是复杂的脑力劳动和创新性劳动，不仅需要丰富的知识和旺盛的精力，而且需要较强的记忆力、深刻的理解力和超群的思辨力与创造力。当这些要素都处于最佳状态或其组合配置最优时，科技工作者就极易获得创造性的科研成果。这个年龄阶段被称为科技创造的最佳年龄区域。已有的研究成果表明，不同国家、不同年代、不同学科的重大科技研究成果完成人的年龄分布具有相同的概率分布类型。一般来说，科技创造的最佳年龄集中在25～45 岁的区域内，其峰值约为 37 岁(赵红州，1984)。

美国学者哈里特·朱克曼曾对美国 280 名诺贝尔奖奖金获得者从事获奖成果研究的平均年龄进行了分析，发现获奖成果研究的平均年龄为38.7 岁，其中，35 岁以下的占 44%，45 岁以下的占 77%。这说明，处于最佳年龄区域的科学家做出重大科研贡献的可能性最大。在我国科技奖励体系中，国家“三大奖”(国家自然科学奖、国家技术发明奖以及国家科技进步奖)是科技领域最高价值体现的国家奖励。由于自然科学奖和技术发明奖分别限定完成人数为 5 人和 6 人，出于数据可比性的考虑，我们对2009—2013 年国家“三大奖”获奖人只考察前 5 名完成人。根据统计，2009—2013 年获自然科学奖项目 189 项，获技术发明奖项目 230 项，获科技进步奖项目 904 项，获奖项目前 5 名完成人共 6 576 人。其中：获自然科学奖项目完成人 821 人，获技术发明奖项目完成人 1 318 人，获科技进步奖项目完成人 4 437 人。获国家“三大奖”项目前 5 名完成人平均年龄为 47.2 岁，其中，获自然科学奖项目完成人平均年龄 47.3 岁，获技术发明奖项目完成人平均年龄 44.9 岁，获科技进步奖项目完成人平均年龄 47.9 岁（李强，2016）。这说明中青年科学家在科技研究中居于主体地位，成为科技研究的主力军。

为进一步分析获奖者的年龄构成，将获奖者年龄划分为青年（35 岁及以下）、中青年（36～45 岁）、中年（46～55 岁）、中老年（56～65 岁）以及老年（66 岁及以上）五个主要年龄段。从年龄构成来看，青年和中青年群体占我国“三大奖”获奖总人数的 47.4%，构成获奖项目完成人的主体（见表 5-1）。

表 5-1　2009—2013 年国家“三大奖”获奖人的年龄构成

占比/%

奖　　项	青年	中青年	中年	中老年	老年
国家自然科学奖	15.3	35.1	30.1	6.4	13.0
国家技术发明奖	15.3	34.5	37.1	6.7	6.4
国家科技进步奖	7.9	34.2	43.5	8.7	5.8
平　　均	12.8	34.6	36.9	7.3	8.4

资料来源：李强，2016

从上述分析可知，不论是从美国诺贝尔奖奖金获得者从事获奖成果研究的年龄段，还是从我国国家“三大奖”获奖人年龄构成来看，50%以上的科技成果都是由青年、中青年这两个群体完成的。也就是说，45 岁之前的中青年人才是创新活动的主体人群。这就意味着，从空间创新的角度，研究年龄在 45 岁之前的青年和中青年人才的创新活动的空间特征需求，更有可能使创新活动获得更优秀的成果产出。

2. 创新型人才的空间需求特征

个人需求层次理论是心理学领域一个重要理论。著名美国心理学家亚伯拉罕·马斯洛（A. H. Maslow）在 1943 年提出的关于人的需求层次理论（Hierarehy of Needs）和美国耶鲁大学阿尔法·弗（C. Alderfer）在 1972 年提出的关于需求满足规律的理论是需求层次研究最重要的两个理论。马斯洛认为人类存在不同的需求，其未满足的需求产生行为动机，这些需求由低到高分为几个层次。①生存需求。生存需求包括生理需求和安全需求，生理需求是人类维持生存所需的各种物质上的需求，安全需求指有关人类免除危险和威胁的需求。②归属需求。归属需求是与他人保持良好的关系，希望得到别人的友爱，以使自己在感情上有所寄托的需求，同时希望别人对自己的工作、人品、能力给予承认。③自我实现需求。希望在工作上有所成就，在事业上有所建树，实现自己的理想或抱负，并对社会有所贡献。具有这种特点的人一般会给自己设立是有一定难度的目标，并将目标的达成当作最大的满足(苏平，2009)。阿尔法·弗(1972)对需求层次的最大贡献是总结了需求层次的三个规律：愿望加强律、满足进步律和受挫回归律。愿望加强律强调各个层次的需求得到的满足越少，则满足这种需求的渴望越强；满足进步律指较低层次的需求得到越多的满足，则该需求的重要性就越差，满足高层次需求的渴望就越强；受挫回归律认为当较高层次的需求遭受挫折得不到满足时，就会退而求其次，对较低层次的需求渴望就越强。

通过在江北新区的实地调查，我们认为从需求层次角度看待创新型人才还需注意以下原则。

第一，多层次需求可能同时存在。人的需求千差万别，几种需求可能同时存在，不同时期所表现出来的迫切程度不同，对外的表现也相应发生变化。

第二，人的需求是动态的。人的需求的变化遵循愿望加强、满足前进、受挫回归等规律，因此应该历史地、系统地看待人才需求层次。

第三，优势需求是激励人才向上的主导动机。创新型人才最迫切的需求即优势需求是激励人才创新的主导动机。

科学社会学的研究也表明，青年人才是科技创新的主体，青年时代是科学家一生中最富有创造力、最能出成果的阶段。由于中青年创新型人群的收入一般都比较高，因此对居住、就学、休闲娱乐设施、健身空间的配置比较注重，对配置的标准要求也比较高(曾鹏，2007)。

章建豪等(2017)曾对杭州未来科技城海创园及深圳天安云谷进行了创新型人才的问卷及街头访谈调研工作，调查表明创新空间受访者认为各项功能与工作场所理想邻近度的排序为：知识共享场所、公园开放空间、科技服务空间、咖啡休闲场所、教育培训实施，排序较后的为文化娱乐实施、大型购物中心、大学研究机构、生产制造部门。对于居住场所，最受关注的设施是大型综合医院、影剧院、小学、高档餐厅、球类运动场馆、地铁站点、图书馆、游泳馆等。同时，他们也十分关注与知识学习、体育健身、文化娱乐和餐饮消费等相关的设施，体现了他们对个人生活品质的追求。创新型人才的群体特征见图 5-3。

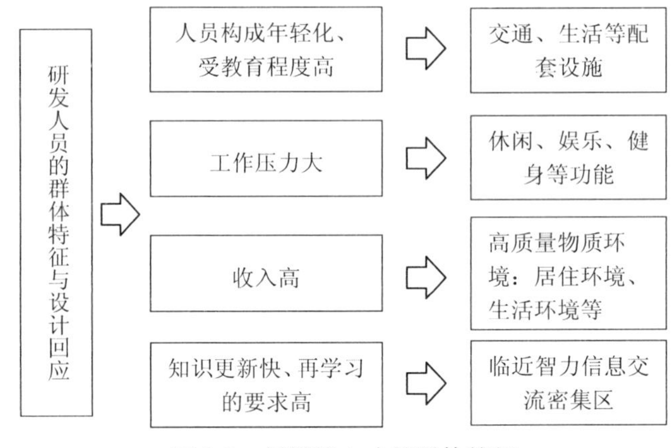

图 5-3 创新型人才的群体特征

资料来源：曾鹏，2007

因此，创新型人群的需求相对于一般人群的需求，在五个层级上都有变化，体现为：从物质转向非物质，从单一转向多样，从相似性转向差异化，从满足量转向追求品质，从单纯就业转向丰富社会生活。城市新区的发展策略必须注重需求导向的空间与服务、设施供给（见图 5-4）。

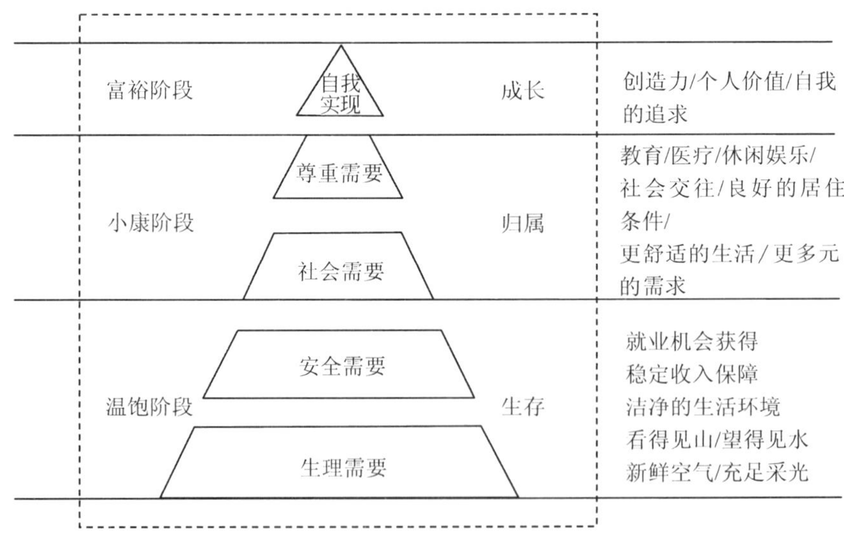

图 5-4 创新型人群需求层级模型

资料来源：自绘

贺志华(2015)对创新型人才在开发园区层面的就业空间偏好内容，如园区内部的功能配置、空间布局、创新机制、创新文化等方面进行了调查、研究，认为创新型人才较偏好的创新型园区布局模式为：在区位分布层面，孵化器最好位于中心城区，周边对外交通便利，生态环境良好，服务设施齐全，尤其是要靠近医疗卫生、商业金融和教育科研设施，同时与居住区之间的通勤时间控制在乘公交车 16～30 分钟内。在空间布局方面，孵化器应配备餐饮服务设施、物业管理设施、科研设施和健身设施等完善的服务设施空间和网络通信设施、安全设施、停车设施等完善的设施空间。在创新机制方面，应具有广阔的个人发展空间、优厚的企业待遇、先进的创新平台和完善的人才引进政策。在创新文化方面，则要拥有浓厚的创新氛围(见图 5-5)。

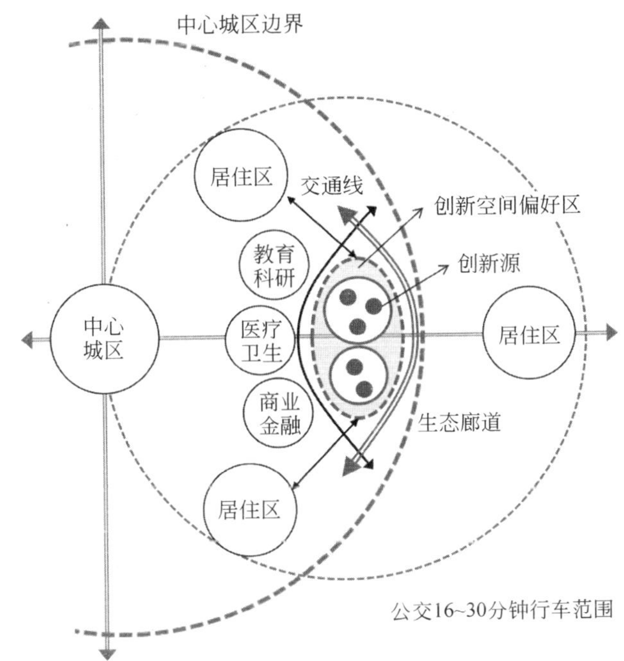

图 5-5　基于园区偏好的创新空间一般布局模式

资料来源：贺志华，2015

基于以上偏好内容，对南京都市圈内的创新空间进行了满意度调查。整体来看，目前创新型人才对南京都市圈内的开发园区创新空间表示基本满意，其中“比较满意(14%)和很满意(52%)”态度的人群约占总人数的 66%，表示“一般满意”的约占 29%，“不满意”的占 4%，“很不满意”的占

1%。进一步分析表明,创新型人才认为当前就业园区中需要改善的内容主要涉及“园区周边的其他城镇空间,园区内部的空间布局结构、创新机制和创新文化”。具体包括“园区所处区位的对外交通条件,园区周边的配套设施建设和园区内部的配套设施建设、空间组织方式、室内空间环境、室外生态环境、创新氛围”。而在园区周边的其他城镇功能空间方面最需要改善的地方是“配套设施建设”,其次是“对外交通条件”。在园区内部,最需要改善的则是其“内部配套设施建设”,其次是“创新氛围”,而在“空间组织方式、室内空间环境、室外生态环境”等方面需要改善的内容相对较少。

5.1.3 创新型人才的城市流动规律

21 世纪是全球人才竞争的时代,人的因素是创造性的决定因素。学术界普遍认为,人才是城市新区创新的关键力量(见图 5-6)。人才在城市创新中的重要性程度还在不断增加,人力资本是城市新区进入知识社会最基本的渠道之一。斯坦福大学教授亨利·罗文在研究硅谷创新精神时提出,创新型城市必须克服对 GDP 数量的崇拜,要把全球 500 强和一个个归国创业的留学生视为座上宾(钱维,2011)。

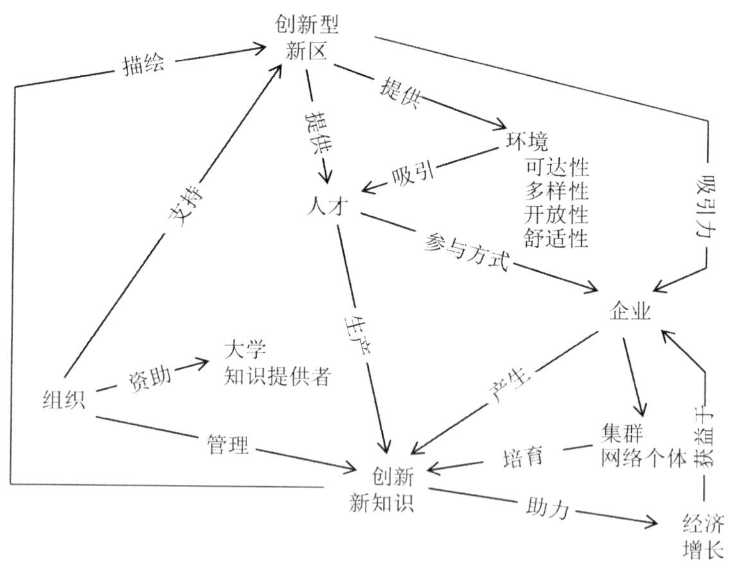

图 5-6 人才和城市新区创新关系

资料来源：根据方创琳(2013)重绘

1. 国外创新型人才城市流动趋势分析

在全球化程度不断加强的背景下，跨国高技术人才成为世界各国关注和争夺的焦点。高层次创新型科技人才在美国硅谷的经济成功中扮演了极为重要的角色，特别是 20 世纪 80 年代以来，中国和印度的工程师比例不断上升，几乎控制了硅谷所有技术贸易的 24%(Saxenian A.，2000)。近期一项关于美国技术移民的研究发现，在美国工作的技术移民申请的国际专利具有更高的全球使用效益；移民在美国新的商业和知识产权中成为十分重要的驱动力，其贡献度近 10 年来还在不断增加；维持美国全球经济竞争力的最大优势就是技术移民。高技术移民为移入城市做贡献的同时，还担当着移入城市和移出城市知识传递和交流的重要载体，对移出城市也有重大影响。特别是归国人才对很多新兴高技术城市的成功具有关键作用，例如，中国台湾的新竹工业园区、印度的班加罗尔园区，其成功与从硅谷归国的高技术工程师和企业家有直接的关系。归国移民对城市创新系统具有特定作用，可以使城市创新系统成为开放系统以面对更新的知识，帮助减轻现状的技术锁定(方创琳，2013)。

除了国家间的人才竞争，在一个国家内也存在激烈的创新型人才竞争。美国大都市区的人口迁移方向，无疑是反映美国经济社会变化趋势的风向标。而青年人口以及富裕人口的主要流向城市，则更鲜明地反映出美国大都市在吸引创新、财富要素方面的重要作用。2010 年的美国人口统计表明，美国青年人口开始逐渐向文化、创新环境的"酷城市"集聚。近期的美国国内移民数据显示，一些固有状态正在被打破：在迁移目的地的选择上，美国年轻人正趋向于前往具有一些特定"氛围"——如大学城、高科技中心的大都市区，这些都市被称为"酷城市"(苏宁，2016)。

据统计，2008—2010 年间，25～34 岁阶段人口流入目的地排名中，位居前列的分别是丹佛、休斯顿、达拉斯、西雅图、奥斯汀、华盛顿以及波特兰。从经济角度来看，这或许是缘于榜单前 3 位的大都市区以及华盛顿在危机中均有相对较好的经济表现。但从更深的层面来看，前 7 位大都市区的一个共同属性，是青年人能够在该地区与大学或学院有所接触和联系，并与较高教育程度的居民为伍(见表 5-2)。

表 5-2　2008—2010 年美国大都市 25～34 岁年龄段平均国内移民趋势

序号	流入最多的大都市区	人口数/人	流出最多的大都市区	人口数/人
1	丹佛	10 429	洛杉矶	－24 470
2	休斯顿	9 336	纽约	－22 325
3	达拉斯	8 721	芝加哥	－9 645
4	西雅图	7 451	底特律	－7 501
5	奥斯汀	7 099	迈阿密	－5 724
6	华盛顿	7 044	圣迭戈	－5 364
7	波特兰	6 656	弗吉尼亚比奇	－3 855

资料来源：苏宁，2016

上述数据表明，具有创新能力的年轻阶层，往往趋向于回归具有创新包容性的中等规模“文化型”大都市区，即所谓“酷城市”。此类大都市区的规模以及经济结构使其在经济危机中具有更强的适应性。同时，城市的文化特质使得其在后危机时期能够具有更强的创新要素吸引力。

2. 都市圈城市创新型人才流动趋势分析

贺志华(2015)对创新型人才在城市间的流动动因进行了调查分析。从城市层面来讲，创新型人才偏好的城市以“本地型”城市为主，其次是创新空间发展更好且离本地城市较近的“异地型”城市。如位于南京都市圈内部的“异地型”城市主要是南京，而位于南京都市圈外部的“异地型”城市主要是上海市和苏州市。

从南京都市圈城市创新空间的发展现状来看，创新型人才还是较满意的，60％以上的创新型人才主要选择本地城市为创业偏好城市，说明南京都市圈内各城市的就业空间基本上能满足大部分创新型人才的就业偏好需求。但还有约 1/3 的创新型人才在偏好城市方面选择了异地城市。在都市圈内部，主要把南京、扬州两个城市作为“异地型”城市来选择，且以南京市为主。具体分析南京都市圈内创新型人才选择南京市作为偏好城市的主要原因有三个方面，即离家较近、居住环境舒适、创新氛围浓厚及政策条件好。此外对“道路交通设施”“配套设施”方面的考虑也比较多。相比较而言，他们选择“本地型”城市的考虑的“离家较近”“道路交通便利”和“居住环境舒适”“创新氛围浓厚”“政策条件好”方面也明显好于其他城市，而对“薪资待遇”“社会福利”和“优质创新平台”等方面则考虑得较少或城市之间的差距相对较小。

对南京都市圈外的城市偏好主要是上海市和苏州市。南京都市圈创新型人才偏好上海市的主要原因是上海的“薪资待遇好”“优质创新平台多”“政策条件好”。偏好苏州市的主要原因是“配套设施先进”“薪资待遇丰厚”和“居住环境舒适及政策条件好”。选择偏好上海市、苏州市的原因都包含“薪资待遇好”和“政策条件好”两大因素。一方面说明这两大因素对创新型人才的吸引力比较大，另一方面也说明南京都市圈各城市在“薪资待遇”“政策条件”这两个方面需要进一步提升。

5.2　城市新区创新空间的布局规律

不同类型的创新偏好、不同的地理区位，靠近或远离大城市、靠近或远离小城镇都可以促进不同的创新。加拿大城市区域地理和创新研究专家理查德·希阿墨(Richard Shearmur)从地理学的角度对创新发生与城市区位的关系进行了研究。他假设创新类型是与城市距离的不同而不同的，并根据技术高低程度划分不同的创新类型：高等技术(high-tech，HT)、中等技术(medium-tech，MT)和应用技术(first and second transformation，FST)。研究发现创新的类型不同，所需的城市要素条件不同；不同的区位条件，创新的类型则不同。更具创新性的高等技术创新行为趋向于在距离大都市较远的地方进行，甚至是在小城市的边远地区；而中等技术和应用技术则趋向于靠近大都市区或小城市进行；过程创新相比于产品创新趋向于在大都市区内进行(见图 5-7)。从这些理论可以得到启示，一些高科技开发区创新发展战略的制定应充分考虑和分析开发区与周边大都市、城市和小城镇的区位关系和资源关系，进而选择开展适合于自身区位的创新类型(方创琳，2013)。

因此，我们有必要对城市新区创新空间布局规律，包括城市新区创新空间区位布局、创新空间载体分布及创新空间拓展规律等三个方面进行深入探析。考虑到创新空间分为知识型和产业型，因此，其布局规划将分别探讨。

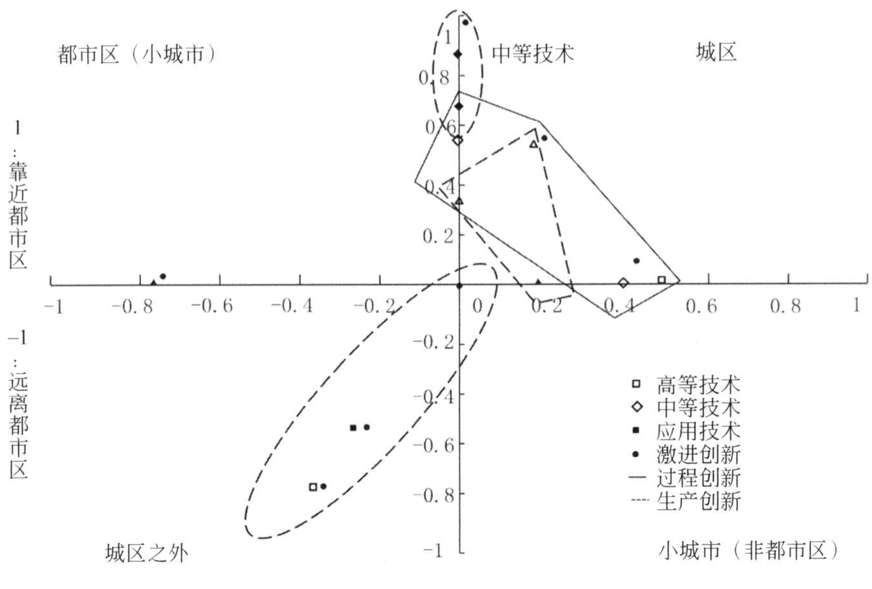

图 5-7　不同类型创新的区位偏好

资料来源：Shearmur R.，2010

5.2.1　知识型创新空间的布局规律

知识型创新空间主要分为环高等院校的圈层式创新空间和大型科研院所的辐射式创新空间两种类型。

1. 环高等院校的圈层式创新空间布局

高等院校作为知识源的知识型创新空间，凭借其雄厚的科技力量、齐全的学科门类、密集的技术人才、先进的实验设施等优势，成为知识和技术创新的核心源头。高等院校作为创新源的主要特征是，在其周边能够形成大规模的混合功能开发，参与创新源的商业化拓展的相关公司、延伸企业、企业主形成大量聚集的空间格局。高校型创新空间的典型代表有美国波士顿大都市区坎布里奇市的肯代尔广场、费尔大学城、圣路易斯市、匹茨堡的大奥克兰社区、亚特兰大中心区，新加坡的纬壹空间，荷兰埃因霍温高科技园区，中国的杨浦区环同济大学设计产业带。

高校院所等知识型创新空间是创新发展的核心要素，在高校创新空间拓展与辐射层面，分析环麻省理工学院地区以及环同济知识经济圈高校创新空间拓展的典型案例经验，可发现高校创新空间拓展基本遵循围绕高校学科优势，创新链圈层式集聚与辐射的规律。其分布方式包括独立机构占地以及与园区、企业混合布局的“产学研”融合布局等，落实到空间上的分布载体即包含园区与校区两大类。

1）环麻省理工学院高新技术产业圈

2016 年，彭博社(Bloomberg)调查了全美 50 个州的创新性数据，包括研究和开发强度、生产效率、高科技密度、STEM(科学、技术、工程和数学)集中性、科学和工程拥有者人数和专利申请等，并将调查结果进行 0～100 的打分。根据彭博社的最新报告显示，波士顿居于美国各州的创新指数首位，使波士顿所在的马萨诸塞州成为目前美国最具创新性的州，其关键是大波士顿地区的多所世界顶级高校帮助该州在彭博社的评分榜单中以 0.03 的优势超越了加州，获得排行第一。作为高校型创新城市空间，包含麻省理工学院、哈佛大学等众多知名高校，仅麻省理工学院的毕业生近年来就创建了超过 400 个初创公司，包括总部在麻省的 Bose 电子产品制造公司，众多公司形成了一种很强的商业环境，从而带动了劳动力市场的发展。使大波士顿地区成为美国“创新心脏”，肯代尔广场被誉为“最具创新的一平方英里(约 2.6 平方公里)”，创造着影响美国和世界的思想与知识，更吸引、聚集着生产前述思想和知识的顶尖人才(陈鑫、沈高洁、杜凤姣，2015)。

麻省理工学院拥有 5 个学院、33 个系与部门、57 个跨学科的研究实验室与研究中心，多学科交叉的实验室及各种研究计划，吸引着跨领域的创新产业集中分布在校园的周边，包括能源、生物/制药、IT/数据、风险投资等高新技术企业，构成麻省理工学院高新技术产业圈。虽然麻省理工学院没有医学院，但由于多学科领域的交叉，吸引了麻省理工学院癌症研究中心等大批的生命科学研究机构和诺华、辉瑞、百健、健赞等制药巨头企业入驻周边。波士顿地区分布着 301 家高新技术企业，其中生命科学企业 192 家、学术的和非营利的企业 20 家，高技术企业 58 家，清洁能源企业 19 家，孵化器和联合办公企业 12 家，受多样化的高校教育资源的吸引，80％以上的高新企业围绕麻省理工学院和哈佛大学集聚分布(见图 5-8)，形成环麻省理工学院高新技术产业圈。

(1) 发展历程：产业化优先的麻省理念。1861 年 4 月麻省理工学院

图 5-8　环麻省理工学院高新技术企业的分布

资料来源：郑国栋，等，2016

创立，坐落于美国马萨诸塞州剑桥市（波士顿都市区），该地区自美国内战后逐渐成为工业中心。在第二次世界大战期间，麻省理工学院借由美国国防科技研究的需要而迅速崛起。“二战”后，剑桥市的许多企业为寻求更加廉价的劳动力而外迁，当地的工厂陆续关闭，大量的工业厂房和建筑闲置。剑桥市市长向麻省理工学院校长詹姆斯·基利安（James Killian）寻求帮助。为此，麻省理工学院将学校北部边界上的大量工业厂房进行改建提升，用作研发办公，并将校内的研究成果拓展成商业产品。人们称之为“科技广场”。

20 世纪 60 年代，作为剑桥市城市更新计划的一部分，肯代尔广场（Kendal Square）的建设计划引起了联邦政府的关注。考虑到利用麻省理工学院及周边资源建设研发中心的需求，校方利用部分资金作为杠杆，获得了联邦政府的资金扶持。自此，在该地区新建的大量现代化办公空间吸引了为数众多的企业。

1974 年，萨尔瓦多·卢里亚（Salvador Luria）教授创立麻省理工学院癌症研究中心，组建了包含 5 名诺贝尔奖得主的分子生物学家“梦之队”。在研究中心的飞利浦·夏普（Phillip Sharp）教授决定将他研究的重组 DNA 技术应用于商业时，他希望公司尽量靠近自己的实验室。夏普教授认为，“所有的研究都在大学里进行，但我们公司想雇用的人是学校以外的”。为此，夏普教授将公司选在了肯德尔广场。其他分子生物公司追随他的步伐，在20世纪90年代将肯德尔广场变成了逐渐向外扩张的生物技术公司集散地。

麻省理工学院预见了进一步发展校外产业的趋势，并通过更多的融资渠道进行开发，例如，其赞助并冠名了麻省理工学院产业园（University Park at MIT），又将建设交予了当地的开发商——森林城市开发公司（The Forest City Development Company）。除了开发并扶持办公、研发空间外，剑桥市和麻省理工学院十分注重周边非工作时间的社区活力营造。在过去的10多年间，肯德尔广场周边开辟了很多消费空间，并且自2006年以来新增了1 700多个高端居住单元。同时，当地政府也致力于改变其原有的区划法案，以鼓励更多的混合用地开发。

1999年，肯德尔广场设立孵化器剑桥创新中心（CIC），创业者能够获得负担得起的工作空间，还能互相激发和鼓励。接着大量风险投资公司进驻。“今天在肯德尔广场，我们有140亿美元（约合人民币932亿元）的风投资金，半数投入到CIC大楼的创业公司中。”CIC创始人提姆·罗威（Tim Rowe）对《MIT科技观察》说。现在谷歌和亚马逊等大型科技公司开始在肯德尔广场附近设立招募和培训中心，随后将其发展为它们在当地的分公司①。

肯德尔广场的发迹从生物技术公司开始，也通过新生物技术公司的加盟形成闭合的环。很多大型制药公司希望在未来几十年内在肯德尔建立研发中心，每年都有新的专利药物在这里诞生。

肯德尔广场及剑桥市的高技术产业发展得益于麻省理工学院产业化优先的办学理念。“MIT的产业化做得非常前端。当我们有一个创意，马上就会考虑如何将其产业化，这是一种理念。学者们需要认识到，一个创意的价值并非仅存在于学术研究，当知识实现产业化后，能对国家和社会产生更大的影响力。”美国国家工程院院士、曾担任麻省理工学院行政副校长的Karen Gleason指出，这是麻省理工学院从创办开始就形成的与大多数高校不同的理念，产业化一直是麻省理工学院的优先目标。

---

① 张慧. 美国“创新心脏”的前世今生[J]. 青年参考，2016-08-26.

早在 1948 年麻省理工学院就成立了一个全球产业联盟项目(MIT Industrial Liaison Program,简称 MIT ILP),这是全世界第一家高校与产业界开展全面合作的战略联盟。直到今天,它仍是麻省理工学院与全球企业对接、将科研力量转化为企业生产力的门户。

MIT ILP 执行总裁 Karl F. Koster 指出,麻省理工学院的所有科研项目都需要教授自行筹集研究资金,这些资金要么来自政府,要么来自行业。[①] 比如,国家科学基金每年会公布一系列科研项目,面向全美的高校征集方案,从中挑出最好的研究和解决方案来投资。为了获得这些资金,MIT 的学院会将更多研究精力投入到解决水污染、空气污染、可再生能源、医疗健康等关乎国家社会重大问题的研究中。

此外,麻省理工学院有 20%的研究中心是由企业出资创立的。企业每年向麻省理工学院投入 3.5 亿美元,资助学校在工程学、科学、管理学等领域的研究。因此麻省理工学院也一直致力于为这些领域提供行业问题的解决方案,为其提供核心的学术支撑。Karl 认为,科研资金的来源是影响产业化动力的重要因素,设立一些行业投资学术研究的机制,可以将科研力量引到解决行业问题和社会问题中。

除了资金层面,Karl 认为更重要的是激发起研究学者对于学术改造世界的动力。"学术可以与产业融合,从而更好地改造世界。麻省理工学院今天能在全世界具有影响力,就是因为我们的研究本身是立足于现实社会的核心问题,从而为人类美好的未来寻求解决之道。"

著名神经系统科学家苏珊·霍克菲尔德自 2004 年至 2012 年任麻省理工学院校长,是该校建校以来的第一位女校长。她认为,大学要想在全球化背景下获得进步和发展,合作与创新是其生存的源泉和前进的力量。"二战"后,美国 50%以上的经济增长动力来自于大学中的科技创新。在美国的竞争系统中,独立的大学在教学和科研创新领域一直保持着强大的驱动力。麻省理工学院自创建之日起就致力于为麻省及其辖区内市镇提供教育和技术资源,同时为社会提供服务。社会服务职能是麻省理工学院长期发展积累下来的教育理念,学校研究主要服务于国家和地方的发展(王凤玉、张晓光,2014)。正是产业化优先的理念促使麻省理工学院成为

① 张慧. 美国"创新心脏"的前世今生[J]. 青年参考,2016-08-26.

全球顶尖的私立研究型大学、全球著名的创新型大学，在世界高等学术殿堂中享有盛誉，享有“世界理工大学之最”的美誉。

为了吸引更多的高端企业进入肯德尔广场，2010 年，麻省理工学院投资 7 亿美元，重新规划建设其在肯德尔广场拥有产权的 8 处设施。为了实现麻省理工学院教师、学生与校友之间的思想交流，麻省理工学院在肯德尔广场建立了创新生态系统，成立了马萨诸塞州绿色高性能计算中心，成为连接麻省理工学院与企业和政府合作的重要纽带。

（2）产业视角：环麻省的生物医药产业链。作为世界一流的研究型大学，曾任麻省理工学院校长的苏珊认为麻省理工学院必须应对目前的两大全球性问题：一是因培育工程和生命科学的交融而起的科学研究革命；二是日益严峻的能源与环境问题。因此，麻省理工学院在苏珊的倡导下，促成了生命科学研究、工程科学研究与物理学研究等传统学科的融合，设立了大卫·科赫癌症综合研究学会，建立了医学工程与医学研究所，在癌症的诊断、治疗和预防中取得了重大突破，进一步扩大了麻省理工学院在临床医学和研究中的贡献。在环境能源研究方面，麻省理工学院组建了融合多学科工程师、科学家和社会学家于一体的能源研究所（MIT Energy Initiative，简称 MITEI），目前已筹得 350 亿美元资金，吸纳了麻省理工学院 5 个学院中 25％的教师参与。现在 MITEI 已成为全球能源对话的核心（王凤玉、张晓光，2014）。

目前波士顿正在围绕麻省理工学院的优势学科加快发展各类创新孵化器，打造生物医药产业集群，麻省理工学院为大波士顿地区发展成为全美三大生物科技集群之一起到了支柱作用。

就生物医药行业而言，其研发层具有很强的全球化关联属性。图 5-9 显示了根据全球各大生物医药研究机构专利共享绘制的网络。其中，每一个节点表示一所大学、研究机构或者医院；每一条连线表示了该线连接的两个节点至少有两个以上的共享专利。

更进一步而言，图 5-10 分别表示了波士顿地区对内以及对外的“学校—企业”关系网，图中三角形代表大学，圆形表示相关企业，方形代表独立研究机构。无论在对内还是对外的关系网络中，麻省理工学院均在整个产业链中处于核心地位。

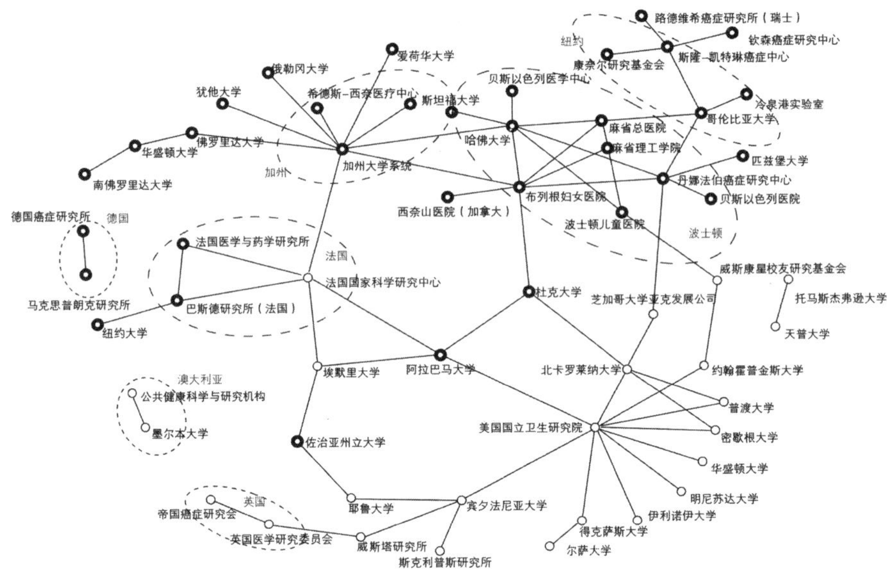

图 5-9　教育科研机构间的专利共享网络

资料来源：Owen Smith J、Riccabini、Pammolli F，2002

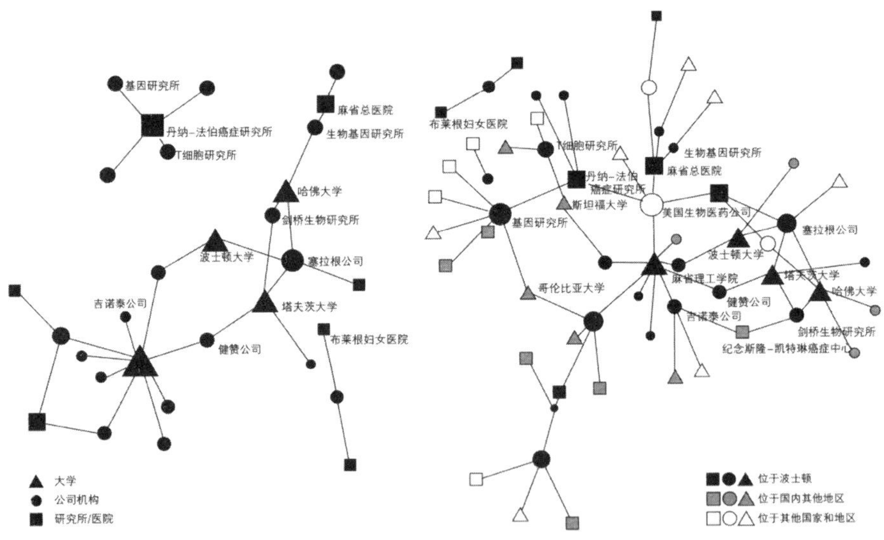

图 5-10　1988 年波士顿地区对内（左）及对外（右）的全职生物科技公司与科研机构关系网

资料来源：Owen Smith J、Riccabini、Pammolli F，2002

2000 年,该地区的 13 家生命科技公司在科研上投入的经费高达 12 亿美元,占整个马萨诸塞州的 2/3。2001 年,21 家由麻省理工学院校友、老师成立,或使用 MIT 授权的科技公司的年度收入达到了 25 亿美元。至 2008 年,约有 95 家生物科技医药公司坐落于麻省理工学院周边地区,其中的 55 家仅仅是在近 3 年间才刚刚成立的(见图 5-11)。

郑德高、袁海琴(2017)认为,麻省理工学院之所以在产业集群上具有较高的首位度,不仅与开放的合作机制有关,更离不开对于科技人才的吸引。在该校近期的一份校友回访调查中,当被问及其创业选址的主要影响因素时,排名前 5 位的答案分别为:靠近居住地、人际网络、城市环境与生活品质、靠近主要销售市场、靠近高端人才,而诸如税收、政策等优惠条件则并不重要。波士顿地区作为美国东海岸的重要节点城市,拥有雄厚的教育资源、优美的自然环境、丰富的历史底蕴,以及完善的交通网络,为留住人才打下了扎实的基础。

(3) 空间视角:环麻省理工学院的创新圈层分布结构。环麻省理工学院地区形成了生物医药产业链集聚与辐射区。麻省理工学院围绕其生物医药的学科优势加快发展各类创新孵化器,打造生物医药产业集群。在空间上,形成了环麻省理工学院生物医药产业链的三个圈。

① 核心圈是校园和校外学校私有土地(38 公顷),以学校研发机构和学校资产的办公科研楼为主,典型代表为科技广场(Technology Square)。科技广场作为一个城市更新项目,因麻省理工学院的深入参与而成为的以科研、产业为主的城市创新空间。2001 年 1 月,校方花费了 2.78 亿美元从毕银资本(Bescon Capital Partners)手中购买了当时在建的办公楼地产,并将该用地由纯办公更改为一个以生命科学、科技研发为中心,辅以实验室、办公、零售于一体的地块。随着 20 世纪末对教育、科研空间需求的不断增长,该项目进行了二次开发,地处麻省理工学院北部门户区位的该地块成为一个融合居住、科研、商业等多功能的综合园区(占地约 15 公顷),建筑面积约 6 万平方米。在 2002 年竣工之后,园区立即迎来了很多经验丰富的商业科研团队,如瑞士诺华(Novartis)、弗雷斯特研究(Forester)等均在园区内租用了办公室与实验室。

② 第二圈层是学校外部独立或与麻省理工学院共有的产业区,其中独立的产业园区约 40 公顷,典型代表为大学园区(University Park at

MIT)(见图 5-11)。

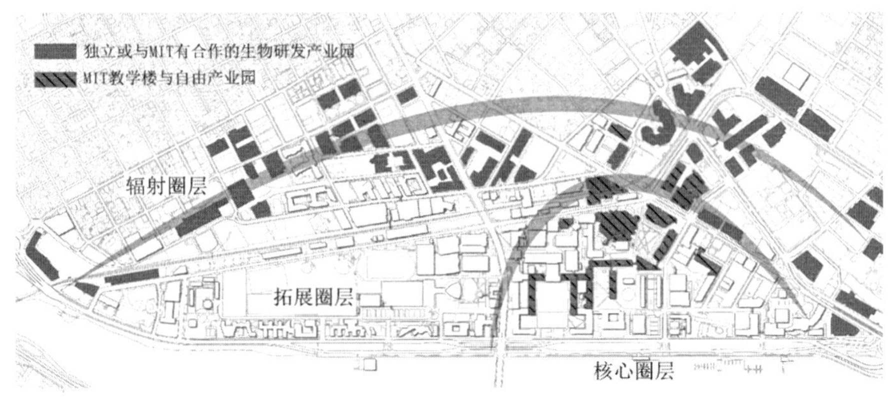

图 5-11 环麻省理工学院生物医药产业集聚与辐射圈层

资料来源：郑德高、袁海琴，2017

20 世纪 80 年代以前，该地区始终以工业为主，包括 Simplex 电缆厂、Kennedy 饼干公司等。80 年代，校方全权委托森林城市开发公司进行开发。如今，该园区占地 11 公顷，总建筑面积约 14 万平方米，包括了 674 个居住单元以及 2 700 个停车位，尽管学校仍是土地的持有者，但开发商获得了长期租赁权。相对于科技广场，该园区更多强调自给自足的发展模式，除了科研和办公，园区还配有相应数量的居住、酒店以及包括大型超市在内的相应基础设施。图 5-11 显示了两种不同类型的产业(生物研发产业、其他产业或称为自由产业)、研究机构(独立研究机构、与 MIT 有合作的研究机构)所处的空间。

③ 第三圈层狭义上包括波士顿金融区、波士顿各公立学校在内的辐射节点。考虑到生物科技与学校科研情况有较高关联度，虽然其在外围的分布较少，但是其他的相关产业则呈现更为丰富的分布状况。麻省理工学院周围的相关产业的圈层可以扩大到大波士顿地区(Greater Boston)。大约 6 900 名学校校友在马萨诸塞州创办了自己的企业，超过 38%的校友创立的软件、生物技术以及电子科技公司选择留在本州(郑德高、袁海琴，2017)。

2）环同济大学知识经济圈

1907 年 10 月，同济大学由德国医生埃里希 · 宝隆在上海创立，1927

年成为国立大学。在 1949 年的全国院系调整中，全国 10 多所大学的土木建筑相关学科汇聚同济大学，使之成为国内土木领域规模最大、学科最全的工科大学。1978 年 12 月后，同济大学实行了"两个转变"：恢复对德交流由封闭办学向对外开放办学转变，成为中德科技、文化交流的窗口；由土建为主的工科大学向理工为主的多科性大学转变。根据 2017 年 12 月国家教育部学位与研究生中心公布的全国第四次学科评估，同济大学的土木工程、环境科学与工程、城乡规划学、管理科学与工程等 4 个学科排名获 A^{+}（前 2 名或前 2%），设计学排名获 A（前 2 名或前 5%），建筑学、风景园林学、交通运输工程、数学、机械工程、计算机科学与技术、软件工程等 7 个学科获 A^{-}（前 5 名或前 10%）。在 2018 年的 QS 世界大学排名中，同济大学建筑/建筑环境学科和设计学均列世界排名第 18 名，结构与土木工程列世界排名第 31 名，其中设计学排名居亚洲第一。

环同济知识经济圈以同济大学城市规划、土木工程等学科优势为基础，形成了目前国内规模最大的以建筑设计为主的现代服务产业集聚圈，在空间上形成了与麻省理工学院高新技术产业圈类似的涵盖核心区、扩展

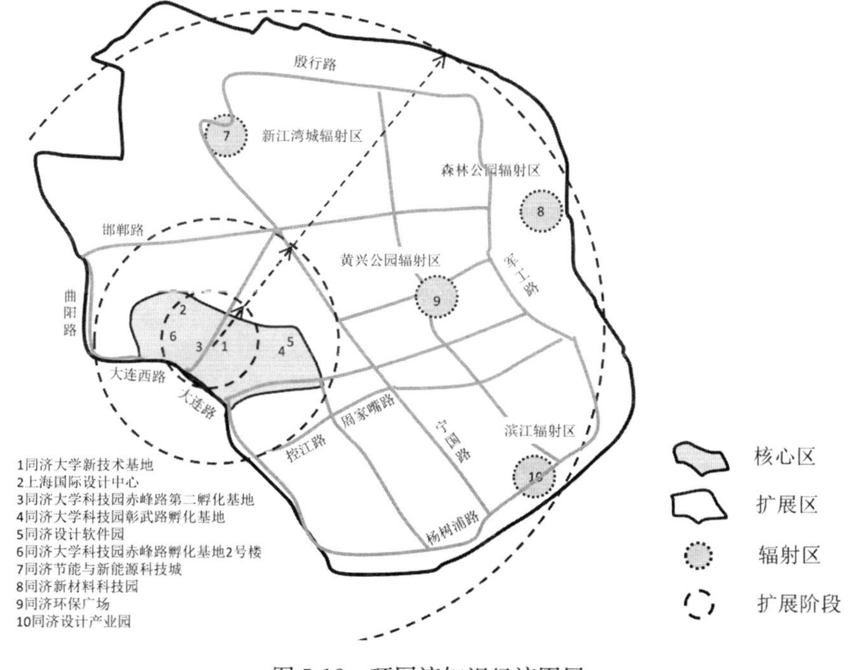

图 5-12　环同济知识经济圈层

资料来源：自绘

区和若干辐射点的三大圈层结构(见图 5-12)。核心区以同济大学四平路主校区为中心,包含同济大学新技术产业基地、上海国际设计中心、科技园孵化基地等创新空间载体;拓展区集聚了同济设计软件园、科技园等众多产业园区以及各建筑设计等企业组团与服务设施;辐射点包括同济节能与新能源科技城、同济新材料科技城、同济环保广场等节点。

(1) 发展历程:从自然形成到国家基地的"环同济知识经济圈"的三步曲。环同济知识经济圈萌芽于 20 世纪 80 年代,随着改革开放的深入,硅谷、128 公路等高科技园区的成功经验、"产学研"结合的典型案例已被我国充分认识。打破高校院墙、转化科技成果、发展区域经济已成为共识。同济大学师生利用学校城市规划、建筑设计等优势,挂靠校办企业,在学校里或周边地区创办了大大小小的公司或设计室。进入到 20 世纪 90 年代,特别是 1998 年后,我国实施住房制度改革,加之我国进入快速城市化发展阶段,使我国房地产业呈现爆发式增长,基于市场的需要,在同济大学旁边的赤峰路上自然而然地形成了"现代设计一条街"。

2002 年前后,上海市杨浦区政府意识到赤峰路设计产业对于区域经济发展的意义,及其与区政府"把传统工业杨浦建设成为知识杨浦战略"的高度契合性,决定投资 800 余万元财政资金对赤峰路周边环境进行改造,将赤峰路改造成道路平整、绿意盎然、容貌整洁的知识产业街,使同济大学周边城市规划与建筑设计及其相关产业发展呈现规模化、层次化发展态势。2003 年 2 月,赤峰路正式被上海市命名为"同济现代建筑设计街",为"环同济知识经济圈"概念的提出迈出了坚定的第一步。

"当时,同济大学与地方政府均充分认识到发展环同济周边特色产业基地对构建以高校为核心的产业集群创新体系,实现大学与城市在推动科技与产业跨越发展中的综合效用最大化具有重大意义。"同济大学校长裴钢回忆起当时的决策过程(马微,2009)。

2005 年年初,同济大学利用百年校庆筹备启动的契机,率先提出了"环同济知识经济圈"的建设构想。2005 年 12 月,同济大学党委中心组与杨浦区委中心组举行联组会商,双方达成了共建"环同济知识经济圈"的共识。根据双方的计划,开始具体的筹备及实施工作。2007 年 6 月,同济大学与杨浦区签订合作协议,正式启动杨浦区"环同济知识经济圈"的建设。

2008 年 8 月,杨浦区向国家科技部正式申报国家火炬计划基地,制定了《环同济研发设计服务产业基地发展规划》,同时就基地建设的必要性、可行性及发展模式、保障措施等进行了充分的论证。国家科技部通过调查研究,认为环同济研发设计服务产业基地的规划思路明晰、科学合理,提出的实施方案具有前瞻性、针对性和较强的可操作性。2009 年 1 月,国家科技部正式批复同意杨浦区建立“国家火炬计划环同济研发设计服务特色产业基地”。

2010 年,上海市杨浦区政府与同济大学进一步联手,推进“产业带”升级为“知识经济圈”,双方签署共建“同济知识经济圈”合作协议,同时发布《同济知识经济圈总体规划纲要》。根据规划,重点发展创意设计产业,聚焦“国际工程咨询服务业,新能源、新材料和环保科技产业”等三大产业集群,力争在 2015 年,“环同济知识经济圈”实现年总产值超过 300 亿元,形成一个以研发设计服务产业为主的创新集群。

2016 年 10 月,基于“大众创业、万众创新”的重大机遇和上海市建设具有全球影响力的科技创新中心战略目标,同济大学与杨浦区共同签署新一轮全面战略合作协议,进一步深化社区、校区、园区“三区联动”,推进学城、产城、创城“三城融合”,全面提升“环同济知识经济圈”的发展能级,共同推动杨浦区作为全国首批“‘大众创业、万众创新’示范基地”和“万众创新示范区”的建设,携手创建以可持续发展为导向的世界一流大学和全国文明城区,将“环同济知识经济圈”打造成为以现代设计产业为主体、战略性新兴产业为引领的重点功能区,吸引国际知名设计企业集聚,推动设计产业向国际化、规模化、集群化、高端化发展。

(2) 产业视角:环同济的设计服务产业链。就像硅谷的成功,人们不会认为是一种偶然,也不会认为是刻意安排的结果。“环同济知识经济圈”从最初自发的一条街到目前享有国内外声誉的设计产业集聚区,是高校、政府、市场三方联动的结果,是体制、机制创新的高效回报。

从产业规模来看,作为国内首个以现代服务业为主的典型知识密集型产业创新空间,环同济知识经济圈历经 30 余年的发展,目前集聚了约 3 200多家以建筑设计、工程咨询、图文制作、模型制作、施工监理等为特色的企业,形成了以现代设计产业为主,工程咨询、环保产业发展迅速的产业结构和产业集聚。从产业规模来看,环同济产值由初期的 50 亿元到 2018 年超过 418 亿元,年均增长约 13%;产业空间载体的面积超过 100 万平方米，就业人员超过 3 万人；拥有数十项自主知识产权的重大科研成果，如“玉米塑料”“非开挖钻孔技术”和“氢气燃料电池汽车”。

从产业特色来看，环同济知识经济产业圈以建筑设计创意产业为主，具有鲜明的“同济特色”。在城市更新、高校转型的过程中，环同济知识经济产业圈依托大学的优势学科，发展相关产业，形成了目前国内基础最扎实、规模最大的现代设计产业圈和创新空间。依据环麻省理工学院创新圈的发展经验，杨浦区与同济大学还在积极探索产业的叠加、延伸，促进以节能环保为方向的新能源、新材料和环保科技产业，国际工程咨询服务产业，以及高端管理培训产业等新三大支柱产业。纵观环同济知识经济圈的产业发展，不难发现这些产业主要依托高校、研究院所的智能资源及信息资源的开发利用，主要生产无形的、服务性的知识产品，具有持续创新的经济增长动力。

从产业集聚的特征来看，尽管环同济知识经济圈的产业主要集中在设计领域，但这并不影响其产业链的延伸和集群效应的形成。在产业空间布局上，环同济知识经济圈周围的企业已形成了以设计咨询产业为主的核心圈层，以设计服务、物品制造、软件制作等直接为设计咨询业服务为主的次心圈层，以企划研究、房地产、信息服务为主的包围圈层，以公关窗口联系服务等作为弱联系外围行业为主的外围圈层。在产业组织形式上，环同济知识经济圈已形成以上海设计界的“四大金刚”——以同济大学建筑设计研究院、同济城市规划设计研究院、上海邮电设计院、上海市政工程设计研究院等为龙头，众多配套的中小企业集群发展的模式。在产业从业人员上，龙头企业自然是以同济大学的师生为主，而在众多配套的中小企业特别是处于创立初期的企业(在所有的企业中人数少于或等于 20 人的企业所占比例为 78.3%)中，同济大学的师生占比更高，80%以上从业人员是同济师生，企业名称前也大多冠以一个“同”字，人们戏称为“同家军”。

另外，其他很多企业也是与同济大学有亲缘关系，企业内技术管理人员、研发人员多半是同济大学的师生。同时，杨浦环同济知识经济圈也不仅是一个经济活动圈，而且是一个产业与城市互动发展的和谐空间，在此，知识、人才、产业与城市空间互动发展(见图 5-13)。

(3) 空间视角：环同济的创新圈层分布结构。通过 30 多年自下而上和自上而下的互动发展，从空间形态来看，形成了以同济大学为核心的圈

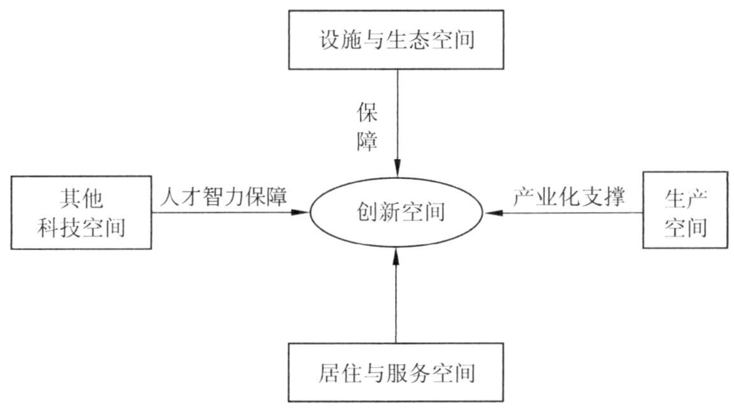

图 5-13　创新空间与其他空间的互动性

资料来源：自绘

层式结构；从空间功能来看，形成了校区、园区、社区“三区互动发展”的现代城市可持续发展模式。

在空间形态上，首先是以同济大学四平路主校区为中心的核心区，面积大约 0.56 平方公里。第二圈是扩展区，以密云路、中山二路、江浦路、控江路、大连路围合而成的，面积约 2.6 平方公里的紧邻核心区的区域，它是一个以知识、服务为纽带，以创意、创新、创业为特征的知识经济区，同济大学建筑设计研究院、同济城市规划设计研究院、上海邮电设计院、上海市政工程设计研究院以及全球建筑设计界排名第三的日本安藤忠雄设计公司等为龙头型创新型企业均在该区域内。2004 年，同济大学成立的软件园、科技园也在该区域内，后来一批高科技企业迁入同济大学软件园、科技园，使扩展区更具集聚能力。第三圈是辐射区，以曲阳路、大连西路——大连路、周家嘴路、黄兴路、邯郸路围合组成的约 10 平方公里的五边形区域，此外还有新江湾城、森林公园、滨江和黄兴公园区域的 4 个辐射点，形成创意设计、国际工程咨询、环保科技三个产业集群，成为辐射全国、面向世界的知识经济圈。

在空间功能上，大学校区、科技园区、公共社区（见图 5-14）三者形成良性互动的关系，并为城市地区发展、都市生活塑造、大学科研创新提供良好的运行框架，这一发展模式正日益成为一种创新空间模式。校区、园区、社区在创新过程中密切配合、相互作用，甚至相互转化。校区、园区和社区在资源要素和空间上通过制度性或非制度性安排紧密结合起来。三者之间的相互作用、联动发展是促进创新的关键，即三区为实现共同发展的目标，通过资源交互共享、功能分工、协同合作，形成创新源泉和创新动力，推动经济和社会发展战略的实现，进而成为推动城市和区域创新发展的重要动力。

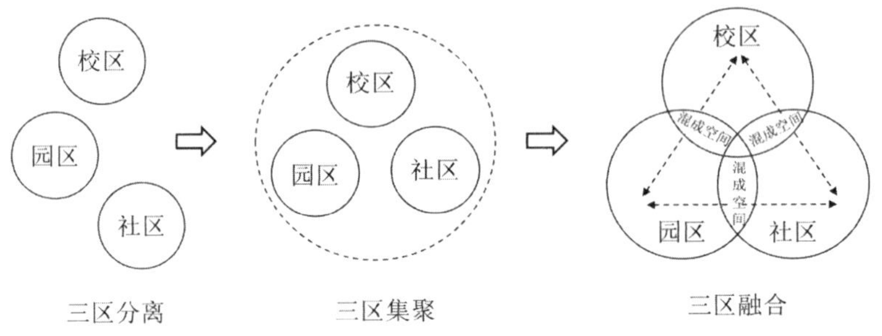

图 5-14　校区、园区和社区的空间演变

资料来源：郑德高、袁海琴，2017

2014 年 6 月，美国著名智库布鲁金斯学会(Brookings Institution)发布研究报告《创新区的崛起：美国创新的新地理》。该报告指出，几乎所有的创新区都包含三类资产(或要素)，即经济资产(是指驱动、培育和支持创新环境的相关企业、机构和组织)、有形资产(是指公共和私人所拥有的建筑、空地、街道、设备及其他设施)和网络资产(是指创新区参与主体之间的关系，如个人、企业和机构之间的关系)。当上述三种资产与具有支持性、冒险性的文化相结合时，就会创造出一个创新生态系统——人、企业和地方(地区的自然地理)之间的协同关系，从而有利于创意的产生和商业化加速(见图 5-15)。该观点与三螺旋理论、“校区、园区、社区互动发展论”可以说是相互支撑的。

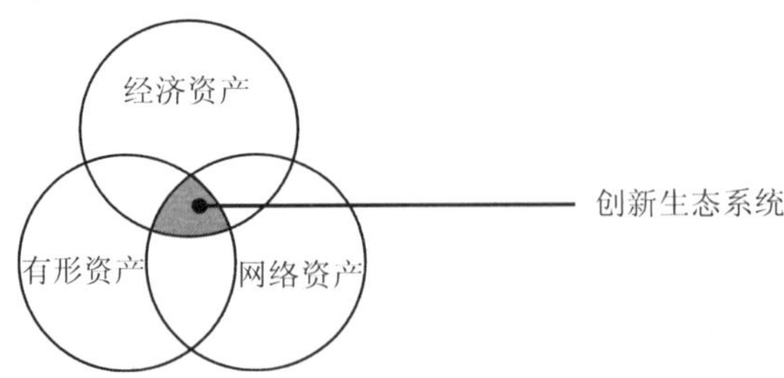

图 5-15　创新区包含的三类资产

资料来源：Brookings Institution，2014

(4)创新系统：高度成熟的“政产学研”创新互动网络。区域创新网络是由政府、企业、大学、科研机构和金融机构等多种主体协同创新的组织形式，是推动区域产业结构升级、形成区域竞争优势、实现区域经济跨越发展的根本路径。哈雷森(1992)认为，区域内的高度协作导致了区域创新网络系统的高效率。因此，强调相关主体之间的协作以及它们与外部机构间的关系非常重要。环同济知识经济圈成功的秘诀就在于其高度成熟的“政产学研”创新互动网络。

从同济大学来看，秉承“以服务为宗旨，在贡献中发展”的理念，以走出去的积极姿态为知识经济圈播下了创新的种子。通过“产学研”相结合模式的探索，注重解决国民经济重大科技问题，在自主创新成果研发及技术转移、成果转化等方面开拓进取；出台了一系列政策和措施，鼓励在校学生、兼职老师、海归人员在同济大学周边创办企业；为创业的师生解决后顾之忧，允许创业失败师生回到学校继续教学或学习；特别是同济大学根据创意产业的需要适时完备学科建设。设计一条街的形成，得益于建筑设计、城市规划、土木工程等优势学科。随着入驻企业增多和产业的扩展，同济大学又加大了城市建设与防灾学科群和现代装备制造业学科链的完善力度，以最大限度地满足产业发展对专业知识的需要。

从地方政府来看，上海市及杨浦区政府鼎力支持为知识经济圈创造了良好环境。在环知识经济圈的发展过程中，杨浦区政府起到了“点石成金”的作用。首先，杨浦区进一步优化了环同济知识经济圈的创新创业环境。陆续出台了《关于中小企业贷款担保的扶持意见》等政策文件，进一步催化了环同济知识经济圈的创新活力。其次，杨浦区政府为环同济知识经济圈的发展搭建了很多平台。为使校区、园区、社区之间的互动更频繁，杨浦区重点打造了知识产权、研发、创业投资、人才、信息五大公共服务平台。同时，杨浦区还联合区域内高校共同成立了上海教育服务园区，构建从学历教育到终生教育，集传统和现代手段于一体的教育服务业高地。另外，杨浦区政府为环同济知识经济圈的扩展做了许多基础性工作，投入了大量资金，用于开展经济圈区域内的城市环境整治和基础设施建设。在空间资源方面，优先向经济圈倾斜，为同济大学的校区拓展和产业发展腾出空间。

从社会资本来看，构建创新的校区联动机制为知识经济圈的持续活力提供了保障、注入了深远的人文活力。通过区校共管机制、多渠道交流机制、校区资源共享机制等使“政产学研”创新互动网络更加紧密、更加成熟。利用杨浦区在我国绝无仅有的，集“市政百年、教育百年、工业百年”等三个百年文明于一身的深厚文化底蕴和工业基础，为知识经济圈的进一步发展打开了广阔的社会空间和注入了深远的人文活力。

2. 大型科研院所辐射式创新空间的布局与发展动力

1）大型科研院所的辐射式创新空间布局

创新系统的核心创新要素是创新人才、知识和技术。除了高校外，科研院所特别是大型科研院所以其雄厚的科技力量、密集的技术人才、先进的实验设施等优势，成为知识和技术创新的基地，在城市新区创新空间中起着支撑作用。同时，科研院所通过参与其他创新主体的创新活动，促进成果转化，产生知识溢出效应，推动人才、知识、技术、信息等创新要素的扩散（见图 5-16）。

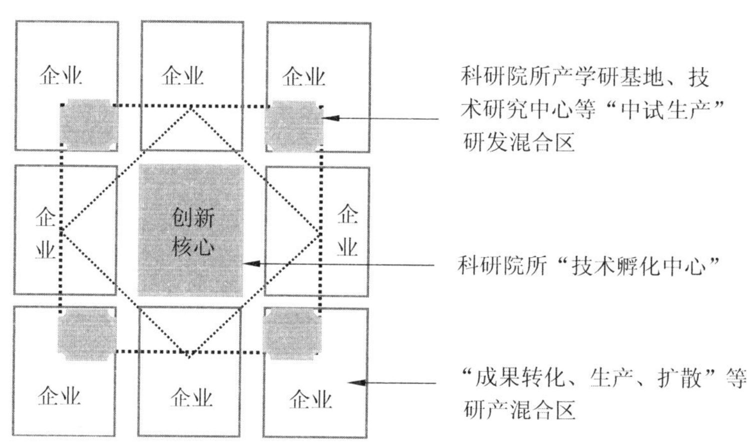

图 5-16 大型科研院所辐射式创新空间分布的载体

资料来源：参照杜向风，2013

如位于江北新区的国家电网公司电力科学研究院实验验证中心，专门从事电力设备试验检测的权威机构，拥有智能电网保护与运行控制国家重点实验室，国家电网公司两个重点实验——自动化设备电磁兼容实验室、电力系统安全稳定分析与控制实验室。该中心参与了包括“863 项目”在内的重大科研项目和示范工程超过 50 余项，每年在论文、专利、专著、标准制定等方面取得大量成就，是变电站自动化、通信、继电保护、电磁兼容等国际标准、国家标准及行业标准委员会成员。因此，它也是新区重要的科研院所类型的创新核心。

分析其创新空间的空间布局模式，类似于环高校的创新空间布局——圈层式布局。国家电网公司电力科学研究院实验验证中心作为创新核心，是科技创新的主体，提供智力支撑，推动着创新空间网络的发展。专业的科研院所，其相应的专业人才队伍、专业的实验设备配备齐全，对其科技创新成果，可以通过技术研究开发中心迅速、便捷地进行小试—中试—生产，在周边形成研发混合的功能区，构建创新空间的第二圈层。如实验验证中心下属的智能用电检测实验室用电技术分中心，是国内第一个开展大功率电动汽车充电设施、电动汽车充电设施检测的实验室，也是国内首个同时具备国标、欧标和美标充电设施检测能力的实验室，牵头和参与了多个国际标准、国标、行标、企标的制定。其主要业务、功能就是对中心研发的相关科技成果进行测试、中试以及产品的试生产，通过试生产，进一步完善、优化科技成果，摸索生产工艺及流程，制定生产技术标准。在此基础上，中心根据市场需求、成果中试的进程开展成果转化、生产，创办高科技企业或承担重大工程项目。例如，中心每年为国家电网、南方电网提供的技术集中测试和技术就是由其下属企业承担的，国网公司时间同步系统集中测试、电动汽车充电设施测试就是其企业的主要经营项目。这些高科技企业形成了“成果转化、生产、扩散”等研产混合区，成为创新空间的第三圈层。作为行业的专业科技研发机构，中心还积极开展学术交流活动，为清华大学、华中科技大学、中科院等离子物理研究所提供科研平台，成为科研院校人员的研究、实习基地。其与美国UL实验室、德国TUV莱茵等知名认证机构签订合作协议，成为美国UL认可的实验室、德国TUV莱茵的合作实验室，并为西门子、ABB、华为等国内外大中型企业提供科研、检测以及技术培训服务。这些合作、培训体现了中心的技术服务、技术扩散，也是创新空间中研产混合区的重要功能——扩散功能。

当然，即使是大型科研院所，它与高等院校相比，其学科的综合性、科研人员的结构性及规模都较小。因此，以大型科研院所为核心的创新空间规模与高等院校的创新空间规模相比是较小的，但专业性更强。

2）大型科研院所创新空间的发展动力

城市创新空间的主体、要素、环境构成了一个完整的创新网络系统，该系统具有开发性、动态性、竞争性、多样性和混合性。周珂慧(2012)认为，以科研院所为核心的城市创新空间系统创新的动力来源于内外部机制的共同作用。内生动力包括产业发展对创新的促进作用、科研院所自身追求经济利润的内在要求等;外部动力中最重要的是市场拉力和政府推力,中介服务组织作为链接各类主题的纽带,是创新空间生产的催化剂。另外,在全球经济一体化的时代,FDI、金融机构对城市创新空间的生产影响也越来越重要(见表 5-3)。

表 5-3 “创新圈层网络”的联系和空间响应

网络要素		从属网络	节点联系		空间响应
网络节点	节点作用		相互联系机制	信息交流方式	
科研院所	创新来源	创新核心圈层	接触式、非正式交流	高效信息流传递	考虑区域用地协调
高新企业	创新主体	创新主体圈层	渗透式“竞争—合作”关系	行为互动和资源共享	区位接近式集聚,多元化路网、用地预控
地方政府	创新推动		正式性、创新政策发布	引导性信息传递、优化制度环境	当地“一站式”行政服务中心
金融机构	创新支持		层级式垂直一体化联系方式	信息流传递、资金流组织	层级式集聚,地租理论范式布局
中介组织	创新协调	创新支持圈层	联系科技和经济的纽	提供服务、传递高效信息	集聚于环境优美地区,承担协调和宣传的作用

资料来源:周珂慧、姜劲松、甄峰,2012

5.2.2 产业型创新空间的布局规律

创新型大企业具有人才、技术、资金、组织能力等多方面的优势,是城市创新空间的“创新引导者”。与创新型大企业不同,中小企业更倾向于从技术市场购买专利技术成果,积极参与“产学研”合作,通过合作、模仿、消化吸收来增强竞争优势。因此,产业型创新空间的布局规律主要探讨的是创新型大企业的创新空间布局规律。

1. 产业集群的类型

产业集群是以主导产业为核心,由多个企业及利益相关组织(如供应商、客户、高校和研究院所、中介服务组织、政府部门等)，在地理空间上聚集、共生形成的有相对专业分工、资源高效流动、社会资本共享的群体(苏衡彦,2006)。波特的钻石模型(见图 5-17)描述了产业集群发展四个内生变量：生产要素,需求条件,相关支持性产业和企业战略、企业结构、同业竞争,而机会和政府政策是两个外生变量。

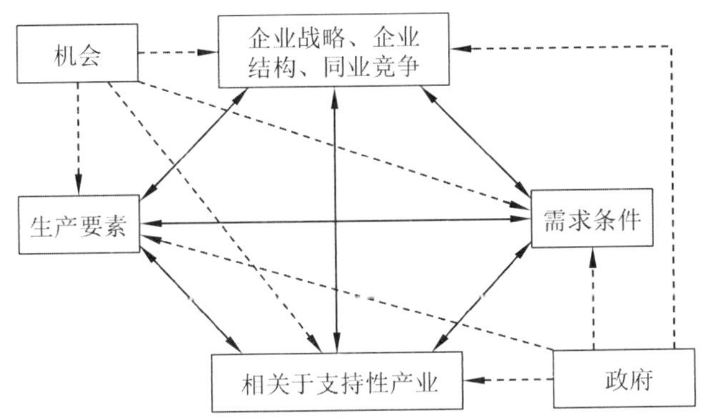

图 5-17　波特竞争优势的“钻石模型”

资料来源：迈克尔·波特著,李明轩,邱如美译,2002

根据创新空间内主导产业集群的差异把产业集群分为高端服务业集聚型、高新技术产业集聚型、创新型传统产业集聚型和文化创意产业集聚型四种基本类型(杜向风,2013)。

1) 高端服务业集聚型

高端服务业是一个具有中国本土特色的概念。陈艳莹等(2011)从功能的视角把高端服务业定义为：高端服务业是现代服务业中具有较强的外溢效应,能够有效带动服务业和制造业升级,提高整体经济竞争力的服务行业集合体。谢泗薪(2012)认为,高端服务业主要是依托信息技术和现代管理理念发展起来的,处于服务业高端部分的行业,是现代服务业发展的核心,具有科技含量高、附加值高、产业带动力强、开放度高、生态友好等特征。高端服务业集聚型创新空间指的是以集聚和发展高端服务业为主要特征的城市创新空间,表现为 CBD、高教园、现代物流园、服务外包基地等。

2) 高新技术产业集聚型

高新技术产业的“新”具有一定的时代性,目前高新技术产业主要包括生物技术、信息技术、新材料技术三大领域。高新技术产业集群是指在高新技术领域内具有相互关联的项目与企业在一定的区域内聚集，从而形成科技产品研发、中试、生产、销售以及相互协作、配套的有机组合，一改以往园区项目的物理堆砌现象。作为产业集聚的支撑，是政府出台的相关扶持政策和服务措施，并在“集群”的外围辅以科技人才生产、生活所必需的餐饮、购物、健身、娱乐等设施。与传统意义上的产业集群相比，高新技术产业集群中的企业主体以知识为依托，以创新为基础，产品附加值高，产业带动性强，可迅速成为区域经济的主导。与此同时，这种产业集聚效应能吸引一大批相关企业的入住，充分带动区域科技和经济的发展[①]。高新技术产业集聚型创新空间指的是以集聚和发展高新技术产业为主要特征的城市创新空间，表现为高科园、科技城、软件园等。

3)创新型传统产业集聚型

创新型传统产业指的是通过信息化改造、技术创新、组织结构创新和体制创新，引入新的经营理念和营销方式等方式实现创新升级，重新获得产业竞争力的传统产业。王缉慈(2010)研究意大利等发达国家传统的劳动密集型制造业后发现，这类产业在 20 世纪 60 年代以后获得了高速增长，其成功被总结为柔性专业化生产方式的采用，大量中小企业的存在以及它们之间的网络关系。国内外经验证明：产业创新不排斥传统产业，而且应该包括传统产业的创新和升级。传统产业创新的路径主要有：传统制造业的高级化、传统制造业进入新型产业的产业链、传统特色产业的集群创新。综上所述，所谓创新型传统产业集聚型创新空间，指的就是这类传统产业升级后重新获得竞争力的创新空间，表现为创新型制造业基地、创新型工业园区、现代农业园区等。

4)文化创意产业集聚型

学者肖雁飞(2007)认为，文化创意产业的核心要素是文化，其主体构成是文化产业、版权产业和内容产业的创新部分，即文化创新部分(见图 5-18)。文化创意产业是推动经济创新的重要力量(厉无畏，2007)。文化创意产业强调创意和创新，强调把文化、技术、产品(服务)和市场有机结合，一方面

① 徐汇区引领高新技术产业“集群”，http://sh.focus.cn/news/2010-05-28.

能为人们提供文化含量较高的产品和服务，满足精神需求；另一方面可以与其他产业融合发展。文化创意产业集聚型创新空间指的是以集聚和发展创意产业为主要特征的创新空间，表现为创意产业园、艺术区、创意loft等。

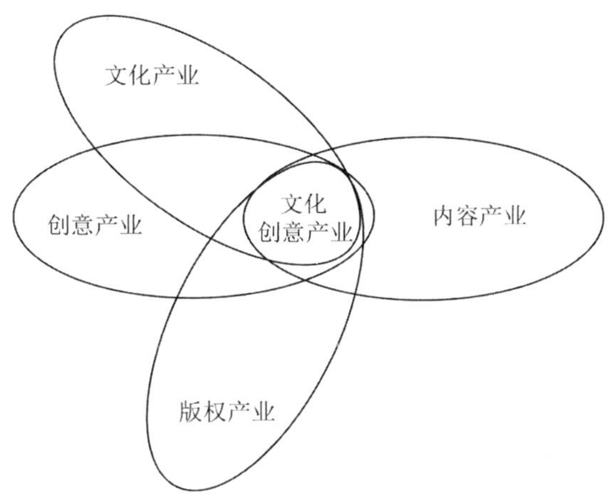

图5-18　创意产业主题的构成

资料来源：肖雁飞，2007

创新集群是由企业、大学、研究机构、中介组织、风险投资等构成，通过产业链、价值链和知识链形成的战略联盟和各种合作关系，具有集聚经济和大量知识溢出的"技术—经济"网络。其实质是基于创新的产业集群或创新型的产业集群，依然属于产业集群的范畴。宁钟(2009)指出，产业集群是创新集群的初级形态，创新集群是产业集群的最高形式；产业集群是诱发创新集群的核心因素和内在依据，创新集群则是产业集群的高级化，是现代产业发展的新模式，是产业技术创新的有效载体。

丁魁礼等(2010)对创新集群和产业集群的内涵作了对比研究，概括了二者的区别(见表5-4)。他认为创新集群具有三个判断基准：是否表现为发达的网络合作关系；是否表现为R&D高投入、知识与技能的密集交换、生成性学习与探索逻辑；是否表现为新产品、新技术、新专利涌现。

创新集群是城市创新空间的核心内容。根据熊彼特的创新理论，只有实现产业化才是真正的创新。科技创新是城市创新空间发展的根本动力，但是，"科技创新—产品创新—市场创新—产业融合"的产业创新路径需要创新主体通过战略联盟的合作或竞争来实现。这种由企业、大学和科研机构、中介服务组织、政府、金融机构等创新主体组成的，通过产业链、价值链和创新链等内在联系和作用形成的战略联盟就是创新集群。

表 5-4　产业集群和创新集群的区别

	产业集群	创新集群
分析焦点	生产与效率	创新与技术
组织结构	基于流程(process-based)	基于技术(technology-based)
区域特征	地理集中	地理空间集中或技术经济空间集中
市场特征	市场集中	市场集中
创新模式	模仿创新	自主创新
创新过程	开发	探索
学习过程	适应性学习	生成性学习
生产系统与知识系统	生产系统	知识系统
产出特征	成熟技术的产品目标是物美价廉	以知识为内核的新技术和新产品，目标是新的需求
本质特征	价值链或供应链的互动连接	新产品的大量出现；知识密集交换；创新连接

资料来源：自绘

2. 以创新型企业为核心的创新网络

对于产业型创新空间中的创新型企业，共同的市场需求、相似的创新目标化以及来自集群之外企业的竞争促使集群内企业间形成共生的合作机制，包括同行企业之间的横向创新网络和产业链上下游企业间的纵向创新网络(见图 5-19)。因此出于企业集聚需求的考虑，大部分创新型企业的分布载体为产业园区。对于众创空间、科技企业孵化器等各类创新孵化机构，有面向处于初创期、成长期以及成熟期等不同发展阶段的创新型企业的不同类机构，用地规模需求也不尽相同，因此其在产业园区、院校内以及部分社区内均会有分布。

因此，创新空间载体的分布规律即以园区、校区、社区三区为核心载体。

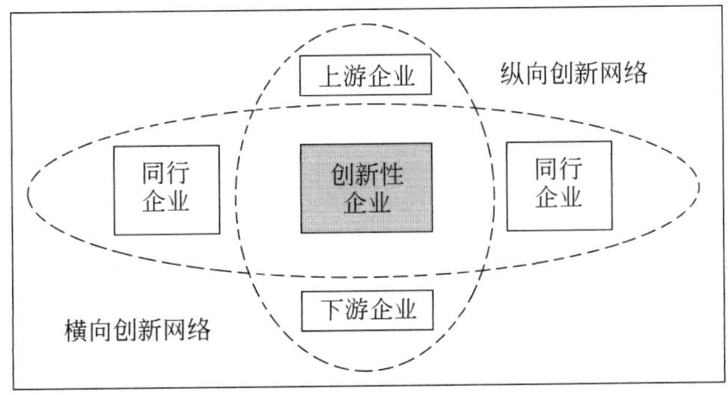

图 5-19　创新型企业的横向与纵向创新网络

资料来源：杜向风，2013

5.3　城市新区创新空间的空间拓展规律

创新空间延伸拓展规律的重点是探索创新空间在现有基础上如何进行拓展，是否遵循一定的规律特性。通过对美国硅谷地区以及北京中关村地区创新空间拓展的典型案例分析，可发现城市新区创新空间拓展基本遵循以创新源为核心轴向延展，并形成链条的垂直分工的规律。

5.3.1　硅谷：圈层式布局+轴向组团式扩展

硅谷位于美国西海岸加利福尼亚州中部的旧金山湾附近，是一个长约 70 公里、宽约 15 公里的长条形谷，北起帕罗奥图市、南至洛阿托山城。硅谷聚集了约 16 600 家高科技公司，是全球创新空间的成功典范。从统计数据来看，加州将近一半的企业并购发生在硅谷；其专利注册占了整个州的一半；硅谷还吸引了 3/4 的风险投资和 4/5 的天使投资，是美国乃至全球知识、技术与资金的集散地。它更是世界高新技术产业的圣城“麦加”和“耶路撒冷”，是世界高科技产业的最高殿堂。

1. 硅谷的创新空间演变历程

从产业发展角度来考察，硅谷的崛起得益于信息技术的不断突破，其发展历程从技术产品上可以概括为五个阶段。20 世纪 50 年代至 20 世纪 60 年代的国防工业、20 世纪 60 年代至 20 世纪 70 年代的集成电路、20 世纪 70 年代至 20 世纪 80 年代的个人电脑、20 世纪 80 年代至 21 世纪的互联网产业和 21 世纪初的绿色环保产业(见图 5-20)。

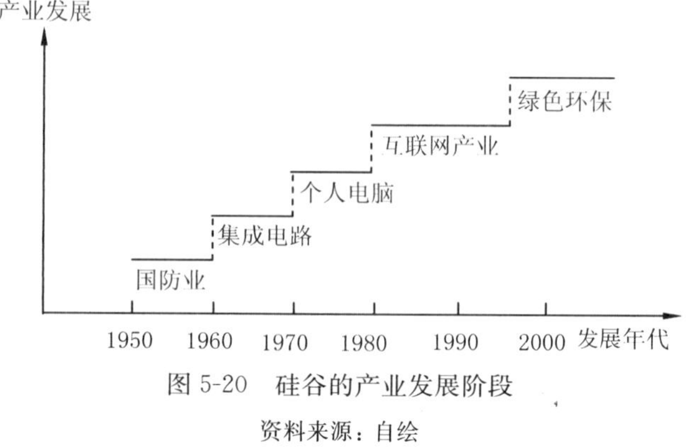

图 5-20　硅谷的产业发展阶段

资料来源：自绘

硅谷是一个区域，由围绕旧金山湾的 4 个郡、30 个社区构成，涵盖了 4 810平方公里的土地，人口近 300 万人。硅谷真正意义上的核心位于旧金山湾南侧圣克拉拉郡西北角，与圣马刁郡交界处，那里是硅谷的策源地。从成长历程上看，硅谷的崛起并在空间上迅速集聚的主要动因是该地区先后由四个热点地区引爆，即斯坦福大学、墨菲特联邦机场、帕罗奥图市和山景城(见图 5-21)。

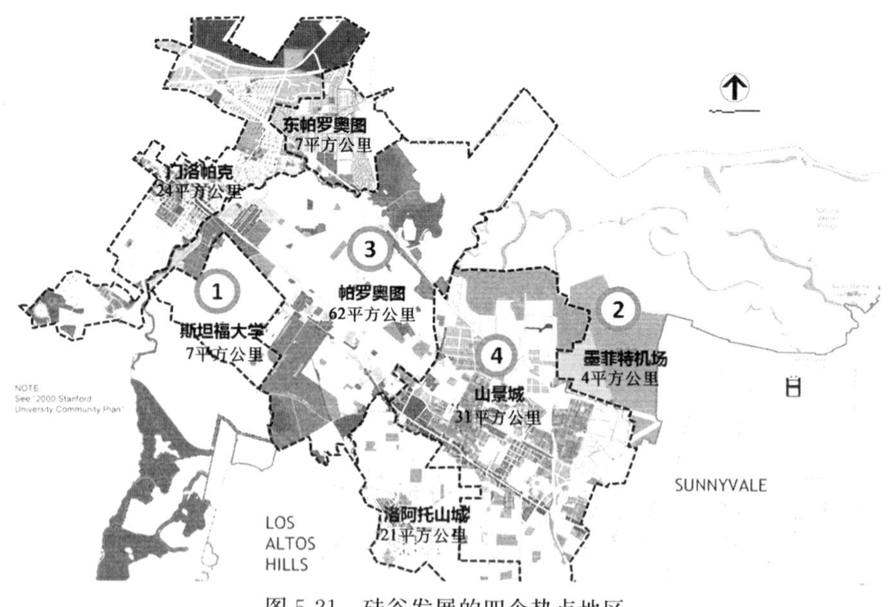

图 5-21　硅谷发展的四个热点地区

资料来源：陈鑫、沈高洁、杜凤娇，2015

一是研究型大学推动科技创新。斯坦福大学的创办者——利兰·斯坦福在以往从商过程中，曾与众多美国名校毕业生交流，发现他们所学与社会的实践相距甚大，因此，他要求斯坦福大学构建“培养有益于成功和在现实中有用人才”的办学理念。斯坦福大学“学以致用”的办学理念得到了先驱教授们的高度认同，他们鼓励学生创新创业，学校也允许教授们在企业兼职或创办企业。硅谷百年来的创新和成功都与这样的校风密不可分。

二是军用机场催生飞机制造业。1931 年，墨菲特联邦机场被划为军事基地，原为美国陆军航空队训练基地，“二战”时成为飞艇飞机的联合基地。20 世纪 40 年代，西海岸飞机制造业已初具规模。据统计，“二战”期间美国军事订货峰值达到硅谷销售额的 40%以上。1958 年，美国太空署埃姆斯研究中心(NASA)落户于此，进一步带动硅谷地区航天、飞机产业的发展。1950 年朝鲜战争爆发后，斯坦福大学更是与美国军方展开全面合作，源源不断的军工订单使周边地区在国防科技领域快速发展，使斯坦福大学的无线电工程、计算机科学与技术、通信技术成为强势学科并在全球领先。

三是世界首个高科技园区诞生。“二战”之后的斯坦福大学面临着严重的资金困难，教授工资很低。1950 年，斯坦福大学副校长弗雷德里克·特曼虽知道学校董事会禁止出售学校的任何一块地，但未禁止出租土地，为此，他考虑到斯坦福大学占地广阔，出租一部分土地并不影响学校发展。故决定出租部分土地建立斯坦福工业园。特曼划出 300 公顷土地，按照严格的技术要求，以企业应用电子技术的先进程度及其与斯坦福大学的联系是否紧密为标准，以优惠的价格出租给高技术公司特别是校友创办的企业，开放并共享实验室及研发设备，而企业则为学生提供实习机会。1958 年，斯坦福工业园有 3 家企业上市，获得巨大成功。同年，美国《小企业投资法》通过，为中小企业发展铺平了政策道路。斯坦福工业园后更名为斯坦福科研园，由学校统一招商管理，成为世界上第一个高科技园区。帕罗奥图也从大学镇转变成为世界著名的科技城。

四是一座完全覆盖免费无线网络的城市。同样受斯坦福周边产业集聚以及美国太空署入驻的影响，1950—1960 年，帕罗奥图东部的山景城人口从 6 563 人迅猛增长到 30 889 人，居住用地迅速扩张。由于帕罗奥图市的房价不断上涨，越来越多的创业公司搬到了风景优美的山景城。1990 年，该市与多家科技公司签订长期租约，成为谷歌与英特尔的大本营。

2002 年,卡内基梅隆大学在此开设分校。2005 年,谷歌和美国太空署宣布将联合建立奇点大学,培养跨学科创业人才。2006 年,谷歌为山景城提供的无线网络架设完成,山景城成为全美第一个免费无线网络全覆盖的城市。

2. 硅谷的创新空间拓展机理分析

分析硅谷创新空间的生长机理,可以发现硅谷的空间布局呈现由圈层式向轴向组团式扩展的演变过程。

1）细胞式生长

产业的发展带动了人口集聚,空间上用地不断拓展和蔓延,使硅谷由一个个分散布置的独立小镇连成成片的城市群。以核心区为例,斯坦福大学的创办强化了大学街作为帕罗奥图老城区的核心,带来了新的商业活力,学校的教职员工也多数在当地安家。随着斯坦福科研园的设立,帕罗奥图的城市中心南拓,与南面的山景城连成一片。每个城市均具有相对完整的结构与功能,由核心向外布局商业服务区、科研办公区、居住区以及产业区等功能片区,如同一个个“细胞”。各“细胞”由生态廊道相隔,是城市用地增长的弹性化边界,主要交通干线以 TOD 模式将各“细胞”串联起来（见图 5-22)。

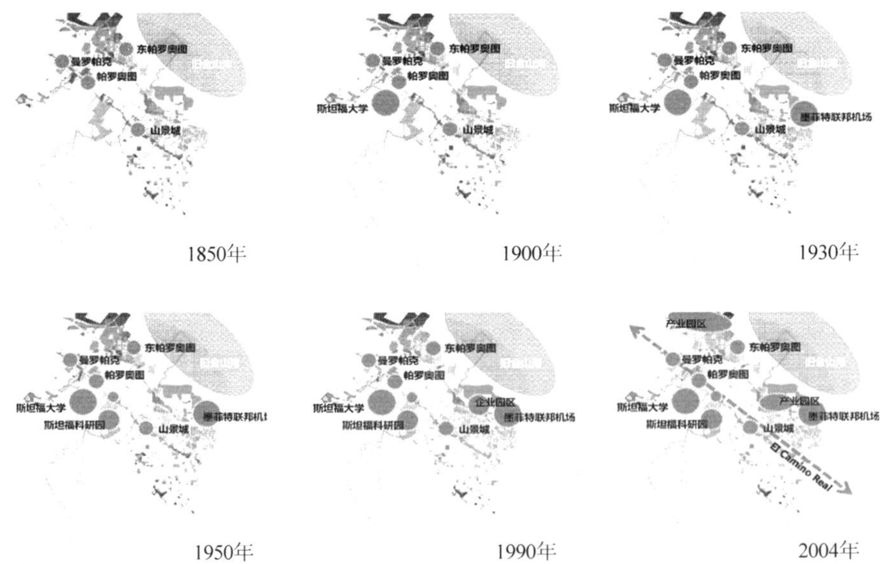

图 5-22　硅谷核心空间的演变历程

资料来源：陈鑫、沈高洁、杜凤娇,2015

2）圈层式布局

硅谷以旧金山湾为核心，功能呈圈层式展开。围绕旧金山湾的滨水地区为休闲游憩带，在此可以体验冲浪、帆船等各类水上运动以及高尔夫，是高端的商务休闲场所。紧靠休闲游憩带组团式分布着一片片科研产业区和企业总部，它们布局松散、规模不一，之间留有部分白地。产业研发区外层是居住社区，为本地居民和外来就业人口提供各类型居住空间。最外层的山地区为硅谷打造了良好的生态环境，区内有数个国家公园，是人们进行户外运动的理想场所。学校位于城市居住圈层和生态保育圈层之间，既可享受城市优质的生活服务，又可浸润在优美的自然风光之中，还为户外科考提供了条件。硅谷的各大生产服务商刻意将办公地点选在斯坦福大学周围，从而建立起一个紧密合作的服务网络。这些机构包括律师事务所、风投公司、会计事务所、企业孵化器、猎头公司等。将各圈层紧密串联在一起的是一条公共交际走廊。这里汇集了各色咖啡馆、餐厅、酒吧，是各社会阶层频繁出入的地方，也是人们社会交往、商务洽谈、头脑风暴的主要场所。3 条主要交通走廊也与海湾平行布局，将各城市组团串联，形成一体。生活性干道位于中央，穿过各城市中心，与交际走廊相交并设有公交站点，沿线布局商业服务区以及科研办公区，周边配套居住区，外围设置产业用地，空间结构合理有序（见图 5-23）。

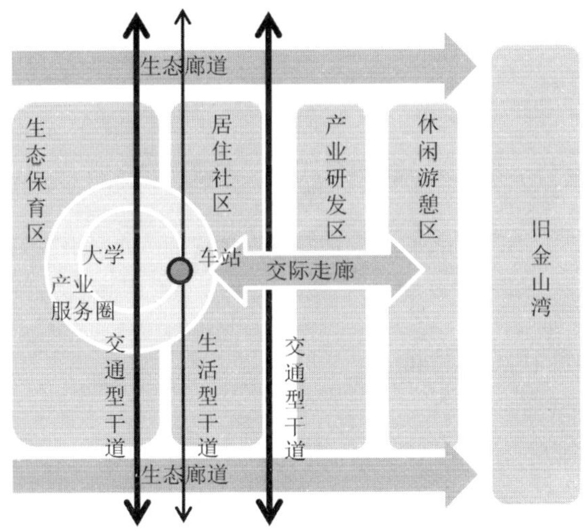

图 5-23　硅谷的典型组团空间结构

资料来源：陈鑫、沈高洁、杜凤娇，2015

硅谷这种以大学、科研机构为核心，圈层式布局教育、金融、实验科研机构、居住生活服务设施，各个圈层之间通过快速交通串联，交通干道沿线布局商业服务区及科研办公区的模式，在国外是一种较为普遍的现象。

3）轴向组团式扩展

美国硅谷地区以中小企业、孵化器等为创新源，空间组织呈现轴向生长和转移的特征，各类创新源逐渐向环境品质好的地区转移，同时由南至北创业方向依次形成“硬件时代的老硅谷——前沿技术、数据和产品——社交游戏、内容公司——技术与商业、文化结合的互动社交硅谷”的轴向分工体系（见图 5-24）。

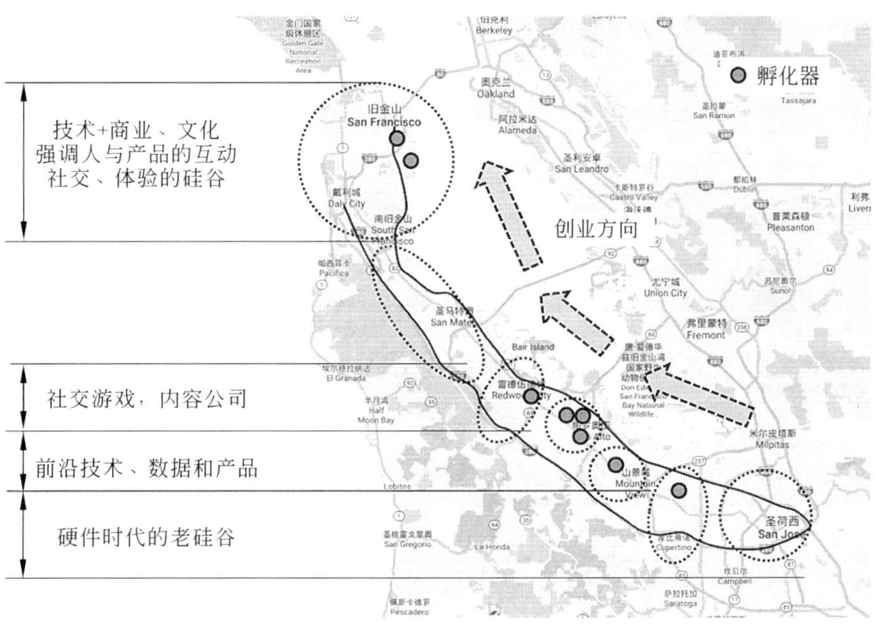

图 5-24 硅谷组团化轴向扩展的空间组织

资料来源：黄珂、苏月，2018

3. 硅谷的创新空间特征

1）产、学、城紧密结合

斯坦福校园与商业区关系紧密，北侧是以大学街和沙丘街为核心的老城，东部紧邻具有小镇商业街特色的加州大街。沙丘路则是很多风险投资公司办公室云集的地方，所以也被称为“VC 一条街”。斯坦福科研园依托加州大街的商业服务和斯坦福大学的科研设施，周边居住配套齐全，与城市关系紧密。快速路和主干道经过园区，使其与周边城市有便捷的交通联系。然而，许多创业公司不去创业园区，而是待在咖啡馆和人流密集的地方，人们在下班后更愿意留下来讨论创意，一旦想到什么，就立刻走回办公室把它做出来。此外，宽松的政策环境和便捷的服务网络使许多人选择在家办公。

2）优良生态为城市供氧

宜人的气候和优美的生态环境对人才和企业都有着无穷的吸引力。帕罗奥图的旧城区保留了老式的郊区生活，宁静安逸。而山景城的主要产业用地布局在东部与北部临近墨菲特机场的山地，那里景色优美，是许多创新企业心仪的办公场地。硅谷的主要城市都留有 40％以上的生态绿地。对非建设用地的严格管制保证了良好的生态环境，提供了许多的户外运动场地和休闲空间。此外，旧金山湾内部的腹地分布着大片的农场和大量的耕地。这里全年开放的农夫市场超过 26 家，农场到餐桌的绿色食品运动促进了本地食品的生产消费，倡导健康的生活方式。弹性的办公场地使创新的种子无处不在。沉闷的会议室外，商务洽谈可以发生在咖啡馆等公共场所，可以在挥洒汗水的运动场，也可在郊野远足的旅途中。紧凑的空间布局使人们可以随时返回工作场所办公，将好点子化为现实。

5.3.2　中关村："产学研"融合＋轴向组团式扩展

中关村位于北京市的西北角，拥有的北京大学、清华大学为代表的各类高校 68 所，其中 985、211 大学有 26 所，约占全国同类高校的 30％；还有以中国科学院为代表的各类科研机构 213 家，拥有的国家重点实验室 112 家、国家工程研究中心 38 个、国家工程技术中心 57 家，中国科学院和中国工程院院士占全国的 36％。从科技投入来看，中关村及其周边地区集中了全国约 40％的科研经费，国家专利交易中心的年成交技术金额也占到全国的 40％左右，城市新区创新空间所需要的创新群体、资金投入、空间建设、政策支持等创新要素非常完备，是"全国乃至世界智力资源最为密集的地区"。

1. 中关村的创新空间演变历程

北京中关村从明代起就是太监的坟地，被称为"中官坟"。解放后选址在此建设中国科学院，感觉"中官坟"作为地名不好，时任北京师范大学校长的陈垣教授提议改名为“中关村”。中关村由郊外荒野之地发展成为全球知名的创新空间，其发展演变历程可以分为三个重要阶段。

1) 20 世纪 50—70 年代的高等院校和科研院所的大规模建设

1949 年 5 月，北京市人民政府在编制北京城市总体规划的研究中提出：北京“除了是行政中心外，还应是文化的、科学的、艺术的城市，是一个大工业城市”。在城市空间布局上，提议“高等学校放在西北郊与风景休养区毗邻”。因此，除了建设清华和北京大学(燕京大学)外，还新建了中央民族学院、中国人民大学、北京工业学院、北京铁道学院等高校。

1953 年 11 月，北京市政府将《改建与扩建北京市规划草案》上报中央，提出“首都应该成为我国政治、经济和文化的中心，特别要把它建设成为我国强大的工业基地和技术科学的中心”。根据这个建设方针，在北京西北部开始大规模地建设高等院校。高等院校从新中国成立初期的 15 所增加到 31 所，学生人数增加 4.7 倍。在北太平庄至五道口地区，建设了北京钢铁、地质、石油、矿业、农机、林业、航空、医学等八大学院，使中关村高教区初具规模。在兴建高等院校的同时，还相继建成了中国科学院地球物理研究所、电子研究所、高能物理研究所、化工冶金研究所、钢铁工业综合研究所等一批研究机构。至此，北京中关村城市创新空间发展已初具规模(陈军，等，2017)。

1957 年 4 月，北京市人民政府研究制定了《北京城市建设总体规划初步方案(草案)》，提出“北京要建设成为现代化的工业基地和科学技术的中心，使它站在我国技术革命和文化革命的最前线”。从 1958 年开始，北京的科研机构有了更大的发展。在中关村和北中轴一带又集中建设了一批基础理论和尖端科学的研究所。中央各部委的科研机构，如规模较大的石油、钢铁、化工、有色冶金研究院，还有从外省市迁来的橡胶研究院、食品研究所等，也集中在靠近中关村的北郊和平里、北太平庄和西郊百万庄一带。

到 1960 年年底，北京的高校增加到 54 所，建筑面积增加到 178 万平方米，学生人数增加至 9.8 万人。其中，北京纺织学院、工业大学、化工学院都是在这 3 年内建设的，还有许多干校、中专升级改为高等院校，如北京轻工业学院、水电学院、煤炭学院、建筑工程学院等。

随着中关村地区高等院校和科研院所的大规模建设，为中关村地区城市创新空间的大发展奠定了坚实的基础。

2）20 世纪 80—90 年代的中关村科技园区的高速度发展

在 20 世纪 80 年代早期改革开放大潮的推动下，中关村地区高校、科研院所的一些知识分子受世界新技术革命和美国硅谷的影响，通过创办民营科技企业的方式，探索科技成果转化为生产力的途径。1984 年前后，中关村地区有了一批“下海”经商的科技人员。到 1987 年，在自白石桥起沿白颐路（现中关村大街）向北至成府路、中关村路至海淀路一带，长约 7.2 公里的带状范围内，集聚了以“两海两通”（科海、京海、四通、信通等 4 个著名的企业）为代表的近百家民营科技企业，该地区被称为“中关村电子一条街”（见图 5-25）。“中关村电子一条街”的出现是新制度环境下的市场自发行为，由于当时的企业都比较小，很难有大量的资金投入到高科技产品的研发中，基本选择了电子贸易。因此，“中关村电子一条街”的功能基本上是贸易一条街。但许多公司由于有高等院校和科研院所的背景，事实上促进了“产学研”的有机结合，由此“中关村电子一条街”走出了一条“贸—工—技”的特色发展道路。

图 5-25　中关村电子一条街

资料来源：自绘

为了进一步探索我国高科技产业的发展道路，1988年5月10日，国务院颁布《北京市新技术产业开发试验区暂行条例》(国函〔1988〕74号)，在“中关村电子一条街”的基础上建立北京市新技术产业开发试验区，其空间范围包括以“中关村电子一条街”为核心的海淀区100平方公里区域。这是我国第一个国家级高新技术产业开发区，也是我国第一个以电子信息产业为主导，集科研、研发、生产、经营、培训和服务为一体的综合性基地。它标志着高新区纳入到国家发展战略，中关村进入有组织、有规范、有政策的高速发展时期。1991年10月21日，上地信息产业基地奠基，成为中关村产业化发展的重要基地(菊鹏艳，2008)。

1992年春天，邓小平南巡并发表重要讲话，改革开放更加深入；1992年10月中共十四大召开，确立了社会主义市场经济的体制，在体制、政策、空间等各项措施的支持下，中关村开始了从以电子商贸为主转向以技术开发和生产制造为主的、提升高新技术产业开发能力的“二次创业”。截止到1998年，北京新技术产业开发试验区的销售总收入达到451亿元，其中软件产业销售额占全国的43%，全员劳动生产率达到20万元，工业增加值占全市工业增加值的54%，成为北京市最主要的经济增长点。

3) 进入新世纪后的中关村创新空间的内涵式提升

1999年6月，国务院批复北京市政府和科学技术部《关于实施科教兴国战略，加快建设中关村科技园的请示》(国函〔1999〕45号)，批准建立中关村科技园区，并要求把园区“建设成为推动科教兴国战略、实现两个根本转变的综合改革试验区；具有国际竞争力的国家科技创新示范基地，立足首都面向全国的科技成果孵化和辐射基地、高素质创新人才培养基地”，“成为我国21世纪国家创新战略的重要组成部分”。1999年8月，北京市新技术产业开发试验区更名为中关村科技园区。

2005年6月，时任国务院总理的温家宝同志视察中关村科技园区，提出了国家高新区“四位一体”的新定位，即“成为技术进步和增强自主创新能力的重要载体，成为带动区域经济结构调整和经济增长方式转变的强大引擎，成为高新技术产业‘走出去’参与国际竞争的服务平台，成为抢占世界高技术产业制高点的前沿阵地”。相较于北京市新技术产业开发试验区侧重于发展高新技术产业的功能定位，中关村科技园区的功能定位提升为带动区域发展的战略高度。2009年3月，国务院颁发《关于同意支持中关村科技园区建设国家自主创新示范区的批复》(国函〔2009〕28 号),明确中关村科技园区的新定位是国家自主创新示范区,目标是成为具有全球影响力的科技创新中心。中关村科技园区成为我国第一个国家级自主创新示范区。这意味着中关村科技园区的发展必须从关注技术经济对区域发展的带动转向利用国际级技术优势和政策优势引领未来中国创造的发展。

2013 年 9 月 30 日,中共中央政治局第九次集体学习选择在中关村举行,中共中央总书记习近平发表重要讲话。习近平在讲话中指出,中关村已经成为中国创新发展的一面旗帜,面向未来,要加快向具有全球影响力的科技创新中心进军。

2016 年,国务院印发《北京加强全国科技创新中心建设总体方案的通知》(国发〔2016〕52 号),从国家战略层面确认中关村科技园区的科技创新,提出统筹规划建设中关村科学城、怀柔科学城和未来科学城,明确北京全国科技创新中心的定位是全球科技创新引领者、高端经济增长极、创新人才首选地、文化创新先行区和生态建设示范区。中关村科技园区作为第一个国家自主创新示范区,在落实国家创新驱动发展战略、首都减量提质发展战略、京津冀协同发展战略中发挥着引领支撑和辐射带动作用。

2. 中关村科技园区的空间布局与规划

自 1988 年 5 月北京新技术产业开发试验区成立以来,其名称、空间规模都经历了三次调整,名称由北京新技术产业试验区到中关村科技园区,再到中关村科技园区与中关村国家自主创新示范区并用,因此,其空间布局与规划也是不断调整与修改,呈现出一个动态发展过程。

1) 中关村科技园区的空间布局演变历程

从 1994 年 4 月起,经原国家科委批准,在北京市新技术产业开发试验区的发展阶段先后 3 次调整范围,经历了“一区三园”“一区五园”“一区七园”的发展格局,但政策区域范围始终保持 100 平方公里不变。在中关村科技园区发展阶段,经历了两次规模扩展。第一次扩展,规划用地总面积从 100 平方公里扩展为 232.52 平方公里,空间布局从“一区七园”扩展为“一区十园”。第二次扩展,规划用地总面积从 232.52 平方公里扩展为 488.02 平方公里,空间布局从“一区十园”扩展为“一区十六园”。因此,中关村科技园区的空间布局与规划的历程实际上是一个“一区多园化”的过程。

（1）一区三园。1994年4月25日，原国家科委印发《关于北京市新技术产业开发试验区调整范围的复函》（国科函〔1994〕76号），在保持北京市新技术产业开发试验区100平方公里总有效面积不变的基础上，扣除试验区中无法开发利用的面积，将丰台科技园区、昌平科技园各5平方公里调整划入试验区范围，使试验区形成市、区（县）两级管理、“一区三园”的发展模式，以加快高新技术产业发展。

（2）一区五园。1999年1月8日，原国家科委印发《关于同意北京市新技术产业试验区调整区域范围的函》（国科发高字〔1999〕6号），将海淀试验区范围内的清河地区、马连洼地区的农田和住宅等不可利用的区域共18平方公里调出试验区，将北京电子城10.5平方公里、北京经济技术开发区（亦庄园）的局部区域约7平方公里共17.5平方公里划入试验区。北京市新技术产业开发试验区的总面积基本没有变动，但可利用面积有所增加，进一步增加了高新技术产业发展的用地规模，旨在加快北京市高新技术产业的集聚发展。此次调整使北京市新技术产业开发试验区形成“一区五园”的发展格局。

（3）一区七园。2001年6月12日，原国家科技部下发《关于同意调整北京市新技术产业开发试验区区域范围的复函》（国科发高字〔2001〕200号），在北京市西城区设立德胜园，政策区占地面积290公顷；将朝阳区东至北辰西路、西至八达岭高速公路、南至北土城路西路、北至科荟西路地区纳入中关村政策区。2003年7月，该地区被中关村科技园区管委会命名为中关村科技园健翔园，面积约300公顷。由此形成中关村科技园区“一区七园”的空间格局。

（4）一区十园。2006年1月17日，根据国务院批准，国家发展和改革委员会发布2006年第3号公告，公布《第五批通过审核的国家级开发区名单》，批准中关村科技园的规划面积扩展为232.52平方公里，并将石景山园、通州园、雍和园等三个园区纳入中关村科技园区。由此形成“一区十园”的格局。

（5）一区十六园。2012年7月14日，国务院印发《关于同意调整中关村国家自主创新示范区空间规模和布局的批复》（国函〔2012〕168号），实行“统筹规划、分步实施”。调整后中关村园区占地规模由原来的232.52平方公里扩大到488.02平方公里，约占北京市城市建设用地的30%，产业发展用地的 70%。新纳入顺义园、房山园、门头沟园、平谷园、怀柔园、密云园、延庆园等 7 个园；原 10 个园区中同在朝阳区的电子城、健翔园合并为朝阳园，在东城区的原雍和园改名为东城园，在西城区的原德胜园改名为西城园；海淀园、昌平园、大兴-亦庄园、通州园、丰台园、石景山园等 6 个已用行政区命名的园区名称保留。由此形成覆盖了北京市 16 个行政区域，并以行政区名命名的“一区十六园”、114 个区块的中关村科技园空间布局(见表 5-5)，成为北京跨行政区的高端产业功能区、创新空间。

表 5-5　中关村科技园区“一区十六园”

序号	园区	规模/公顷	主导产业
1	海淀园	17 406.00	电子信息
2	大兴亦庄园	9 827.07	生物医药
3	昌平园	5 140.71	能源环保、信息技术
4	顺义园	1 207.70	航空航天、装备制造
5	房山园	1 572.97	装备制造
6	通州园	3 436.46	电子信息、先进制造业
7	东城园	603.33	文化创意产业
8	西城园	999.63	金融科技、数据产业
9	朝阳园	2 610.18	电子信息
10	丰台园	1 763.09	光机电一体化
11	石景山园	1 334.39	文化创意
12	门头沟园	188.96	智能制造、医药健康
13	平谷园	508.36	电子信息、医疗器械、航空配套
14	怀柔园	711.00	装备制造
15	密云园	1 000.81	汽车零部件、生物医药
16	延庆园	491.00	高端智能制造、新能源环保
合计		48 802.00	

资料来源：自绘

从中关村科技园的空间布局演变历程来看，其空间布局具有以下极其明显的特征。

一是政府政策强驱动。中关村的发展虽然起步于自发的“中关村电子一条街”，但其后 30 多年的发展明显具有“行政化、强政策、硬基础”等三大特点，政府完全主导的建设方式是园区空间布局不断扩张和调整的主要驱动因素。

二是时间维度跨度长。中关村现有园区的发展是伴随着北京城市 70 年的发展轨迹逐步成长起来的，不同时期扩展园区具有其鲜明的时代特征。有 20 世纪 90 年代的工业园，如首次纳入的丰台园、昌平园分别是成立于 1991 年的丰台科技园、昌平工业园，亦庄园是创立于 1992 年的北京经济技术开发区。有 21 世纪初期的新城、卫星城建设的产业基地，如通州园的前身是创立于 2001 年的通州光机电一体化产业基地和金桥科技产业基地。有 2010 年代兴起的城市更新、都市科技园，如朝阳园的原电子城是新中国成立后大规模建设的老电子工业基地，其中最著名的是 798 厂，这是典型的城市更新园区；作为继深圳、成都、晋江之后全国第四个国家级体育产业基地的龙潭湖体育产业园则是知名的都市产业园。这些产业园区的建设背景、产业基础、空间特征和发展目标等跨度相差很大，存在着同阶段的共性和跨阶段的差异（见图 5-26）。

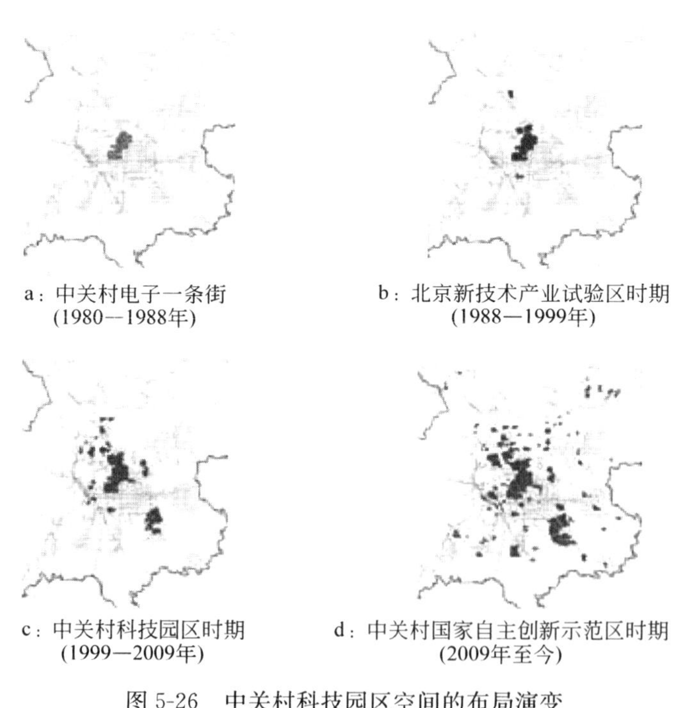

a：中关村电子一条街（1980—1988年）

b：北京新技术产业试验区时期（1988—1999年）

c：中关村科技园区时期（1999—2009年）

d：中关村国家自主创新示范区时期（2009年至今）

图 5-26　中关村科技园区空间的布局演变

资料来源：李翔，2014

三是空间维度差异大。中关村科技园区分布在北京市行政区的所有区县，受地理区位、资源要素、城市格局、对外交通等因素的影响，园区发展呈现随城市圈层变化的特征（李翔，2014）。第一圈层主要分布在中心城地区的海淀园、东城园、西城园、朝阳园，以科技创新、孵化培育功能为主，产业集聚效应高、辐射力强，但园区严重缺乏增量发展空间，同时面临着部分低端业态升级和向外疏解的压力。第二圈层分布在城市边缘地区，在公路一环外，并沿京昌高速、京宝铁路等对外通道布局，形成北京高新技术产业发展区。第三圈层位于京郊新城及其周边地区，构成环京高科技产业带，是中关村中心区发展的辐射区（见图 5-27）。

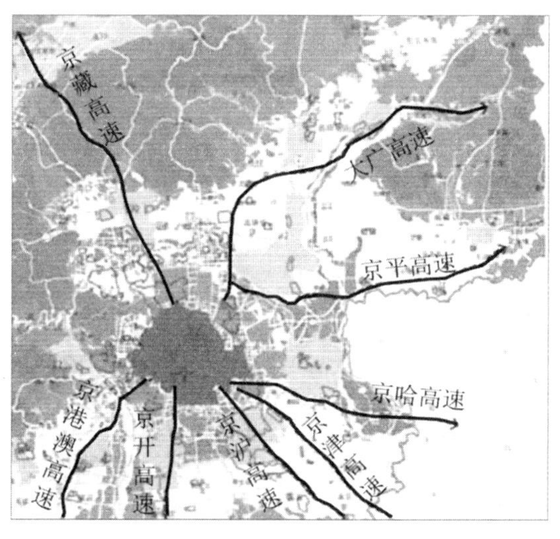

图 5-27　中关村科技园空间布局随城市圈层和对外通道分布的特征

资料来源：李翔，2014

四是园区发展不均衡。虽然中关村科技园范围内的各园区享受统一的园区政策，但由于发展基础、建设时间不一，以及出现资源分布的差异性，园区发展呈现出较大的不均衡性。从全市层面来看，区域之间在产业层次、企业数量和规模、企业总收入、地均产出等方面存在发展不均衡的问题。这不仅在各园区之间，甚至同一园区不同区块之间也普遍存在。

2）中关村科技园区的空间规划

中关村科技园区的用地功能分为三个部分，即中心区、发展区、辐射区（见图 5-28）。

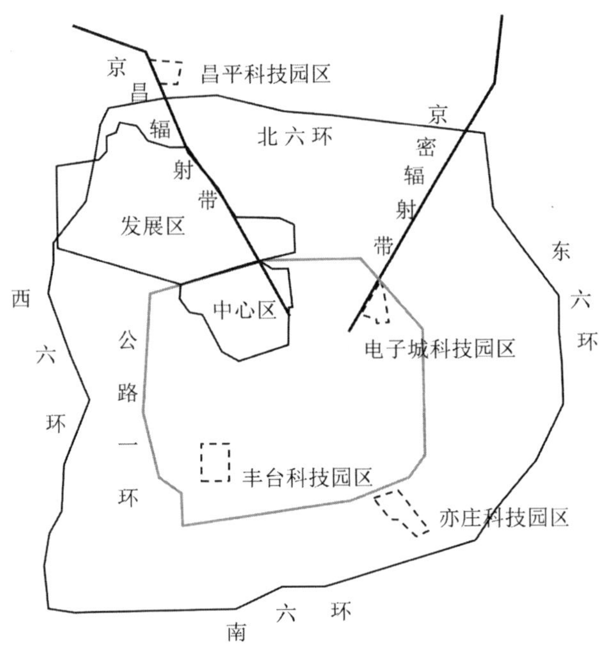

图 5-28 北京市新技术产业开发试验区的空间范围

资料来源：自绘

(1) 中心区大体范围是南起西外大街，北至规划公路一环，西起京密引水渠，东至八达岭高速公路。中心区的最主要部分是核心区，核心区包括中国科学院、北京大学、清华大学和中关村西区，是我国创新能力最强、科技成果产出最密集的区域。核心区三条主要轴线构成的"H"形区域，即东西向的轴线知春路，与中关村大街、学院路两条南北向的轴线构成的"H"形区域，形成了核心区的主要创新空间布局。中关村大街是核心区的主要轴线，连接北京大学、清华大学、中国科学院、中关村西区和中国农业科学院、中国人民大学等高校与科研机构以及国家图书馆、首都体育馆、紫竹院公园等文体设施。学院路自北向南连接北京林业大学、中国农业大学(东校区)、中国矿业大学、中国地质大学、北京科技大学、北京师范大学等10余所高校。知春路连接着北京航空航天大学、首都体育学院、中国政法大学等高校和交通运输部水运科学研究院、北京应用物理与计算数学研究所等科研机构(见图 5-29)。

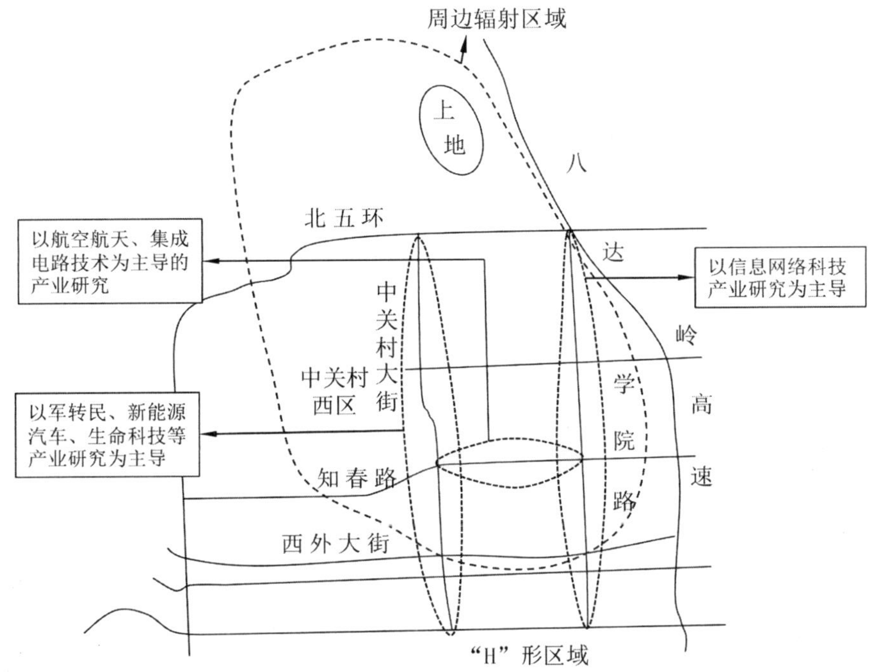

图 5-29　中关村科技园核心区的空间发展布局

资料来源：自绘

（2）发展区大体范围是规划公路一环以北，海淀区山后地区、清河地区以及昌平区的西三旗地区、回龙观地区。

（3）辐射区主要是“一环两线”。“一环”是指环市区的高科技工业园区，包括东城科技园、北京经济技术开发区、丰台科技园区、昌平科技园区等。“两线”即沿八达岭高速公路向沙河、昌平、南口方向辐射形成京昌辐射带；沿京密路向顺义、怀柔、密云方向辐射，形成京密辐射带。辐射区推进以软件产业、信息服务和信息制造业为代表的特色产业发展；大力促进电子信息、光电一体化、生物工程与新医药、新材料和环保等支柱产业的发展；带动中介服务业、文化体育产业、教育培训产业以及商业、房地产业等相关产业的发展。

2005 年 1 月，《北京城市总体规划修编（2004—2020）》得到中央的批复，规划提出，北京是“国家级高等院校及科研院所聚集地”“高新技术创新、研发与生产基地”。中心城实施“六个调整、六个优化”[①]战略，调整迁出部分“教育、科研”等设施，完善建设中关村高科技园区核心区、海淀山后科技创新中心等城市职能中心，形成以中关村为核心的“产学研一体化”的北京城市创新空间“新生态”和新格局。

2009 年 3 月，国务院批复中关村科技园区建设国家自主创新示范区，要求“全面提高中关村科技园区自主创新和辐射带动能力，推动中关村科技园区的科技发展和创新，在 21 世纪前 20 年再上一个新台阶，使中关村科技园区成为具有全球影响力的科技创新中心”。为此，园区从全球创新要素加速流动的背景出发，积极抢占全球科技创新和高技术产业发展战略制高点，从关注技术经济对北京的带动，转向利用国际级技术优势和政策优势，引领未来中国创造的发展，提出了“两城两带”规划空间布局结构(见图 5-30)。

“两城两带”规划空间布局结构力图充分挖掘北京已规划的产业发展空间，最大程度地整合现有产业发展关系，聚集资源形成分工有序、链条完整的高新技术产业集群。分析北京市产业资源分布特征，可以看出信息服务业仍主要聚集在中关村核心地区，并向西北部的海淀山后、昌平扩展，中关村不断升级延展发展，对南部丰台、亦庄的影响力也在逐渐加强。而制造业就业空间在南部大兴、亦庄地区显著高于其他地区。基于北京市产业空间资源的分布特征，中关村空间布局规划突出“两城两带”的发展重点，通过北部研发服务高技术产业带、南部高技术制造业战略性新兴产业发展带，以及中关村科学城和未来科技城建设，在北京市形成分工有序的产业链条。

为了加强各分园实质性的管理关系，2010 年，北京市政府组建中关村发展集团，通过股权和资本手段把区县分园的资源进行整合，在管理体系上也为中关村产业集群化发展做好了准备。至此，中关村已基本成为北京市

---

① “六个调整”：调整人口分布，疏解中心地区人口；调整工业用地比例，搬迁改造传统工业；调整仓储物流设施布局，搬迁整治中心地区的小商品批发市场；调整迁出部分行政办公、教育、科研、医疗等设施；调整改造与城市整体发展不协调的地区，整治“城中村”；调整威胁城市公共安全的设施布局，搬迁整治危险源。“六个优化”：优化行政办公用地布局，创造高效政务活动环境；优化文化产业发展环境，增强文化中心功能；优化城市职能中心功能，大力发展现代服务业；优化涉外设施和用地的配置，提高国际化程度；优化空间结构，创造安全宜人的人居环境；优化交通及市政基础设施，提高城市运行效率。

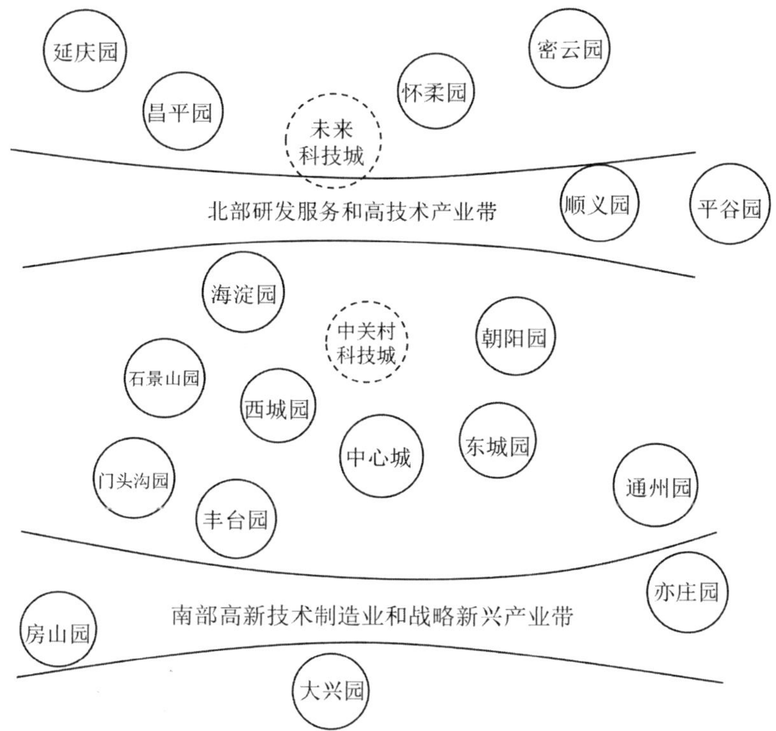

图 5-30　中关村国家自主创新示范区“两城两带”规划空间的布局结构

资料来源：自绘

创新空间的代名词，城市发展和中关村发展形成紧密联系，中关村发展问题越来越多地受到城市区域、体制机制等综合因素的影响（菊鹏艳，2016）。

3. 中关村科技园区创新空间拓展的机理分析

1）中关村科技园区创新极核的生成

1980 年 10 月，被破格晋升研究员的中国科学院物理研究所青年物理学家陈春先，在两次造访美国硅谷后，决心模仿其发展模式，率先成立了北京等离子体学会先进技术发展服务部，拉开了科技人员面向自主创业的序幕。以至于后来人们把陈春先称为“中关村电子一条街”第一人。1985 年 3 月，《中共中央关于科学技术体制改革的决定》提出建设新兴产业开发区。1988 年 5 月，北京市新技术产业开发试验区成立。1993 年 3 月，在加快“产学研”一体化的背景下，北京大学作出了一个轰动全国的决策——将长约 600 米的北大南墙推倒，建设 2.5 万平方米的科技广场（类似于当年麻省理工学院门前的肯德尔广场)。1992 年 9 月,北京大学创建北大科学园(后改名为北大科技园)。1993 年 7 月,清华大学科技园成立,与北大科技园一起成为我国第一批大学科技园。两个大学科技园紧邻三大科学重镇——北京大学、清华大学和中国科学院,是全国最大、世界少有的智力密集区(见图 5-31)。

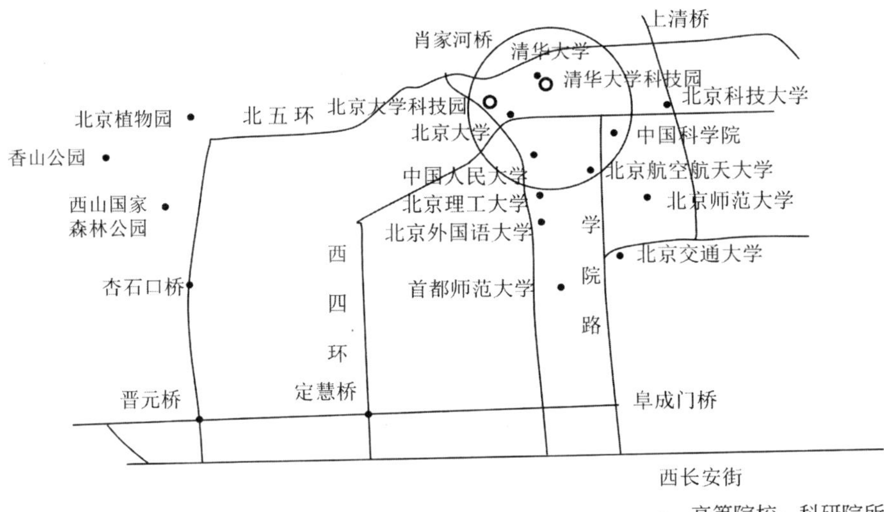

图 5-31　中关村科技园区的创新极核

资料来源:自绘

北大科技园、清华科技园充分利用两校和中国科学院的科技成果,发挥集群式创新的优势,形成"产学研"创新集群:包括企业孵化器群、技术研发机构群、高校科技产业群、教育培训机构群、中介服务机构群和配套服务机构群,最终成为创新、创业资源的富集区域,通过"聚集效应"让优秀的创新、创业人才云集于此,形成持续不断的创新创业能力、辐射发展能力和国际化竞争力。目前,北大科技园、清华科技园的入园企业超过 2 100 家,集聚研发人才超过 5 万人,管理资产超过 4 000 亿元,万人拥有企业主体数量和地均承载企业数量为全国最高。清华科技园不仅是中国第一家 A 类国家大学科技园,也是世界上单体最大的大学科技园[①]。两个大学科

① 清华科技园:空间有形,梦想无限[N]. 清华大学官网,2018-08-19.

技园在提高大学的科研能力、推动科技成果转化、促进产业升级、推动经济发展等方面起到了积极作用,逐步与中国科学院及北京大学、清华大学及相关高校成为中关村的创新极核。

基于“科技成果转化基地、创业企业孵化基地、创新人才培育基地”的目标,在中关村科技园管委会的相关政策引导下,北大科技园、清华科技园形成了“国际化战略、支撑平台战略和辐射发展战略”等三大战略,构建了从“技术引进转化→创业孵化催化→经验延伸辐射”的上、中、下游国际国内有机衔接的完整孵化和网络构架。中关村地区突出科技金融、专业化服务、科技企业总部等职能;引导海淀山后地区的研发部门集聚,孵化职能则向昌平平原地区扩散。最终依托中关村海淀园、海淀山后地区、昌平平原区,集合基础科研、总部管理、专业化服试孵化、成果转化等多种功能,形成北京科技创新职能核心区。

2) 中关村科技园区创新极核的北向拓展

1999 年 10 月 16 日,在时任北京大学党委副书记任彦申、北京大学副校长陈章良的倡导下,北大生物城在海淀区开工建设(见图 5-32)。基地规划占地约 34 公顷,目标是世界一流水平的研发中心和生物研究技术成果产业化基地,成为世界最大的生物医药产品的代加工基地之一,把北京大学丰富的智力资源转化为强大的生产力,促进北京大学生物科学的发展,增强北京大学生物科学及产业化的创新能力,提升、改善北京市的产业结构(陈亮,2004)。目前,北大生物城取得了一系列世界水平的突破性成果,世界上第一个生物经济研究中心也在这里诞生。

在信息化大潮席卷全球之时的 2000 年年底,北京市政府决定创建中关村软件园,2001 年 7 月 24 日在海淀区正式开工奠基,南靠北大生物城的中关村软件园规划面积 139 公顷,由研发区和商务区两个功能区组成(见图 5-32)。现已成为北京软件与信息服务核心区,北京市乃至全国展示中国科技产业发展的重要窗口。聚集有 350 家国内外知名软件企业,产业规模超过 2 000 亿元。目前正在规划建设二期 121 公顷区域,目标是从“产业集聚”到“创新集群”,成为在软件及信息服务领域形成拥有技术主导权和产业话语权的世界一流软件园(张越,2012)。

北京中关村永丰高新技术产业基地位于中关村科技园区发展的核心地区(见图 5-32),东临中国航天城、中关村生命科技园,南望中关村软件

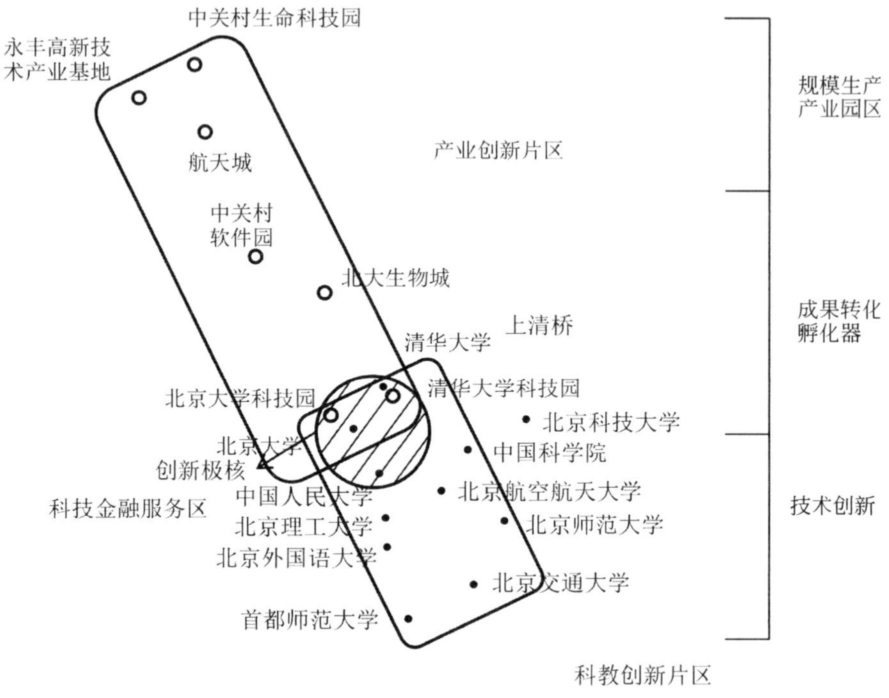

图 5-32　中关村垂直分工的轴向蔓延空间组织模式

资料来源：黄珂、苏月，2018

园、北大生物城，西临环保科技园、中医药科技园，北连农林科技园。2001年3月31日，中关村永丰产业基地奠基开工；2003年11月24日，永丰产业基地被国家科技部批准为北京市唯一的国家新材料技术成果转化及产业化基地。该基地规划总面积453公顷，是中关村发展区中面积最大的专业园区，根据规划分为四个工业科研区、一个公共中心服务区和一个生活居住区，其中工业科研用地207公顷、公建用地26公顷、居住用地39公顷、市政设施用地121公顷、集中绿地60公顷。

永丰基地将新材料（信息材料、新能源材料、高性能结构材料、超导材料、纳米材料、生物医用材料）和电子信息（网络设施、软件系统）等处于国内外高科技领先地位、附加值高、绿色环保的高科技产业作为重点，引进了国家纳米中心、清华大学镁合金实验室、清华工业研究院、北京有色金属研究总院、北京玻璃钢设施研究院等新材料类科研院所，以及中国光电集团、安泰科技股份公司等新材料企业。

中关村科技园区之所以向北拓展，主要是以下几方面的因素：一是向东、南、西三个方向是城市建成区，主要是高等院所及中国科学院的相关研究所，无论是城市空间还是知识、人才都是处于溢出状态，只有向北是城市建设的新空间，且有交通主干道与创新极核联系。因此，从创新极核逐渐向城市新空间地区生长和转移，既是创新极核溢出效应的体现，也是不同创新源扩张发展的需求。二是创新空间逐渐呈现多元化的态势，创新起源地的创新要素更加集聚和活跃，不同类型创新源、专门化制造空间趋于区域化布局。因此由创新极核为核向，沿着向北的轴线形成技术创新成果转化孵化器、规模生产产业园区的垂直分工。三是政府政策的引导，最主要体现在两个方面的政策：一方面是城市规划的引导，如2005年国务院批复的《北京市城市总体规划(2004—2020)》提出，积极引导高新技术研发与服务、旅游休闲、商业物流、教育等生态友好型的产业向北部地区集聚，建设创新孵化基地；另一方面是产业发展相关政策的引导，如2019年9月中关村科技园管委会颁布的《中关村国家自主创新示范区高精尖产业协同创新平台建设管理办法(试行)》(中科园发〔2019〕42号)，其中第六条是关于空间布局的，提出“根据中关村示范区分园产业定位、支持各分园围绕特色主导产业和重点培育产业，主动谋划建设创新平台，形成支撑分园特色产业发展的创新体系和功能载体，形成生产制造与研发设计相匹配的产业协同布局，为京津冀协同发展提供创新原动力”。

清华科技园的创始人梅萌教授曾指出，“没有孵化器的大学科技园缺少创新的灵魂”。

5.3.3　硅谷与中关村创新空间的空间拓展比较

硅谷和中关村科技园两个世界著名的城市新区创新空间为地区经济繁荣和高新技术产业的发展做出了巨大贡献，分析两个园区创新空间的空间拓展特点，对城市新区创新空间的构建和发展具有重要意义。

1. 共同点之一：校区、园区双主导，创新空间融合发展

斯坦福大学与硅谷可谓“母与子”的关系，而中关村科技园与北京大学、清华大学及中国科学院等高校、院所之间的关系也非同一般。与著名的高等院校及科研院所密切联系、协调发展，形成良好的“产学研”合作关系是硅谷、中关村可持续发展的重要原因。一方面，高等院校和科研院所的智力资源成为园区的新思想、新技术、新工艺出现的智力基础，成为产业结构升级的重要原因，也是园区高质量科技人才和创业人才的来源地；另一方面，园区也为这些新成立公司提供了充足的发展场所和空间，促进了大学的科研成果迅速转化为科研产品，促进了“产学研”一体化，同时对高校设立符合市场需求、社会发展的课程、专业也起到了作用——使高校能够培养适应社会、企业需要的人才。硅谷、中关村高科技产业园创新能力强的一个重要原因就是有源于这种大学、企业及科研机构所形成的创新空间。

从创新阶段来看，校区是孕育创新种子的温床，园区是培育创新小苗、创新技术扩散与生产的空间。因此，硅谷和中关村科技园区都是校区、园区双主导，创新空间融合发展的模式。当然，斯坦福大学无论是办学还是园区都比中关村高校及科技园悠久，在“产学研”结合创新机制方面，斯坦福大学树立了一个标杆。斯坦福大学通过运行、投资和学习（见图 5-33），为当地经济发展扮演着雇佣者、房地产发展者、孵化器、建设者/网络建立者、人力资源发展者和购买者等角色，引领世界高科技及产业的发展（易华，2007）。

2. 共同点之二：轴向扩散的创新空间组织

从创新空间的组织模式来看，硅谷和中关村科技园都呈现出以创新源为核心的“细胞分裂式”空间扩散模式，创新空间都是从创新极核逐渐向环境品质好的城市新空间拓展：一方面呈现出创新极核的集聚能力、创新能力增强；另一方面呈现出空间功能的拓展，即孵化、生产功能的去中心化的分散趋势，呈现出轴向延伸的特点。当然，由于两个科技园的发展历史、发展阶段不尽相同，因此轴向扩散的动力因素有所不同。硅谷发展已近 70 年，其轴向扩散的主要动因是创新创业的技术和商业模式的衍变、提升，在“硬件时代的老硅谷——前沿技术、数据和产品——社交游戏、内容公司——技术与商业、文化结合的互动社交硅谷”的不同技术创新源带动下的轴向、组团化的空间组织模式。中关村科技园区的发展历史相对于硅谷来讲较短，约 30 年时间，其轴向扩散的主要动因是垂直分工的轴向拓展空间组织模式。在以创新极核为中心的长约 15 公里范围内，从“技术创新—

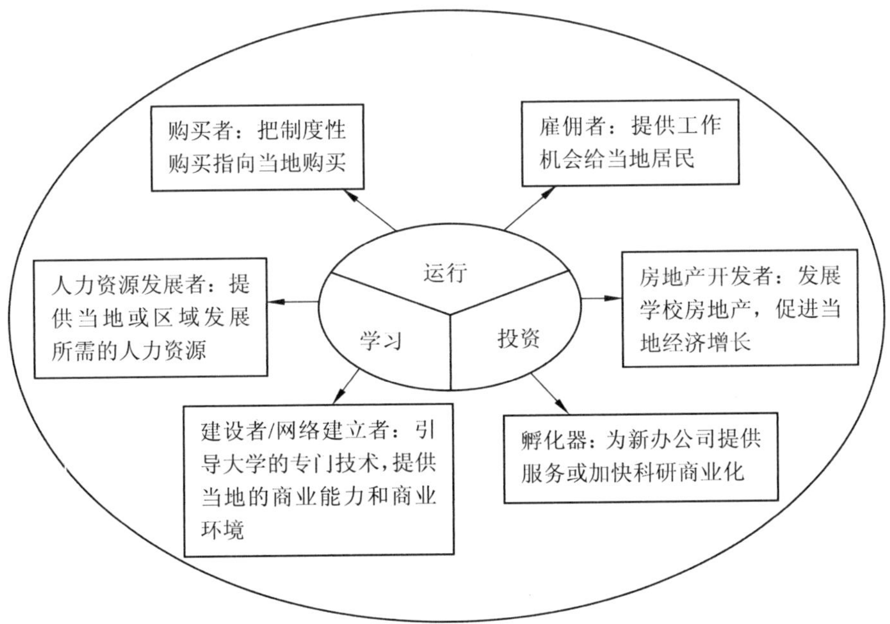

图 5-33　斯坦福大学建设“产学研”结合创新机制

资料来源：易华，2007

孵化器、成果转化—产业园区、规模生产”的结构来看，是产业链上下游的轴向、组团化的空间组织模式。由于高新技术及其产业具有高投入、高风险、高产出及生命周期较短的特征，中关村科技园区出现了存量更新的态势，腾笼换鸟的二次创业，使中关村科技园区同硅谷一样，开始了技术创新、产业创新，创新业态不断升级，呈现出类似于硅谷的不同创新源带动下的轴向、组团化空间组织模式的发展趋势。

3. 不共同点之一：面向科技创新的规划管控措施不同

区划法作为美国城市规划的主干法，1926 年美国最高法院就确立了其地位与作用：保护公众的健康、安全和福利。美国是高度分权制的国家，联邦政府不具有规划职能，州政府拥有立法职能，并授予地方政府城市规划职能。地方政府编制区划法，并执行相应的城市规划职能(见图 5-34)。硅谷涉及旧金山湾的 4 个郡，每个郡包含若干个城市服务区，其划分主要依据城市行政边界，但不重合。城市服务区(集中建设区)以外的地区适用郡区划条例，城市服务区内适用各市地方区划条例。因此，硅谷虽为连绵的城市建设区域，其土地利用及规划管理却分属于多个不同的行政主体，执行不同郡及城市的区划条例。如斯坦福大学，其总面积约33.1平方公里，约16平方公里的土地在圣克拉拉郡的管辖范围内，是斯坦福大学的主体部分，其他部分则分别在圣马刁郡、门罗帕克、帕罗奥图、伍德赛德及波托拉的管辖范围内。

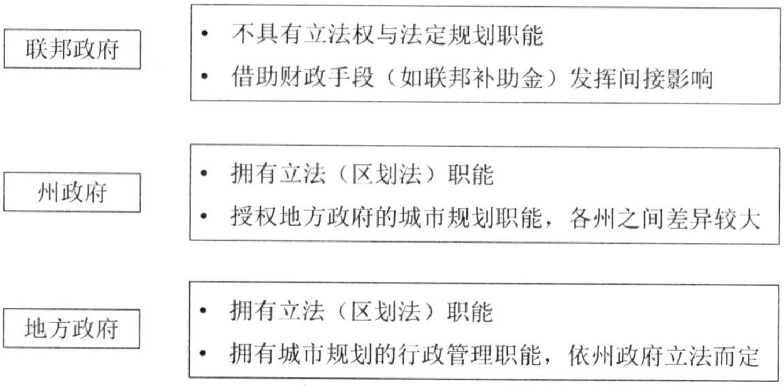

联邦政府	• 不具有立法权与法定规划职能 • 借助财政手段（如联邦补助金）发挥间接影响
州政府	• 拥有立法（区划法）职能 • 授权地方政府的城市规划职能，各州之间差异较大
地方政府	• 拥有立法（区划法）职能 • 拥有城市规划的行政管理职能，依州政府立法而定

图5-34 美国规划的行政体系

资料来源：陈鑫、沈高洁、杜凤姣，2015

在我国的城市规划管理体系中，北京市、上海市等直辖市及南京市、深圳市等副省级城市的总体规划都须报中央政府批准，获得批准后才能实施。昌平区、顺义区等北京市属的区，同美国的地方政府一样，拥有规划编制职能，但其总体规划、控制性详细规划等法定性规划须报北京市政府批准，获得批准后才能付诸实施。

4. 不同点之二：与创新相关的土地用途与许可不同

硅谷各地方政府对与创新相关的土地用途进行分类，其规划管控的基本思路是将各类用途通过不同程度的许可后布局在各土地利用分区内，通常采用以下几种许可模式：一是明确规定不需要经过规划自由裁量；二是需要经过一定的评审程序或获得相应许可证；三是明确规定不给予许可。结合上述土地利用分区可知，硅谷区划在一些特定的土地利用分区中给予了相对较大的用地兼容性，如研究园区(RP)等，从而加强地区产业与服务协作，激发创新活力。

另外，硅谷地区采用基于形态的功能区划体系，放宽了功能的准入机制，从而为功能复合、研发空间以及新功能的诞生预留了很大弹性，同时提高了土地利用分区的用地兼容性，为科技创新产业提供了全方位便利。

在中关村科技园区内特别是在北京大学、清华大学、中国科学院等构成的创新极核区域，内部许多居住社区已成为大量小微公司的摇篮，社区以及高等院校、科研院所、国有企业等“大院”为创业初期的人群提供了相对低成本和便捷的办公、居住场所，形成了校区边上有园区、园区边上有社区，社区内又有许多小微办公的特征，具有校区、园区、社区互动融合的发展特征（见图 5-35）。

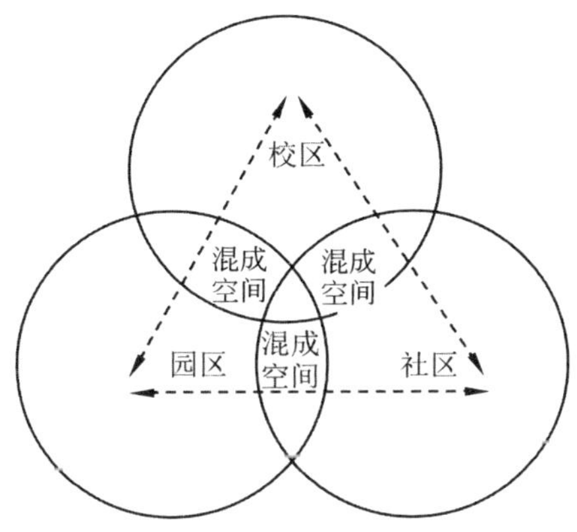

图 5-35　校区、园区、社区间的“混成空间”

资料来源：自绘

虽然从空间布局的模式来看，硅谷和中关村科技园均呈现出了土地用途兼容的特征。但硅谷是通过制度设计对与创新相关的土地用途予以分类，兼容或许可；而中关村科技园出现的校区、园区、社会之间的“混成空间”是出于发展的需求自然产生的，并非出自制度设计。硅谷的发展历程虽与变化的世界格局、产业革命带来的机遇、社会文化氛围密不可分，更与顶尖大学、人才和企业有着千丝万缕的联系，但在“产学城”紧密结合的空间布局下，实施面向科技创新的规划管控措施，值得我们借鉴和思考。

参考文献

[1]　顾新. 区域创新系统的内涵与特征[J]. 同济大学学报(社会科学版)，2001(6)：32-37.

[2] 柳卸林. 区域创新体系成立的条件和建设的关键因素[J]. 中国科技论坛,2003(1): 18-22.

[3] 邹再进. 欠发达地区区域创新论[M]. 北京: 经济科学出版社,2006.

[4] 李健. 创新时代的新经济空间——从全球创新地理到地方创新城区[M]. 上海: 上海社会科学院出版社,2016.

[5] 尹稚,等. 科技创新功能空间规划规律研究[M]. 北京: 清华大学出版社,2018.

[6] 方创琳. 中国创新型城市发展报告[M]. 北京: 科学出版社,2013.

[7] 章建豪,方晟岚,毕书卉. "双创"背景下创新空间及人群需求实证研究——基于杭州与深圳的双城对话[A]//持续发展,理性规划——2017 中国城市规划年会论文集(02 城市更新)[C],2017.

[8] 徐爱萍,高爽. 高层次创新型科技人才的内涵特征及成长规律[J]. 价值工程,2012(19): 262-263.

[9] 赵红州. 科学能力学引论[M]. 北京:科学出版社,1984.

[10] 苏平. 国家行为的需求层次分析[J]. 武汉大学学报(哲学社会科学版),2009(2): 250-254.

[11] Alderfer, C. P. Existence, Relatedness and Growth [M]. NewYork: Free Press,1972.

[12] 张风华,张体勤,姜道奎. 高层次创新人才的内涵与特征及需求分析[J]. 技术与创新管理,2012(1): 12-14.

[13] 陈家祥. 创新型高新区规划研究[M]. 南京: 东南大学出版社,2012.

[14] 钱维. 创新型城市发展道路——美国典型城市转型经验和启示[J]. 改革与开放,2011(4): 16-19.

[15] Saxenian A. Silicon Valleys Immigrant Entrepreneurs [M]. UC San Diego: Center for Comparative Immigrantion Studies,2000.

[16] 苏宁. 美国大都市区创新空间的发展趋势与启示[J]. 城市发展研究,2016(12): 50-55.

[17] 曾鹏. 当代城市创新空间理论与发展模式研究[D]. 天津大学,2007.

[18] 陈鑫,沈高洁,杜凤娇. 基于科技创新视角的美国硅谷地区空间布局与规划管控研究[J]. 上海城市规划,2015(2): 21-27.

[19] Shearmur R. Space, place and innovation: a distance-based approach[J]. The Canadian Geographer,2010,54(1): 46-47.

[20] 郑国栋,宋伟,张恺等. 探究美国波士顿城市创新精神的源头[Z]. 同济规划 TJUPDI,2016-10-28.

[21] 王凤玉，张晓光. 继承与发展：麻省理工学院苏珊校长的治校理念和策略[J]. 黑龙江高教研究，2014(11)：38-42.

[22] 郑德高，袁海琴. 校区、园区、社区：三区融合的城市创新空间研究[J]. 国际城市规划，2017(4)：67-75.

[23] 马微. "环同济"经济圈三步跳[J]. 科技中国，2009(5)：39-40.

[24] 陈强，李伯文，刘笑. 知识密集型服务业创新生态系统结构解析、问题诊断及其优化——以"环同济"为例[J]. 科技管理研究，2017(1)：99-104.

[25] 邵学清. 环同济知识经济圈的经验与启示[J]. 中国科技成果，2009(6)：4-7.

[26] Owen Smith J, Riccabini, Pammolli F. A Comparison of US and European University—Industry Relations in the Life Sciences[J]. Management Science, 2002, 48(1): 24-43.

[27] Brookings Institution. The Rise of Innovation Districts: A New Geography of Innovation in America[Z]. June, 2014.

[28] Harrison B. Industrial District: Old Wine in New Bottles[J]. Regional Studies, 1992(4): 469-483.

[29] 周珂慧，姜劲松，甄峰. 基于"创新圈层网络"的产业布局规划——以苏州太湖科技产业园为例[J]. 规划师，2012(9)：29-33，39.

[30] 陈军，石晓冬，王亮，等. 北京城市创新空间回顾与展望[J]. 北京规划建设，2017(2)：74-79.

[31] 菊鹏艳. 引领区域创新发展之路的中关村[J]. 北京规划建设，2008(5)：76-79.

[32] 李翔. 有生命的产业园区——从中关村一区十六园看产业园区规划与实施[J]. 北京规划建设，2014(1)：6-8.

[33] 菊鹏艳. 中关村国家自主创新示范区规划建设发展实践[J]. 上海城市规划，2016(6)：22-28.

[34] 陈亮. 北大生物城以企业带动行业[J]. 中国卫生产业，2004(8)：78-80.

[35] 张越. 中关村软件园：世界一流专业园梦想[J]. 中关村，2012(5)：30-31.

[36] 苏衡彦. 构建公共创新平台，推进产业集群发展[J]. 特区实践与理论，2006，(5)：42-44.

[37] (美)迈克尔·波特著，李明轩，邱如美译. 国家竞争优势[M]. 北京：华夏出版社，2002.

[38] 杜向风. 创新型城市的空间结构优化研究[D]. 苏州科技学院硕士学位论文，2013.

[39] 陈艳莹，原毅军，袁鹏. 中国高端服务业的内涵、特征与界定[J]. 大连理工大学

学报(社会科学版),2011,32(3):20-26.

[40] 谢泗薪.高端服务业发展的战略模式与机理——基于“热点”园区、产业链和新知识经济三大视角[J].中国流通经济,2011(9):55-60.

[41] 王缉慈等.超越集群:中国产业集群的理论探讨[M].北京:科学出版社,2010:46-55.

[42] 肖雁飞.创意产业区发展的经济空间动力机制和创新模式研究[D].华东师范大学,2007.

[43] 厉无畏,王振.创新型城市建设与管理[M].上海:上海科学技术出版社,2007.

[44] 宁钟.创新集群:现代产业发展的新模式——创新集群的内涵、要素及形成条件[R].上海科技发展研究中心,2009-06-26.

[45] 于魁礼,钟书华.创新集群的本质含义及其与产业集群的区分[J].科技进步与对策,2010(10):43-47.

[46] 黄珂、苏月.创新空间与生态灌区的融合重构——以郫都区系列规划为例[Z].规划中国,2018-03-23.

[47] 易华.基于“3T”理论的上海创意城市发展研究[D].同济大学博士学位论文,2007.

第 6 章

南京江北新区创新空间规划研究

根据城市新区创新空间布局的一般性规律，南京江北新区充分发挥资源优势，探索出规律指导下的新区创新空间布局三大原则：①因地制宜。遵循创新空间区位布局规律，探寻新区范围内相对满足创新活动、创新人群空间需求，具有发展潜力的创新功能区域，合理布局新区创新空间。②集成高效。满足各类创新主体在各载体内布局与集聚的需求，整合新区零散创新空间，遵循创新空间载体分布类型规律，融合创新空间与空间创新，实现创新空间的高效集聚。③四区联动。遵循创新空间拓展规律，大学校区、科技园区、公共社区与休闲景区在空间上融合联动，实现高效创新网络的空间构建。

6.1 城市新区空间的创新适宜性评价

遵循因地制宜的布局原则，对南京江北新区内进行创新空间适宜性评价，并综合评价结果与现状分布、相关规划等遴选创新空间重要发展节点，判断创新空间拓展趋势。

6.1.1 城市新区空间的创新适宜性评价

1. 新区空间的创新适宜性评价指标体系构建

创新空间的选址主要考虑创新核心要素、创新环境质量两个重要因素。一方面，高新技术创新活动具有高投入、高风险、周期长等特征，创新主体为能够便捷地获取科研与技术动态的最新信息或为技术合作体系的高效搭建，其空间选址一般趋向于同创新资源、创新平台临近，具体表现为临近高校与研究院所等智力密集区、临近产业密集区等。同时，由于中心城区以及城市内若干政策等级较高的区域相较于其他地区的一般创新资源配置较为完善、创新平台等级较高，因此创新主体也会偏向于在此类地区选址布局。另一方面，人才作为主导或参与创新活动的主要人群，一般具有高学历、高收入等特征，其空间需求具有一定的特殊性，即更加追求良好的创新创业环境，配置完善的基础设施与公共服务设施、良好的自然环境等均是其在选择就业与生活地时重点考虑的因素。

我们把创新核心要素和创新环境质量定为目标层，选取创新资源临近性、创新平台临近性、自然环境质量、交通设施环境、服务设施环境质量等五个指标为一级指标；根据每个一级指标的内涵进行二级指标的选取；依据知识型和产业型创新空间的不同特征与需求，对各指标权重进行赋值，以此确定南京江北新区空间的创新适宜性评价指标体系（见表 6-1）。

表 6-1　城市新区空间的创新适宜性评价指标体系

目标层	一级指标	权重/%		二级指标		权重/%	
		知识型	产业型			知识型	产业型
创新核心要素	创新资源临近性	45	25	1-1	与高校的距离		
				1-2	与中心城区距离	5	5
	创新平台临近性	25	45	2-1	所在区域等级（核心区/直管区/共建区）	10	10
				2-2	与重要产业园区距离	15	35
创新环境质量	自然环境质量	6	6	3-1	到大型山体的距离	2	2
				3-2	到主要河流湖泊的距离	2	2
				3-3	到主要公园的距离	2	2
	交通设施环境	12	12	4-1	与机场、高铁站、港口距离	3	3
				4-2	与轨道交通站点距离	6	6
				4-3	主要道路路网密度	3	3
	服务设施环境	12	12	5-1	金融设施分布	4	4
				5-2	配套住宅分布	2	2
				5-3	中小学分布	2	2
				5-4	大型医院分布	2	2
				5-5	大型文化设施分布	2	2

资料来源：自绘

2. 新区空间的创新适宜性评价过程

首先，运用 Arcgis 软件分别对各二级指标因子进行评价，主要通过对相应空间要素、基础设施与服务设施点等建立“多环缓冲区”的方式对空间进行分级，进而将其转化为栅格数据(见图 6-1)。其次，按照上述评价指标体系所确定的权重，对各分因子的栅格评价图进行“加权叠加分析”以得到最终评价结果。

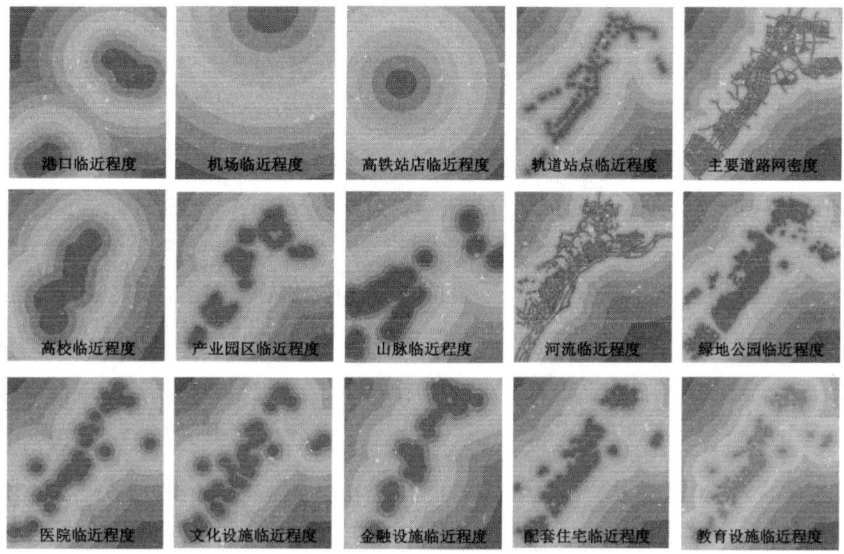

图 6-1　新区空间的创新适宜性评价过程

资料来源：自绘

6.1.2　城市新区空间的创新适宜性评价结果分析

分别得出产业型创新空间与知识型创新空间的适宜性评价结果(见图 6-2b和图 6-3b)。在此评价结果的基础上，遵循因地制宜与集成高效的布局原则，综合现状创新空间分布、空间适宜性评价结果以及相关规划的布局导向，对产业型与知识型两类创新空间的发展趋势分别进行判断。

1. 产业型创新空间适宜性评价结果与重要发展节点遴选

产业型创新空间现状分布现状呈现“大平台＋小园区”的特征。空间适宜性评价结果则显示产业型创新空间发展潜力最优处集中分布于各大园区平台，呈现多组团集聚的趋势特征；而《南京江北新区科技创新规划

(2016—2020)》则确定依托新区各重点园区平台打造 1 个科技创新集聚核、5 个技术创新片区。基于现状布局特征与空间适宜性评价结果，综合相关规划（见图 6-2），并遵循因地制宜、集成高效的布局原则，遴选出产业

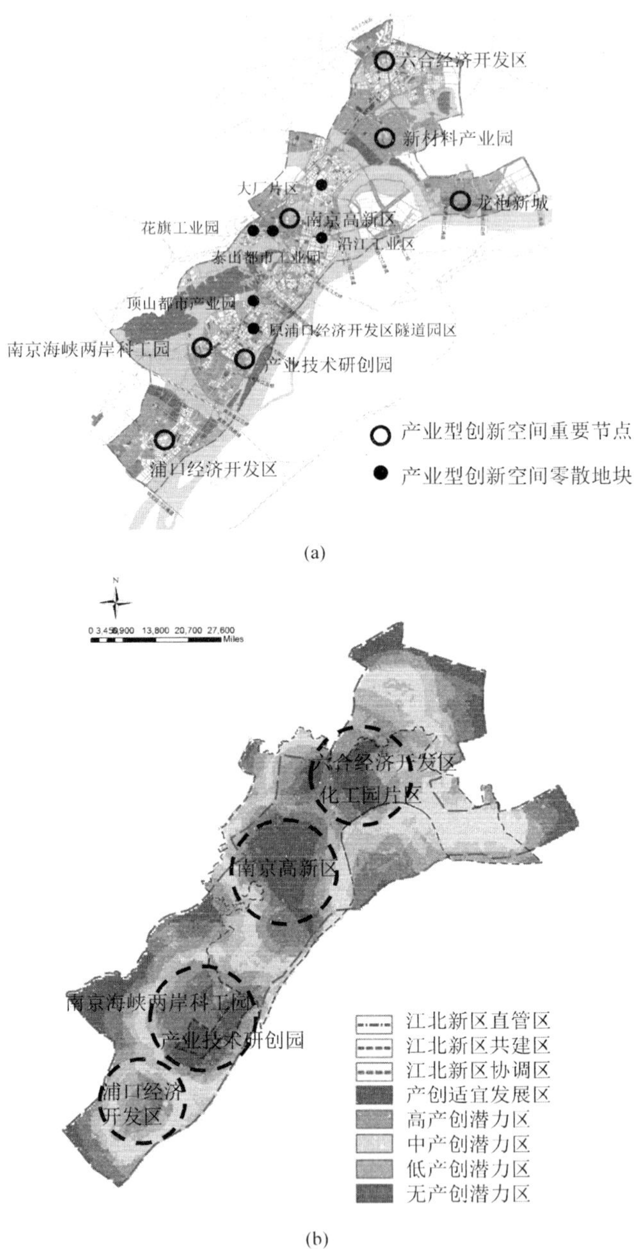

图 6-2　产业型创新空间的重要发展节点遴选过程

资料来源：自绘

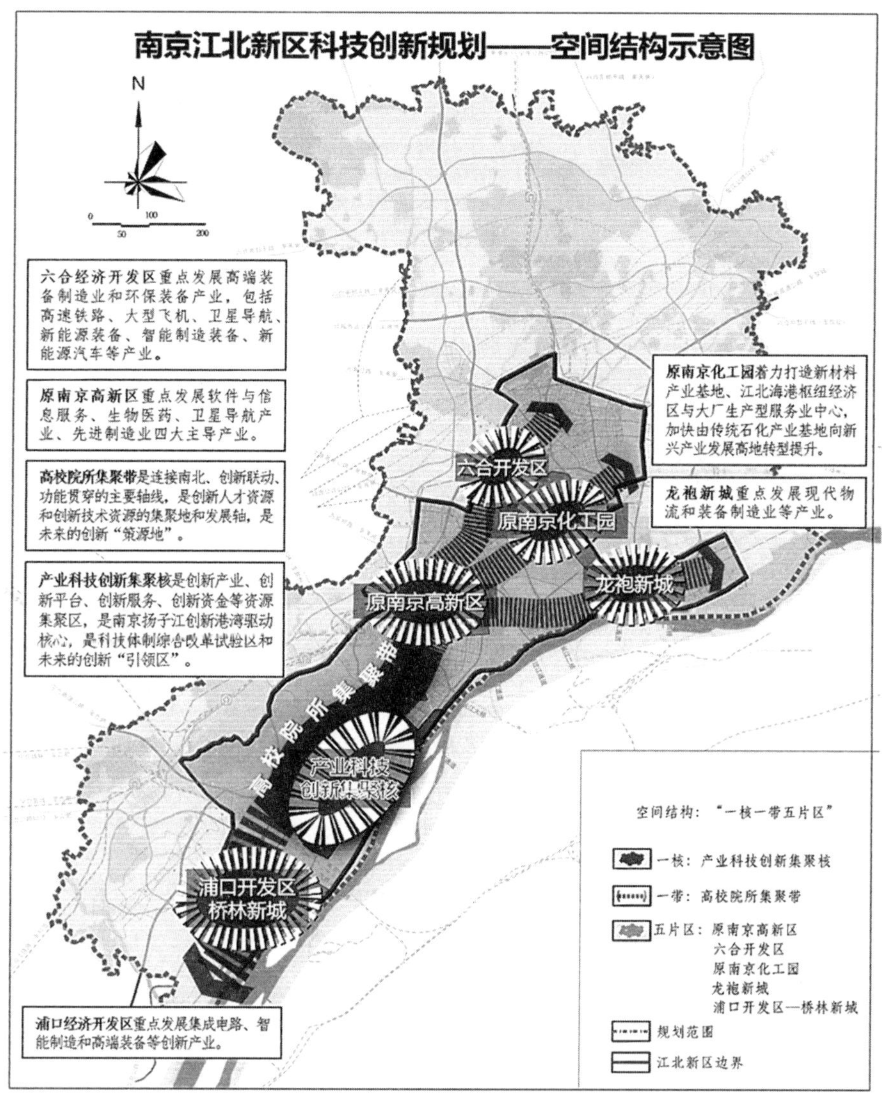

(c)

图6 2 （续）

型创新空间重要发展节点为：原南京高新区（南京软件园、生物医药谷、智能制造产业园）、产业技术研创园、南京海峡两岸科工园、浦口经济开发区、六合经济开发区、新材料产业园、龙袍新城等。

2. 知识型创新空间适宜性评价结果与空间拓展趋势判断

从图 6-1～图 6-3 可知，由于新区的行政区域呈现带状，因此在其发展过程中，资源的布局呈现出明显的带状布局，新区知识型创新空间目前也呈现沿带状布局的特征。在空间适宜性评价结果中，知识型创新空间发展潜力最优处集中分布于直管区内，呈带型分布的特征。而《南京江北新区科技创新规划（2016—2020）》则明确要依托新区各高校院所、研究机构等打造一条高校院所集聚带。综合知识型创新空间现状分布特征、区位适宜性评价结果与相关规划可知（见图 6-3），江北新区知识型创新空间呈现带状分布与延伸的特征与趋势。

(a)

图 6-3　知识型创新空间的重要发展节点遴选过程

资料来源：自绘

N
0 3,450 6,900 13,800 20,700 27,600
Miles
南京信息工程大学
南京大学金陵学院
东南大学成贤学院
南京农业大学
南京工业大学
产业技术研创园
江北新区直管区
江北新区共建区
江北新区协调区
产创适宜发展区
高产创潜力区
中产创潜力区
低产创潜力区
无产创潜力区

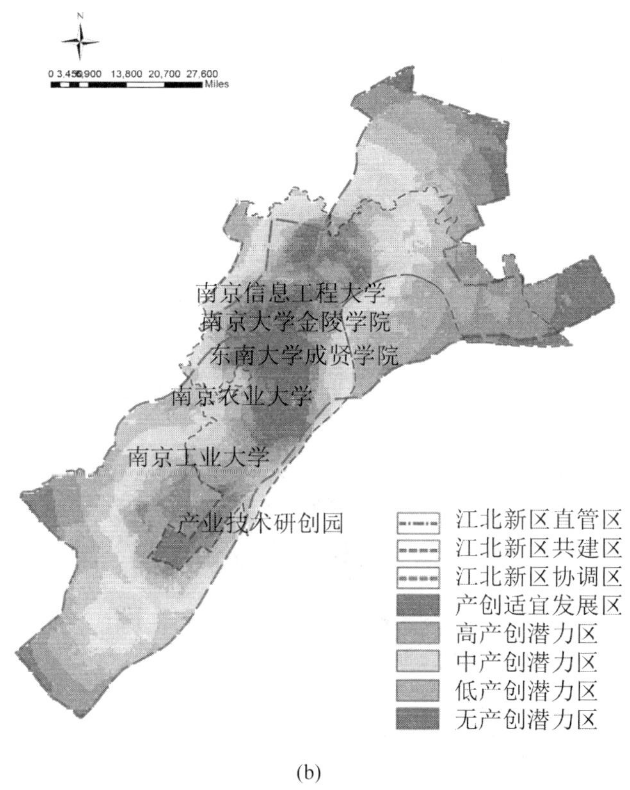

(b)

图 6-3 （续）

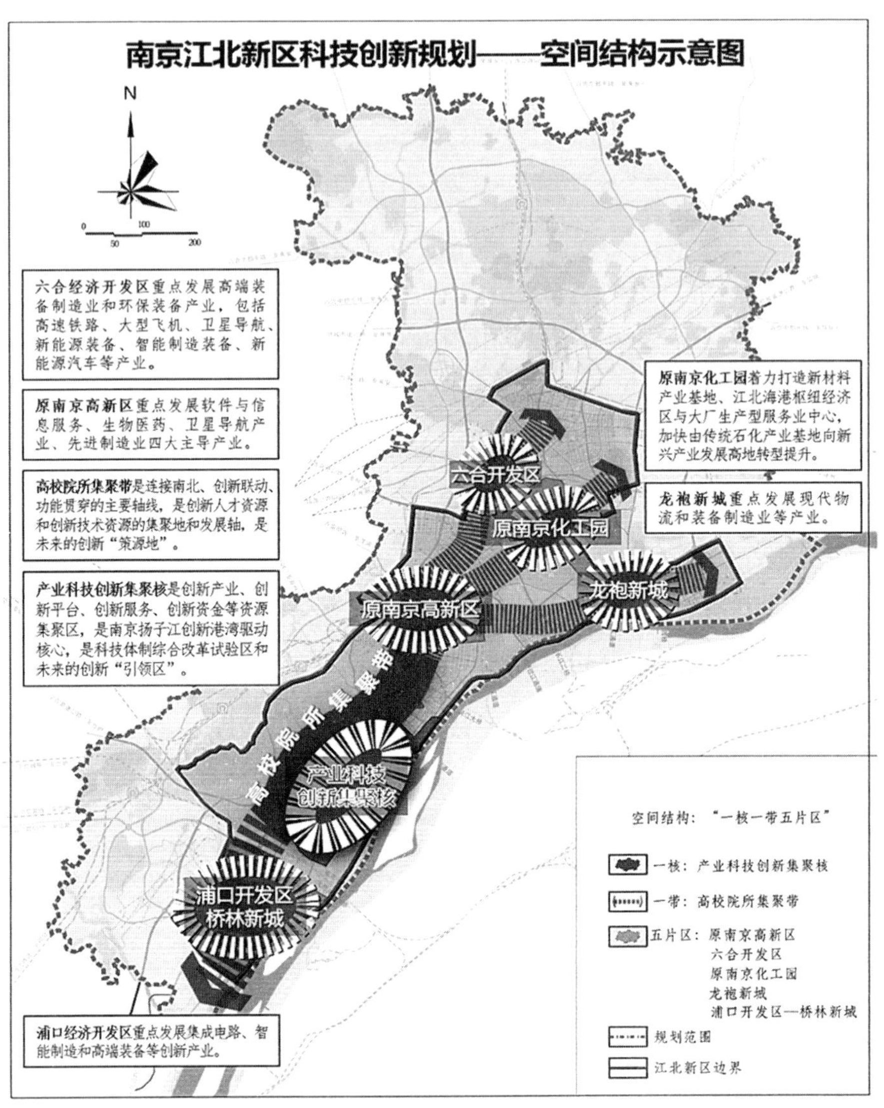
南京江北新区科技创新规划——空间结构示意图
N
0
100
50
200
六合经济开发区重点发展高端装备制造业和环保装备产业，包括高速铁路、大型飞机、卫星导航、新能源装备、智能制造装备、新能源汽车等产业。
原南京高新区重点发展软件与信息服务、生物医药、卫星导航产业、先进制造业四大主导产业。
高校院所集聚带是连接南北、创新联动、功能贯穿的主要轴线，是创新人才资源和创新技术资源的集聚地和发展轴，是未来的创新“策源地”。
产业科技创新集聚核是创新产业、创新平台、创新服务、创新资金等资源集聚区，是南京扬子江创新港湾驱动核心，是科技体制综合改革试验区和未来的创新“引领区”。
浦口经济开发区重点发展集成电路、智能制造和高端装备等创新产业。
原南京化工园着力打造新材料产业基地、江北海港枢纽经济区与大厂生产型服务业中心，加快由传统石化产业基地向新兴产业发展高地转型提升。
龙袍新城重点发展现代物流和装备制造业等产业。
六合开发区
原南京化工园
龙袍新城
原南京高新区
高校院所集聚带
产业科技
创新集聚核
浦口开发区
桥林新城
空间结构：“一核一带五片区”
一核：产业科技创新集聚核
一带：高校院所集聚带
五片区：原南京高新区
六合开发区
原南京化工园
龙袍新城
浦口开发区—桥林新城
规划范围
江北新区边界

(c)

图 6-3 （续）

6.2　创新空间结构规划

在创新空间布局适宜性评价结果的基础上，确定南京江北新区创新空间结构，明确新区创新空间布局重点，引导新区在招商引资、规划建设中分类分期发展，构建良好的新区创新生态系统。

6.2.1　空间结构规划

规划形成了“创新主体一带六片区，创新服务一心两镇多节点”的空间结构（见图 6-4）。

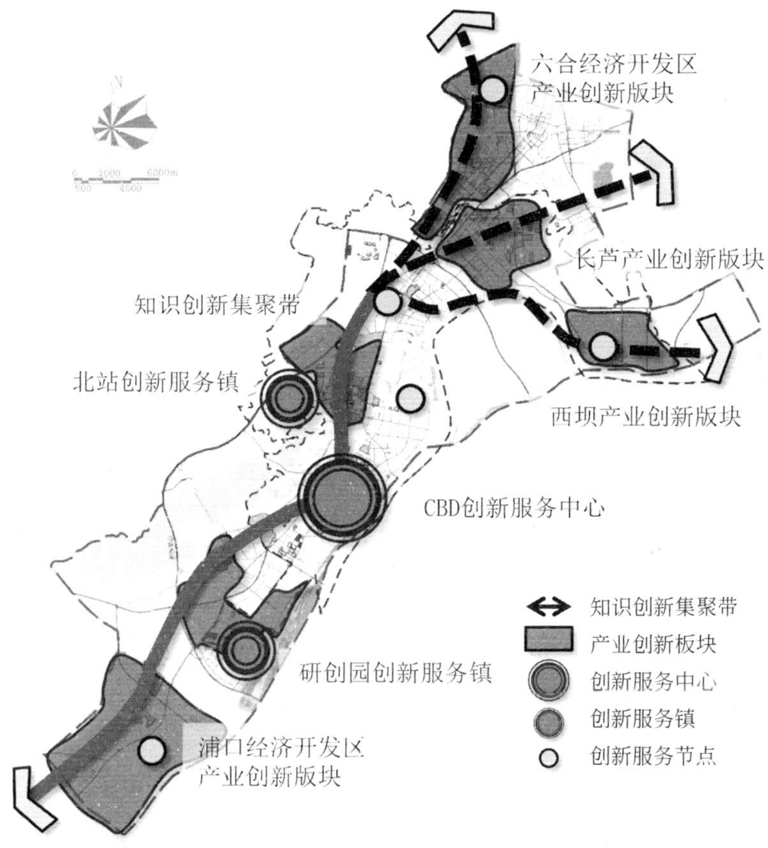

图 6-4　江北新区的创新空间结构

资料来源：自绘

1. 创新主体："一带六片区"

(1)"一带"即 1 条知识创新集聚带，以沿山大道为骨干，串联各类高等院校、研发机构等知识型创新主体，并将知识技术创新应用延伸至各生产板块。

(2)"六片区"即 6 个产业创新核心片区，各片区紧紧围绕新区"4＋2"与"两城一中心"主导产业，集聚高新技术企业、科技企业孵化机构、研究院所等创新主体要素，培育提升各版块产业创新能力。它具体包括：一是研创园产业创新片区：聚焦集成电路设计、基因大数据等产业技术创新；二是高新区产业创新片区：聚焦生物医药、集成电路设计、半导体制造、北斗卫星等产业技术创新；三是六合经济开发区产业创新片区：聚焦高端装备制造、环保装备产业技术创新；四是长芦产业创新片区：聚焦精细化工、新材料等产业技术创新；五是西坝产业创新片区：聚焦高端装备制造等产业技术创新；六是浦口经济开发区产业创新片区：聚焦集成电路晶圆制造及封测、新能源汽车等产业技术创新。

2. 创新服务："一心两镇多节点"

创新服务体系是新区创新生态系统的重要组成部分。规划依托新区"新金融中心"的规划与建设契机，打造"一心两镇多节点"的创新服务空间体系。

(1)"一心"即 1 个 CBD 创新服务中心，规划依托核心区，借力"CBD 资产管理与证券化中心"建设，配置资产管理中心、证券中心等设施，为创新型企业提供专业化金融服务。同时，建设高品质图书馆、美术馆、国际社区等公共服务设施，创建良好的创新创业环境。

(2)"两镇"即 2 个创新服务镇，分别是南京北站创新服务镇与研创园创新服务镇。将南京北站创新服务镇规划打造成创新金融科技集聚区，重点集聚传统金融科技研发机构、金融科技公司，并借力南京北站布局科技型小微企业孵化器。将研创园创新服务镇规划打造成投资基金集聚区，为创新创业企业构建高品质的一站式、全链条创新金融服务体系，同时布局科技企业孵化机构。

(3)"多节点"即多个创新服务社区节点。在桥林新城、大厂街道、盘城街道、西坝港区、六合经济开发区、马鞍机场等处设立创新服务社区节点，配置科技金融服务网点，同时利用部分低效用地、闲置建筑等建设文化娱乐等公共服务设施。

6.2.2　实施路径分析

产业型创新空间以园区平台为单元集聚，并于空间上形成轴向垂直分工的产业创新链条（见图 6-5）。其具体路径包括：

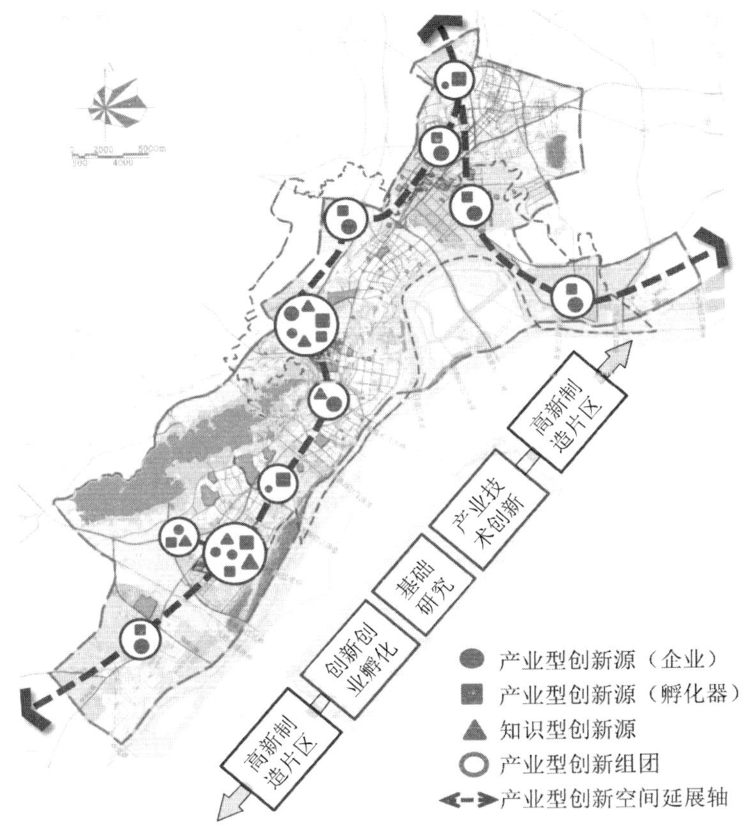

图 6-5　产业型创新空间的结构实施路径

资料来源：自绘

（1）聚点组团。遵循因地制宜与集约高效的布局原则，高新技术企业、科技研发机构、孵化器等各类产业创新源向新区内重要园区平台集聚，形成若干创新组团。

（2）轴向延展。根据创新空间轴向延展规律，各创新组团沿新区轴线方向形成垂直分工的功能体系，引导其在江北新区共建区带形空间范围内形成较为完整的创新链。中部片区依托产业技术研创园、软件园、生物医药谷等创新载体，发力于基础研究、创新创业孵化、产业技术创新等创新链中上游；南北两端片区则依托浦口经济开发区、六合经济开发区、新材料产业园、龙袍新城等制造类平台，聚焦于创新链下游的高新制造环节。

知识型创新空间则在沿带状分布延伸的基础上，进一步以重点高校为核心圈层式拓展，联动园区、社区、景区，构建“四区联动”的创新空间格局（见图 6-6）。其具体路径包括：

图 6-6　知识型创新空间的结构实施路径

资料来源：自绘

（1）带状集聚。壮大知识创新带高校集聚规模，引导现有高校及引进高校院所、机构等在带形空间内拓展与集聚。

（2）圈层拓展。遵循高校创新空间圈层式拓展规律，围绕重点高校的优势专业，以校区自身为核心圈，向外以约 3 公里为半径，拓展至相关产业园区、社区、景区为其创新拓展圈，形成校区与园区企业、社区内部孵化机构、景区服务设施等联动的空间格局(见表 6-2)。

表 6-2　新区重点高校创新圈层规划信息

高校名称	联动园区	联动社区	创新领域
南京工业大学	南京工业大学科技园	研创园创新服务镇及周边社区	新材料及应用
南京信息工程大学	南京软件园(中国气象谷)	盘城创新服务节点及周边社区	气象学及应用
东南大学	东南大学国家大学科技园	北站创新服务镇及周边社区	生命健康
南京农业大学	南京农业大学科学园种子站	研创园创新服务站及周边社区	遗传工程 生命健康

资料来源：自绘

6.3　创新空间布局规划

创新空间布局规划引导主要是指以下三个方面：一是对创新空间规模进行测算；二是在此基础上对新区创新空间进行布局，即对产业型与知识型创新主体空间进行分类布局引导；三是在“创新领域与地域双拓展”的总体战略指引上，对新区全域创新生态空间进行引导。

6.3.1　创新空间用地规模预测

对新区整体层面创新功能密集区总规模、分类型创新功能密集区规模以及各类园区创新空间容积率分别进行预测。

1. 新区整体层面创新功能密集区总规模预测

江北新区直管区内现状创新空间占地约 16.3 平方公里，共建区内创新空间占地约 22.4 平方公里。经过计算，1980—2018 年，创新空间面积平均增长率为 10.9%，按此速率计算，新区直管区 2025 年创新空间面积将达 34.6 平方公里，2035 年将达 97 平方公里；共建区内 2025 年创新空间面积将达 46.1 平方公里，2035 年将达 129.4 平方公里。

以上海浦东新区为标杆，根据《上海市城市总体规划(2017—2035)》相关内容测算，规划远期(至 2035 年)浦东新区科技创新功能集聚区占地面积约 157.4 平方公里，占主城区(新城开发边界范围内)总面积的 26.9%。江北新区直管区 2035 年创新空间面积将达 67.3 平方公里。

经粗略统计，直管区与共建区内园区与校区平台空间容量规模分别为92.2平方公里与124.1平方公里。综合考虑年增长率递推法与标杆法两种方法对新区创新功能密集区总规模的预测结果，规划近期空间规模按10.9%的速率继续增长，远期以浦东新区为标杆，创新空间面积占新区直管区总面积的比例达26.9%，并相应计算出共建区内对应创新空间规模。其具体预测结果如下（见表6-3）。

表6-3 新区创新功能密集区规模预测

规模预测	共建区规模		直管区规模	
	近期（2025年）	远期（2035年）	近期（2025年）	远期（2035年）
创新功能密集区规模/平方公里	46.1	92.5	34.6	67.3

资料来源：自绘

2. 分类型创新功能密集区规模预测

2018年，新区产业型与知识型创新空间规模的比值为1.5，2005—2018年，该比值增长的平均速率为4.7%（见图6-7），如按此速率增长，至2025年该比值将接近2。

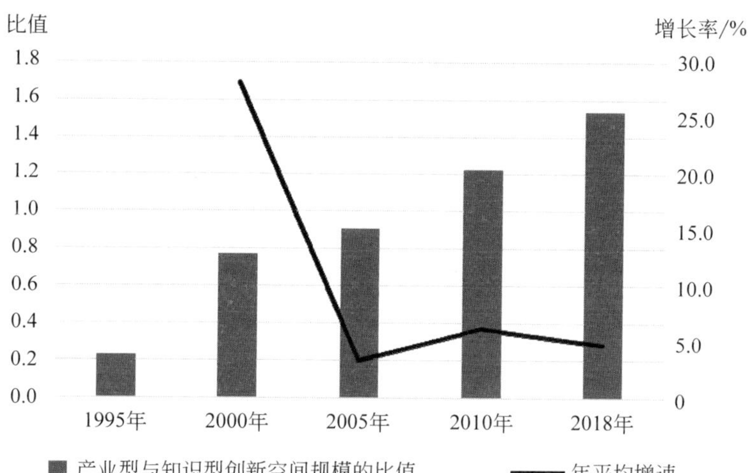

图6-7 江北新区产业型与知识型创新空间规模比值的逐年变化情况

资料来源：自绘

根据《上海市城市总体规划（2017—2035）》对浦东新区战略指引规划图的测算，规划近远期浦东新区产业型创新空间面积与知识型创新空间面积的比值均约为 2∶1。

综合考虑年增长率递推法与标杆法两种方法对江北新区各类型创新功能密集区总规模比值的预测结果，并考虑江北新区产业型与知识型创新空间规模的比值为 2，进而对江北新区各类型创新空间规模进行预测，结果如下（见表 6-4）。

表 6-4　江北新区各类型创新功能密集区占地面积的预测结果

预测指标	共建区				直管区			
	近期（2025 年）		远期（2035 年）		近期（2025 年）		远期（2035 年）	
	产业型	知识型	产业型	知识型	产业型	知识型	产业型	知识型
各类创新功能密集区规模/平方公里	30.7	15.4	61.7	30.1	23.1	11.5	44.9	22.4

资料来源：自绘

3. 制造类与研发类园区创新空间容积率预测

根据创新链上下游环节，分别对制造类与研发类园区创新空间密集区平均容积率进行测算（见图 6-8）。制造类园区（如新材料产业园、智能制造

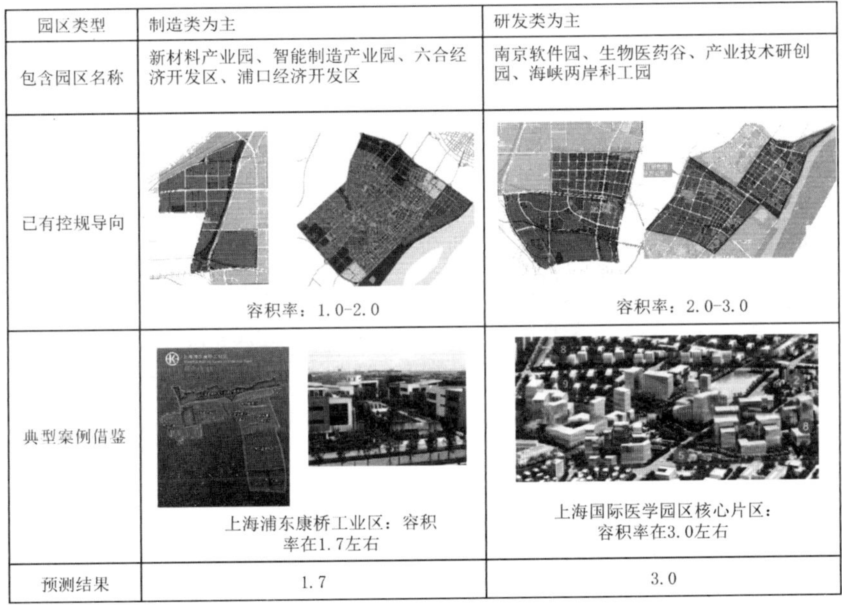

园区类型	制造类为主	研发类为主
包含园区名称	新材料产业园、智能制造产业园、六合经济开发区、浦口经济开发区	南京软件园、生物医药谷、产业技术研创园、海峡两岸科工园
已有控规导向	容积率：1.0-2.0	容积率：2.0-3.0
典型案例借鉴	上海浦东康桥工业区：容积率在1.7左右	上海国际医学园区核心片区：容积率在3.0左右
预测结果	1.7	3.0

图 6-8　制造类与研发类园区容积率的预测过程

资料来源：自绘

产业园、六合经济技术开发区、浦口经济开发区等）平均容积率预测结果为1.7左右，研发类园区（如南京软件园、生物医药谷、产业技术研创园、海峡两岸科工园等）预测结果则为3左右。

综合江北新区整体、分类型创新主体空间等多个层面的创新空间规模预测结果，可预测出近期、远期南京江北新区共建区及直管区范围内创新功能密集区总规模及分类规模指标（见表6-5）。

表6-5 江北新区创新功能密集区空间规模预测

单位：平方公里

		创新功能密集区规模	较现状（2018年）增加面积	产业型创新功能密集区规模	较现状（2018年）增加面积	知识型创新功能密集区规模	较现状（2018年）增加面积
共建区	近期（2025年）	46.1	23.7	30.7	17.4	15.4	6.3
	远期（2035年）	92.5	70.1	61.7	48.4	30.1	21.0
直管区	近期（2025年）	34.6	18.3	23.1	14.3	11.5	4.0
	远期（2035年）	67.3	51.0	44.9	36.1	22.4	14.9

资料来源：自绘

6.3.2 创新空间总体布局

根据对南京江北新区范围内创新空间密集区规模的预测，并与新区总体规划及各单元最新控制性详细规划衔接，对江北新区远期（2035年）创新空间密集区总体布局进行引导（见图6-9），其中直管区创新功能密集区规模约为67.3平方公里，共建区创新功能密集区规模约为92.5平方公里。

6.3.3 创新空间分类布局

根据创新空间的类型，在对江北新区整体层面创新空间密集区进行空间布局引导的基础上，对创新型企业、孵化机构、高等院校等各类创新主体的空间布局进行引导，引导内容包括总体发展与布局策略、具体空间布局策略等。

图 6-9　江北新区创新空间密集区的远期规划布局

资料来源：自绘

1. 创新型企业的空间布局引导

1）总体发展与布局策略

企业是地区创新发展的核心动力之一，因此，创新型企业的空间布局至关重要。借鉴上海张江高科技园区的企业创新发展经验，紧扣主导产业，构建"跨国＋央企＋本土"三大类型企业联合创新的格局。张江高科技园区作为上海科创中心建设的核心承载区，已形成以信息技术、生物医药、文化创意、低碳与新能源为主导，以先进制造、医学服务、现代农业、科技金融为拓展的"4＋4"产业体系。其已形成跨国企业集群、国有企业集群与本土企业集群齐头并进的发展格局，现拥有央企企业技术中心和分中心 43 家，外资研发机构 123 家，跨国公司地区总部 39 家，同时还有美迪西生物医药、逸思医疗、沪江等相当一部分本土创新企业。

吸收上海张江高科技园区企业创新发展的经验，建议南京江北新区紧扣主导产业，"本土培育"与"外来引进"企业协同，实现"本土队"＋"引进队”的联合创新阵营。一是培育提升本土优质创新企业，建立本土创新绩效优良企业的名录，进一步壮大其规模，培育提升其自主创新能力；二是引进国内外核心领域的龙头企业或分支研发中心，围绕新区“两城一中心”与“4＋2”主导产业体系，引进产业领域内领先的龙头企业或创新能力国际国内领先的企业分支研发中心等机构，增强新区主导产业的区域竞争力。

在此发展策略下，新区创新型企业空间布局的总策略为：紧扣新区主导产业，以园区平台为核心载体，围绕园区产业发展主导方向与创新链条环节进行适应性布局。

2）分园区平台

在布局总策略的指引下，基于创新空间密集区总体布局引导结果，对新区创新型企业在各园区平台内的空间布局进行引导（见图 6-10），并针对各园区平台内企业重点创新领域、创新链环节、主要企业规模类型、规划方式等进行引导（见表 6-6）。

图 6-10 江北新区创新型企业空间密集区的规划布局

资料来源：自绘

表 6-6　创新型企业于各园区平台发展与布局重要信息

序号	类型	重点创新领域	创新链条环节	企业规模类型	规划占地面积/平方公里	规划建筑面积/万平方米	建设方式
1	研发类	集成电路设计及综合应用	中上游	中小型	6.1	1 830	新建为主
2		医药研发、新材料研发等	中上游	中小型	6.0	1 800	保留＋新建
3		电子信息、新材料、新能源研发等	中上游	中小型	2.9	870	新建为主
4		集成电路设计、软件开发、北斗应用等	中上游	中小型	2.8	840	保留与腾笼换鸟为主
5		生物医药研发、生物制药、医疗器械制造等	上中下游	中小型	8.0	2400	保留与新建为主
6	制造类	集成电路晶圆制造、新能源汽车等	中下游	大中型	3.9	663	保留与腾笼换鸟为主
7		生物制药、医疗器械制造等	中下游	大中型	2.2	374	保留与腾笼换鸟为主
8		新能源汽车等	中下游	大中型	4.4	748	保留与新建为主
9		化工新材料等	中下游	大中型	12.9	2 193	转型升级与新建为主
10		现代物流	中下游	大中型	3.2	544	新建为主
11		集成电路晶圆制造及封测、新能源汽车等	中下游	大中型	21.4	3 638	新建为主

资料来源：自绘

2. 创新孵化机构的空间引导

1）总体发展与布局策略

创新孵化机构是保障与促进中小微企业科技成果转化的关键创新载体之一，为企业提供孵化场所，为中小微企业向成熟创新性企业的跨越提供关键性服务。北京中关村孵化机构的发展经验表明，孵化链条越向早期阶段延伸，专业服务越向多样化发展，则越有利于中小微企业的成长、成熟。中关村领军企业对原创技术的注重以及天使投资对优秀早期项目的迫切需求，催生了一批服务于创业者和早期项目的创业服务机构，完善了中关村创新创业服务链条，形成了“集中办公区—孵化器—加速器—专业园区”的孵化全链条体系(见图6-11)，如北邮创业坊、清华“创业厅”等。同时为满足创业企业不断升级的专业化需求，中关村孵化器提供的服务类型不再局限于传统物质空间的提供，而是逐步向孵化领域专业化、服务内容差异化发展，形成了创业教育、创业社区、创业投资(天使汇等)、创业辅导(联想之星等)、技术开发平台(新浪微博开放平台等)、技术服务平台以及创业媒体(36氪等)等服务。

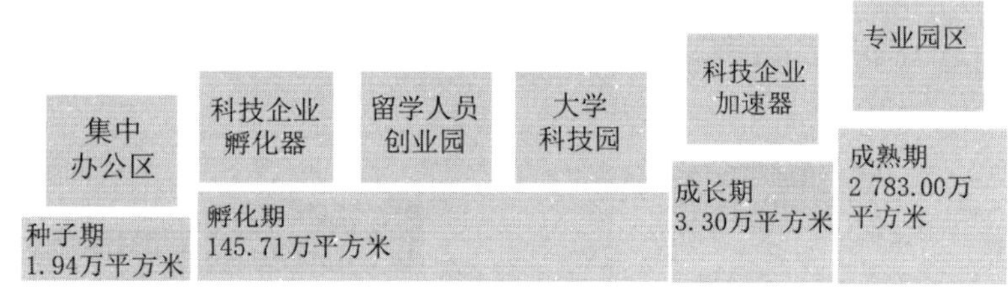

图6-11 中关村孵化链条空间载体及规模

资料来源：中关村官网

根据中关村的发展经验，江北新区构建了“公共苗圃(集中办公)—创业孵化器—加速器”的创新创业孵化全链条的孵化机构发展总策略，服务类型向专业化、多样化发展。其内涵为：一是构建创新创业孵化全链条，以适应不同企业在不同发展阶段的孵化需求。除配置孵化器外，将孵化链条向两端延伸，一端向早期阶段延伸，依托高校筛选优秀学生创业项目、建设联合办公空间等；另一端向成熟期阶段延伸，通过加速器的建设为该阶段企业提供成熟的专业服务。二是提供专业化、多样化服务，根据孵化机构与孵化企业的专业方向，围绕产业方向提供专业技术服务、设备支持、技术平台等多样服务。

在孵化机构发展总策略的指导下，江北新区创新孵化机构空间布局原则为：依托园区、校区、社区及景区等多样化载体，根据各类孵化机构对创新资源的空间临近需求进行布局，并将孵化机构分为公共苗圃、孵化器以及加速器三类,对这三类空间制定相应的布局策略。

2）公共苗圃的空间的布局

公共苗圃主要服务于初创期的小微企业。目前江北新区有 8 家省级及以上众创空间,其区位以临近园区型为主。规划重点增加临近院校型、临近商务区型及临近社区型,新增 11 处高等级众创空间集聚点(见图 6-12),其中新增临近院校型 4 家,新增临近商务区型和临近社区型各 3 家。新增的公共苗圃主要围绕新区及依托载体的优势或重点发展产业方向发展(见表 6-7),每类众创空间的孵化面积在 1 000～5 000 平方米不等,提供的服务类型以各项基础设施完善的联合办公与服务交流空间为主。

图 6-12　江北新区公共苗圃(众创空间)的布局

资料来源：自绘

3）孵化器的空间布局

孵化器主要服务于处于成长期的中小企业。目前江北新区有 10 家省级及以上科技企业孵化器，规划在现状基础上依托高校、各类产业园区等载体增加 8 处孵化器（见图 6-13），并根据依托载体的重点学科、重点产业制定相应的各机构主导产业方向（见表 6-8）。各孵化器孵化面积在 3～10 公顷之间不等。

表 6-7　江北新区公共苗圃（众创空间）的发展与布局情况

类型	序号	依托载体	主导方向	新增/现状
临近院校型	1	南京工业大学	新材料等	新增
	2	南京农业大学	农业技术、生物科技	新增
	3	江苏卫生健康职业学院	生物医药	新增
	4	南京铁道职业技术学院	轨道交通	新增
	5	东南大学	电子信息、生物医药	现状
	6	南京信息工程大学	气象学	现状
	7	南京科技职业学院	化工材料	现状
临近园区型	1	膜科技产业园	新材料	现状
	2	海峡两岸科工园	电子信息	新增
	3	产业技术研创园	电子信息	新增
	4	隧道园区	新材料	现状
	5	软件园、生物医药谷	电子信息、生物医药	现状
	6	新材料产业园	化工材料	现状
临近商务区型	1	中央商务区	电子信息、生物医药、文化创意等	新增
	2	北站商务中心		
	3	马鞍机场商务区		
临近社区型	1	三桥社区	电子信息	新增
	2	浦口火车站社区	文化创意	新增
	3	大厂社区	文化创意	现状

资料来源：自绘

4）加速器的空间布局

加速器主要服务于处于成长期与成熟期的中小型企业。目前江北新区生物医药谷设有企业加速器，规划在现状基础上重点依托各成熟产业园区及新区主导产业方向增加 6 处科技企业加速器(见图 6-14 和表 6-9),加速面积均在 110 公顷以上。提供服务的类型除办公、研发空间、金融、技术服务等外,还提供规模较大的产品中试生产空间。

图 6-13　江北新区孵化器的布局

资料来源:自绘

表 6-8　江北新区孵化器发展与布局的情况

类型	序号	依托载体	主导方向	新增/现状
临院校型	1	南京工业大学	新材料等	新增
	2	东南大学	生物医药	新增
	3	南京信息工程大学	气象学	新增
	4	南京科技职业学院	化工材料	现状

续表

类型	序号	依托载体	主导方向	新增/现状
临园区型	1	浦口经济开发区	集成电路	新增
	2	膜科技产业园	新材料	现状
	3	海峡两岸科工园	电子信息	新增
	4	产业技术研创园	电子信息	新增
	5	隧道园区	电子信息	现状
	6	智能制造产业园	医药制造	新增
	7	软件园、生物医药谷	电子信息、生物医药	现状
	8	中山科技园	生物医药	现状
	9	新材料产业园	化工材料	现状
	10	六合经济开发区	环保装备	新增

资料来源：自绘

图 6-14　江北新区加速器的布局

资料来源：自绘

表 6-9　江北新区加速器发展与布局的情况

序号	依托载体	主导方向	新增/现状
1	生物医药谷	生物医药	现状
2	浦口经济开发区	集成电路制造	新增
3	海峡两岸科工园	集成电路研发设计	新增
4	智能制造产业园	集成电路制造	新增
5	新材料产业园	新材料	新增
6	六合经济开发区	环保装备制造	新增

资料来源：自绘

3. 高等院校的空间布局引导

1）总体发展与布局策略

知识型创新主体是创新的源泉所在，而高等院校则是知识型创新主体的核心组成部分。江北新区目前存在较为明显的基础研究短板，为此借鉴深圳市在 1990 年代初期为弥补其自身基础研究环节短板所采取措施的经验，即以“整体院校＋分支机构＋虚拟大学园”多途径补足短板。1998—2000 年，深圳市成立深圳清华大学研究院、深港“产学研”基地（北京大学、香港科技大学）、国际技术创新研究院（哈工大）；1999 年，建立虚拟大学园，吸引 52 所大学入驻大楼，深圳市为其提供免费的办公室；2000 年，在南山区西丽地区建设深圳大学城，邀请清华大学、北京大学、哈工大等来此建设深圳研究生院，2005 年在校生达到 9 000 名；2007 年，深圳市政府决定在深圳大学按照国际标准创建医学院；2010 年，筹办新的理工类大学——南方科技大学，以理学、工学、管理学为三大支柱学科；2010 年，与香港中文大学按合作办学模式建立香港中文大学深圳学院，为其提供独立的办学用地、校舍及相关配套设施等。

在此发展经验的指引下，本轮研究提出江北新区高等院校的发展总策略为优化现有高校创新环境的同时，紧扣主导产业方向，多途径引进并打造高水平创新平台，补齐基础研究短板。其内涵包括：一是优化现有高校创新环境，围绕现有高校的专业优势，结合新区主要发展方向，优化高校周边产业、服务等资源的空间配置，促进“产学研”联动合作；二是多途径引进并打造高水平创新平台，借鉴深圳市经验，通过新建高校、引进高校研究院分支机构、设立虚拟大学园等方式，实现新区人才与技术资源的引进。

在此发展策略下，新区高等院校空间布局的总策略为：围绕现有主要院校专业优势优化环大学知识创新圈层的资源空间配置，同时以知识创新带及各园区平台为载体多方式布局新型知识创新机构。

高等院校将被划分为整体院校、高校分支机构的两类空间进行布局策略引导。

2）整体院校的空间布局策略

在新区 11 所高等院校的基础上，规划拟引进 4 所高等院校（见图 6-15），新增用地约 2.5 平方公里。具体情况见表 6-10。

图 6-15　江北新区高等院校布局指引图——新增整体院校

资料来源：自绘

表 6-10　江北新区新增高等院校统计表

序号	高校名称	高校类型	占地面积/平方公里
1	南京农业大学	研究型高校	1.7
2	南京航空航天大学国际校区	研究型高校	0.3
3	南京警官学校	应用型高校	0.3
4	江苏省司法警官高等职业学校	职业学院	0.2

资料来源：自绘

在此基础上，遵循高校周边创新空间圈层式拓展的规律，围绕现有核心高校资源构建环南京工业大学新材料知识创新圈层、环东南大学生命健康知识创新圈层、环南京信息工程大学气象学及应用知识创新圈层三大环大学知识创新圈层（见图 6-16），优化科教、产业与服务资源配置，实现校区、园区、社区三区联动的创新空间格局，营造良好的创新环境。

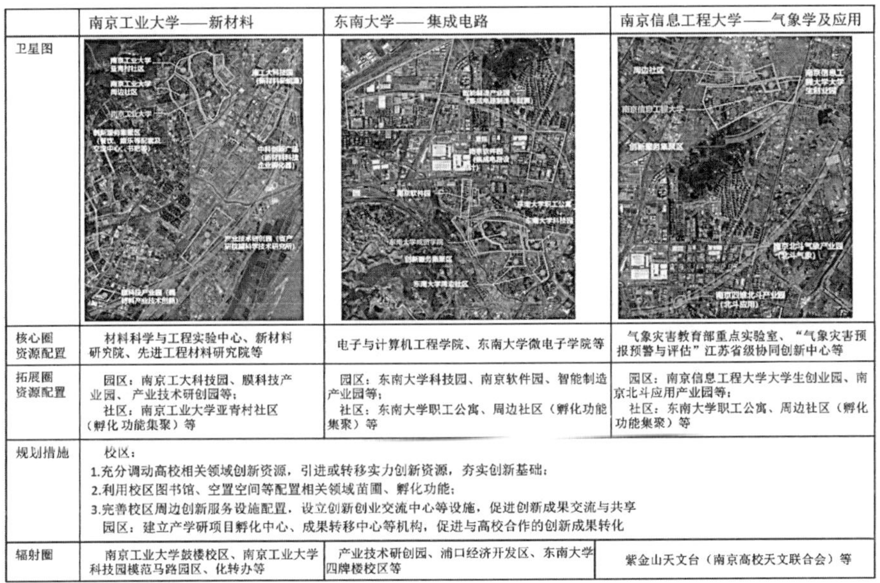

	南京工业大学——新材料	东南大学——集成电路	南京信息工程大学——气象学及应用
卫星图			
核心圈资源配置	材料科学与工程实验中心、新材料研究院、先进工程材料研究院等	电子与计算机工程学院、东南大学微电子学院等	气象灾害教育部重点实验室、“气象灾害预报预警与评估”江苏省级协同创新中心等
拓展圈资源配置	园区：南京工大科技园、膜科技产业园、产业技术研创园等； 社区：南京工业大学亚青村社区（孵化功能集聚）等	园区：东南大学科技园、南京软件园、智能制造产业园等； 社区：东南大学职工公寓、周边社区（孵化功能集聚）等	园区：南京信息工程大学大学生创业园、南京北斗应用产业园等； 社区：东南大学职工公寓、周边社区（孵化功能集聚）等
规划措施	校区： 1.充分调动高校相关领域创新资源，引进或转移实力创新资源，夯实创新基础； 2.利用校区图书馆、空置空间等配置相关领域苗圃、孵化功能； 3.完善校区周边创新服务设施配置，设立创新创业交流中心等设施，促进创新成果交流与共享 园区：建立产学研项目孵化中心、成果转移中心等机构，促进与高校合作的创新成果转化		
辐射圈	南京工业大学鼓楼校区、南京工业大学科技园模范马路园区、化转办等	产业技术研创园、浦口经济开发区、东南大学四牌楼校区等	紫金山天文台（南京高校天文联合会）等

图 6-16　环大学知识创新圈层核心圈—拓展圈—辐射圈内涵解读

资料来源：自绘

各高校依托各高等级专业实验室、研究院所、创新中心及自身产业园区等创新资源形成创新核心圈，作为高校知识产业创新之源泉。校区在充分调动引进实力创新资源的同时，还可利用校区图书馆、闲置空间等配置相关领域的公共苗圃、孵化设施，为高校教师、学生创新创业与创新成果交流提供设施完善、氛围优良的环境。

以核心圈层为中心向外拓展约 3 公里形成创新拓展圈，充分调动周边园区、社区资源，促进高校周边创新生态网络的形成，其中园区通过“产学研”项目孵化中心、成果转移转化中心等机构的设立为高校创新研究成果提供转化场所，社区则重在为校区创新活动与人才提供完善的服务设施，以及部分成本低廉的孵化场所。

辐射圈层则主要为高校科技创新成果的应用圈层，利用创新活动扩散性强的特征，将高校创新成果应用至相关延伸的产业链环节。

3）高校分支机构的空间布局策略

在高校分支机构空间布局方面，除了在各园区平台结合自身产业方向与链条环节引进分散独立的分支机构，并与园区企业联动合作外，还包括建设集成式的虚拟大学园区，实现规模化科技成果转化。

（1）分散式高校分支机构的空间布局策略。规划以促进创新成果产业化为最终目的，依托主要产业园区平台为主要载体，聚焦新区“两城一中心”主导产业，并结合各平台主导产业方向，引进在国内外具有专业优势的院校研发中心、创新中心等机构（见图 6-17）。对重点园区平台及建议引入的高校分支研发机构清单进行列举（见表 6-11）。

表 6-11 各主导产业建议引入的高校研发机构清单

<table>
<tr><th>领域</th><th>主要园区平台</th><th>建议引入高校研发机构清单</th></tr>
<tr><td rowspan="2">集成电路</td><td>产业技术研创园、软件园</td><td rowspan="2">国内：北京大学、西安电子科技大学、浙江大学、天津大学、清华大学、东南大学、复旦大学等；
国外：美国麻省理工学院、加州理工学院、康奈尔大学、约翰霍普金斯大学等</td></tr>
<tr><td>浦口经济技术开发区、智能制造产业园</td></tr>
<tr><td rowspan="3">生物医药</td><td>生物医药谷</td><td rowspan="3">国内：北京大学、清华大学、上海交通大学、东南大学、华中科技大学等；
国外：美国麻省理工学院、美国约翰霍普金斯大学、斯坦福大学、哈佛大学、耶鲁大学等</td></tr>
<tr><td>产业技术研创园</td></tr>
<tr><td>国际健康城</td></tr>
</table>

资料来源：自绘

图 6-17　江北新区高等院校布局指引图——分支机构

资料来源：自绘

（2）集成式高校分支机构的空间布局策略。除分散的高校分支机构布局外，江北新区还可借鉴深圳虚拟大学园的建设运营经验，吸引国内外高校分支研究机构在园区内实现规模化的科技成果转化，以此助力新区主导产业体系建设。

深圳虚拟大学园成立于 1999 年，是我国第一个集成国内外院校资源、按照一园多校、市校共建模式建设的创新型“产学研”结合示范基地。其发展经验在于：①国内外高校资源高度集聚。虚拟大学园聚集了 60 所国内外知名院校，包括 44 所中国内地院校、6 所香港院校、7 所国外院校以及中国科学院、中国工程院院士活动基地和中国社会科学院研究生院等高校科研资源。②成员实体与网络多途径入驻。深圳虚拟大学园的成员单位分为驻园单位与网络成员两部分，驻园单位直接入驻虚拟大学园，设立办事机构，创办研究院，开展人才培养、科技成果转化及产业化和创办高新技术企业等工作；而网络成员则主要通过网络加盟虚拟大学园，进行科教交流与合作。③紧扣市高新技术产业发展方向引入驻园单位。园区入园申请中明文指出高校入园条件为“对深圳经济和大学的发展有互动作用，优势学科与深圳高新技术产业的发展相适应”。进而探究虚拟大学园的空间区位及资源配置，其位于深圳宝安国际机场、深圳西站、深圳北站 1 小时交通圈内，且轨道交通便捷，距离深大站（1 号线）仅 300 米、科苑站（2 号线）仅 1 公里，交通区位优越（见图 6-18）。而其临近重要的产业园区（包括深圳高科技生态园、高新园、软件产业基地等），临近高等院校等科教资源（深圳大学），且周边公共服务设施配置完善，生态环境优美（见图 6-19）。

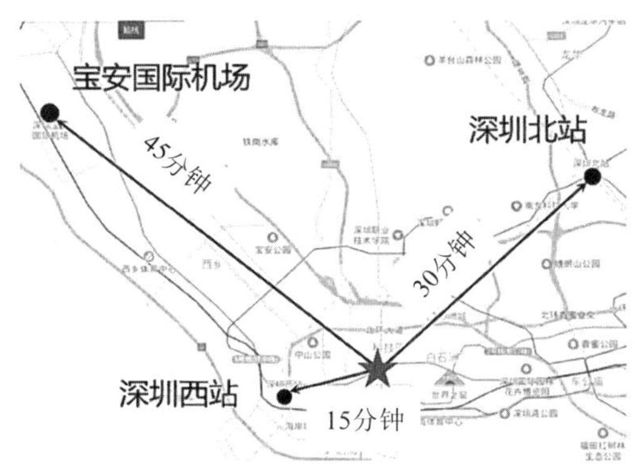

图 6-18　深圳虚拟大学园区位
资料来源：自绘

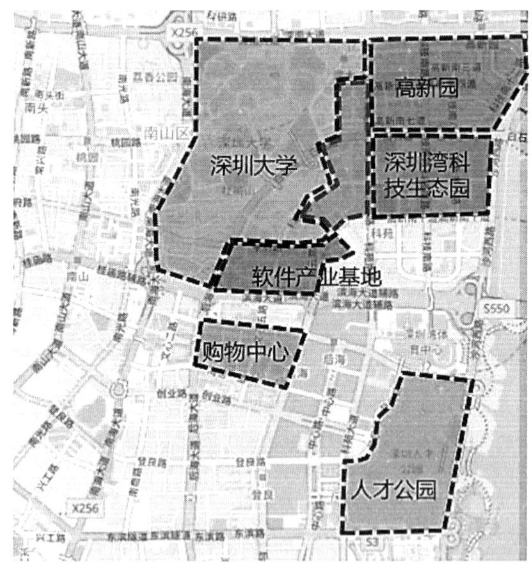

图 6-19　周边资源配置
资料来源：自绘

借鉴深圳虚拟大学园建设及布局经验，本轮研究建议可于新区研创园、软件园两大产业创新版块设立虚拟大学园布局点，吸引国内外在集成电路、生物医药等领域专业优势领先的高等院校在此设立研究院、研究实验室等机构，进行创新成果转化活动。各虚拟大学园约占地 0.5 平方公里，容积率约达 2.5，预期驻园实体院校数量可达 30 家。其中研创园虚拟大学园位于南京站、南京南站、南京北站（规划）1.5 小时交通圈内，其引进的高校分支机构主要集中于集成电路设计及应用、健康大数据等领域，联动的园区资源包括南京软件园、生物医药谷等，联动的科教资源包括东南大学、南京大学等，服务资源包括星火路商业综合体（规划）、北站商务商业中心等，生态资源则包括龙王山风景区、夹心岛公园等。软件园虚拟大学园位于南京站、南京南站 1 小时交通圈内，南京北站（规划）0.5 小时交通圈内，主要产业领域为生物医药研发、集成电路设计等，其联动的园区、科教、服务与生态资源包括研创园、南京工业大学、江北新区中央商务区、老山风景区等（见图 6-20）。

图 6-20　江北新区高等院校布局指引图——虚拟大学园

资料来源：自绘

6.3.4 核心产业创新空间布局

“两城一中心”是江北新区的核心产业，按照江北新区“产城融合”的规划理念，必须科学地预测“产”的规模，尤其是核心产业的规模，由此才能预测“城”的合理规模，实现“多规合一”协调发展的格局。

1. “芯片之城”创新空间布局

1）发展定位与目标确立

自2016年台积电于江北新区正式注册并开工建设以来，江北新区便陆续引进了大批集成电路相关的企业与服务平台，集成电路产业与创新集群初显规模。在打造“芯片之城”的目标引领下，江北新区以台积电等龙头企业为引擎，带动上下游产业链条跟进发展，打造成为芯片产业集群与完善的服务体系的高科技产业新城。

江北新区“芯片之城”要实现国际化芯片产业合作前沿区、全国芯片产业集群发展新高地以及江苏省芯片产业创新中心的发展定位。在2025年打造成为国内产业集群新高地，产业结构向上游高附加值转型，创成具有国际影响力的“芯片之城”。在业态培育上，完善涵盖“芯片设计—芯片制造—芯片封测”主导产业创新链，同时完善高端装备制造、生命健康、设计、软件开发等协同产业创新链的打造。为此，江北新区必须完善创新政策环境，积极配置专业服务平台与公共服务等设施，构建“芯片之城”产业创新生态圈支撑“芯片之城”的高质量发展（见图6-21）。

2）创新空间布局引导

在明确了“芯片之城”中“产”与“城”规模的基础上，进一步对创新空间进行布局引导。

以上海浦东新区张江科技城为例，对其进行芯片产业创新空间发展与布局的案例研究。张江的芯片产业发展经历了“培育期—成长期—成熟期”三大阶段，其中培育期以制造龙头企业带动，1997年上海华虹NEC成立，1998年上海贝岭在A股上市，2000年中芯国际、宏力半导体成立；成长期阶段设计、研发等产业链开始发力，2003年成立集成电路研究中心，北大等院校微电子研究中心进驻，2006年华虹开发二代身份证芯片，2007年中芯国际12英寸线投产；成熟期阶段张江则开始自主研发，产业创新实力具有世界影响力，2010年华力微电子建设国内第一条完全国资控股的

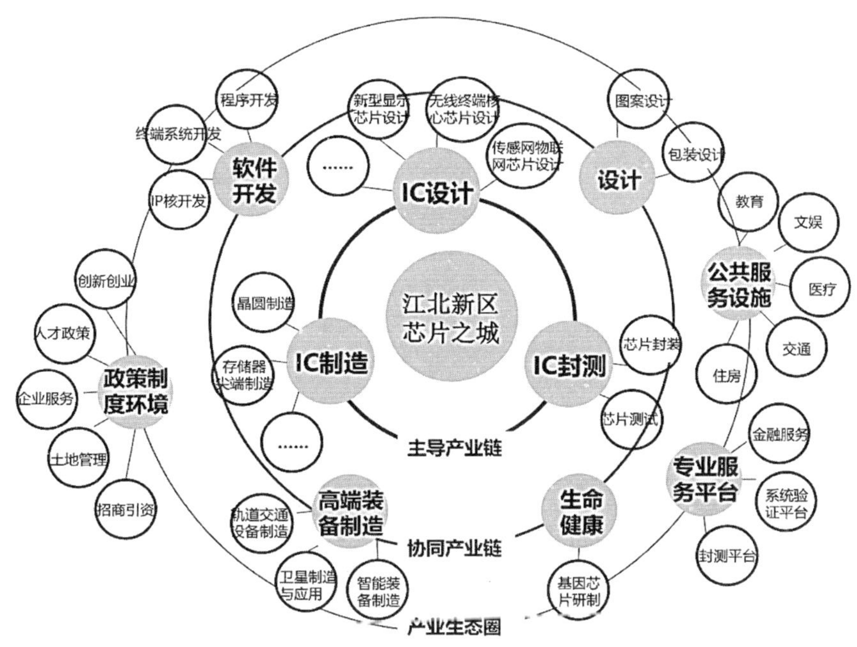

图 6-21　江北新区“芯片之城”产业创新生态圈

资料来源：自绘

12 英寸生产线，2015 年中芯国际 28 纳米 CMOS 制程量产，2016 年中芯国际新建“12 英寸集成电路先进工艺生产线”及配套项目，总投入过千亿。张江科技城核心区内除布局有大型企业总部、制造封装区外，在其直线距离 2 公里处还布局有芯片研发区（集电港），聚集有展讯通信等设计类中小企业（见图 6-22）。

以浦口经济开发区、智能制造产业园为载体，以台积电项目为核心，大力建设发展晶圆制造、配套材料及封测产业。张江从初始的华虹、北岭等制造企业落户到后续联动两端设计研发、封测等链条发力并投入研发力量，最终在科技城形成了集成电路较为完整的产业创新链条；在中芯国际、华虹宏力（制造）、紫光展讯（设计）等本土龙头企业的带动下，还汇聚超 80％的中小企业，龙头企业与中小企业齐引领本土技术创新。由此，张江以制造带动上下游链条更进一步发展与布局落实，并以核心龙头企业带动中小企业紧密围绕的发展与布局经验对江北新区“芯片之城”的打造具有较大的借鉴意义。

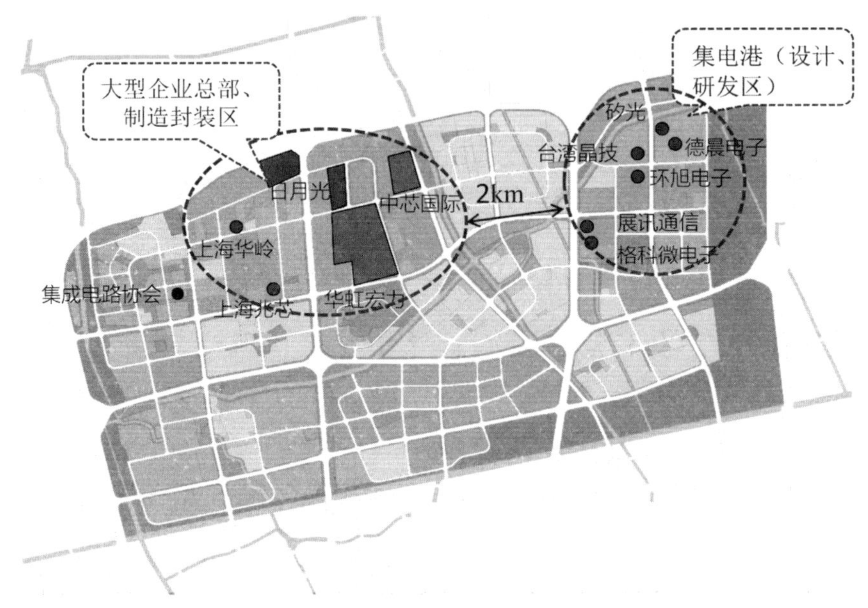

图 6-22　张江科技城芯片产业的空间布局

资料来源：自绘

结合江北新区现状芯片产业布局特征，借鉴张江科技城芯片产业创新空间布局经验，与新区现有规划衔接，本研究提出江北新区"芯片之城"空间结构为三大产业基地（见图 6-23）。①集成电路设计及综合应用基地：以产业技术研创园为载体，发展成为全国知名的集成电路设计及综合应用产业基地。②集成电路设计产业基地：以南京软件园为载体，加速资源整合从产业链中的最高端——设计端带动生态链的跨越式发展。③集成电路晶圆制造及封测基地：以浦口经济开发区、智能制造产业园为载体，以台积电项目为核心，大力建设发展晶圆制造、配套材料及封测产业。

根据"芯片之城"的"产"与"城"规模，对其创新空间进行规划引导（见图 6-24），以产业技术研创园、南京软件园、智能制造产业园为核心载体进行布局。其中研创园内创新空间规模为 0.2 平方公里，聚力芯片设计上游环节发展，依托清华紫光等龙头企业以及各类创新服务平台，联动国内外中小设计企业，加速形成产业集聚效应，带动园区芯片产业创新能力提升。南京软件园创新空间规模为 0.1 平方公里，利用南京北站运营机遇以及原高新区腾笼换鸟契机，集中发展芯片设计产业，吸引国内外中小设计企业

图 6-23　江北新区芯片产业创新空间的布局规划结构

资料来源：自绘

集聚。智能制造产业园创新空间规模为 7.9 平方公里，打造新区主要的芯片制造与封测基地之一，毗邻芯片设计基地，为设计的产品制造提供承接平台。

2. “基因之城”创新空间布局

1）发展定位与目标确立

江北新区目前集聚了 410 家生命健康企业，形成了以生物制药、化学药、现代中药和医疗器械为主体，基因检测、第三方检验服务、动物生命营养为特色优势，诊断试剂、精准医疗、干细胞等领域为潜力的产业创新体系。2017 年，新区生命健康产业主营业务收入突破 380 亿元。在打造“基因之城”的目标引领下，江北新区要以科研院所研发创新为引擎，带动基因技术开发与生产营销发展，形成“产学研”一体化、人才配套服务体系完善的科技新城。

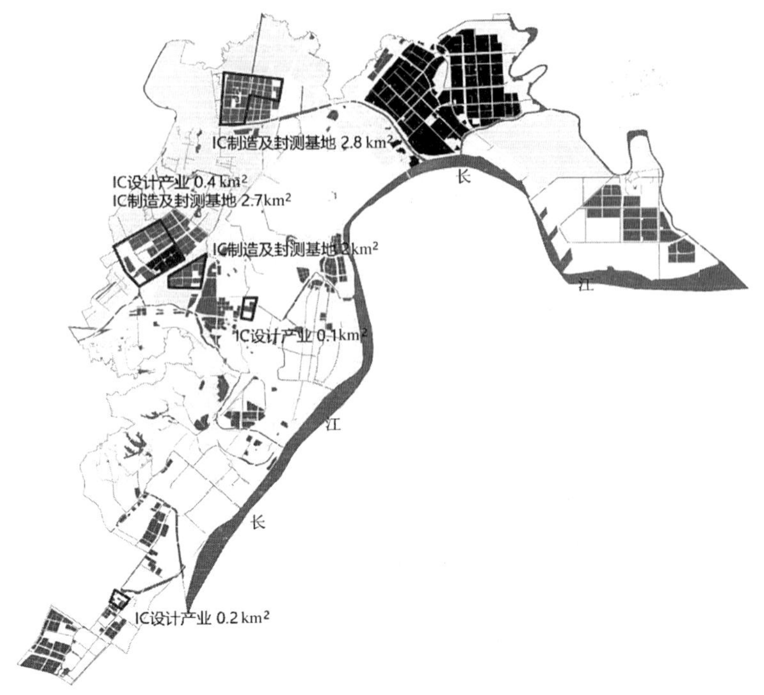

图 6-24　江北新区芯片产业创新空间的布局规划

资料来源：自绘

江北新区“基因之城”要实现国际基因大数据科创中心、国家生物医药产业基地、长三角大健康生态新城的发展定位。而在其发展目标方面，本研究提出其至 2025 年要建设立足江苏、服务长三角、辐射全国、具有全球影响力的“基因细胞之城”、生物医药创新资源集聚平台与生命健康创新名城先导区。在业态培育上，江北新区要以高科技、高水平企业为引擎，高新技术研发为动力，构建“防—治—养”一体化的大健康产业创新生态圈（见图 6-25）。

2）创新空间的布局引导

在明确了“基因之城”中“产”与“城”规模的基础上，进一步对其创新空间进行布局引导。

以美国环波士顿地区和上海张江高科生物科技城为例，对其进行基因产业创新空间发展与布局的案例研究。环波士顿地区是全球制药企业云集重镇，正在取代硅谷成为生物科技的新巅峰，是全美生物制药产业集群

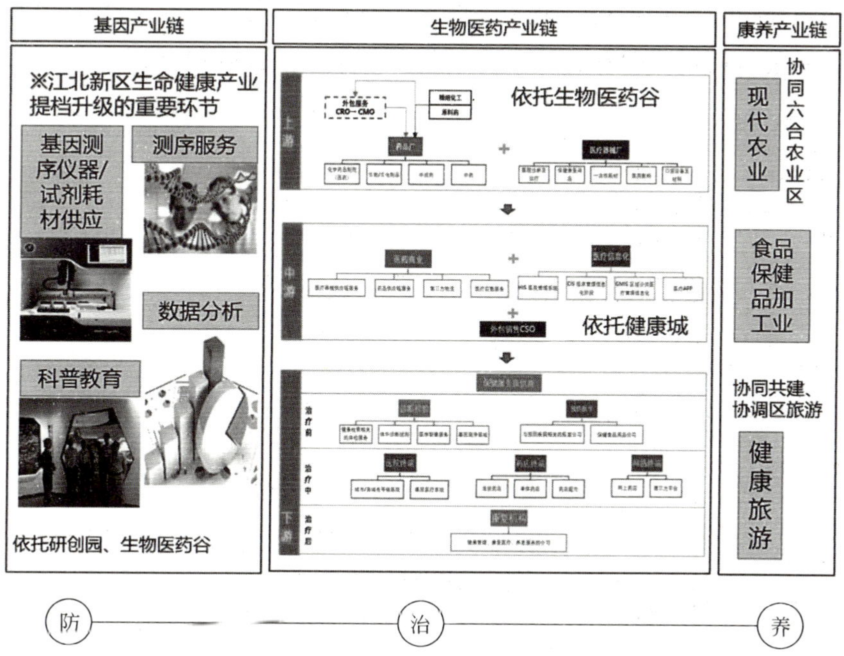

图 6-25　江北新区"基因之城"产业创新生态圈

资料来源：自绘

的"TOP1"。其产业创新发展与布局对于江北新区有借鉴意义的经验在于：①"产学研"资源高度集中。波士顿地区聚集了哈佛大学、麻省理工学院、塔夫茨大学、波士顿大学等 40 多所世界顶尖高校与麻省总医院、哈佛大学医学院、新英格兰医学中心等优质临床医学资源，此外还有众多生命科学、分子生物学、新材料及化学等相关研究领域引领世界的优势学科群和实验室。②创新主体国际化。该地区的创新型企业来自世界各地，包括中国以及欧洲等地的公司。③空间集约，"小"而"密"。该地区占地面积小，但空间密度大，且高学历人才分布密集。

上海张江高科生物科技城基因产业的发展历经了"产业快速布局国内外高端资源集聚创新驱动引领"三大阶段(见图 6-26)。其在集聚国内外创新企业的同时，也布局有新药筛选中心、新药安全评价中心等创新平台，创新生态加速形成。此外，从空间布局上看(见图 6-27)，张江南部布局创新药物与小分子产业化基地，其北部布局有研发总部、会展交易、医疗服务、医疗器械制造等功能，形成了较为完整的创新链条。因此，张江搭建创新生态体系，集聚国内外高端孵化加速平台，以及“药谷”与“医谷”联动，创新空间功能轴向拓展的发展经验对江北新区具有一定的借鉴意义。

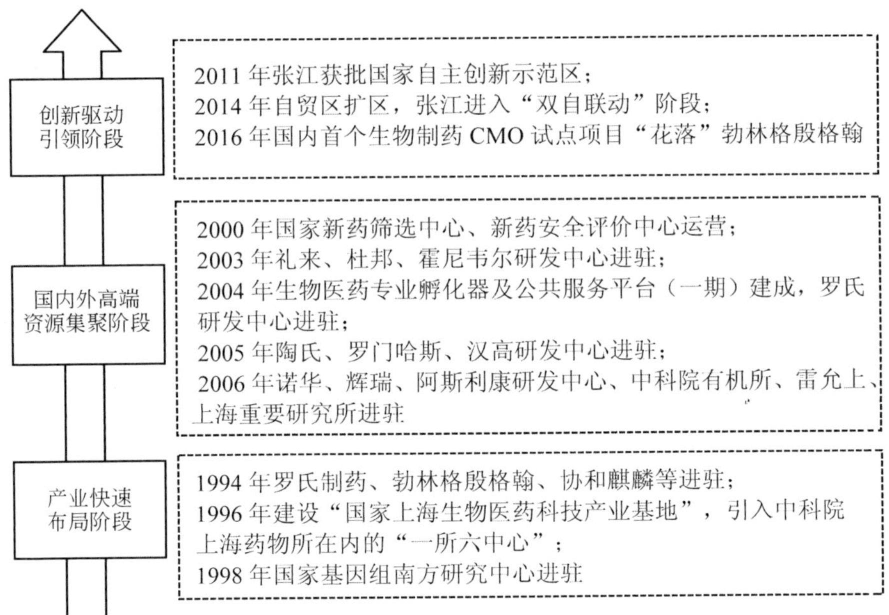

图 6-26　张江科技城基因产业的发展历程

资料来源：自绘

结合江北新区现状基因产业布局特征，借鉴美国环波士顿地区和上海张江高科生物科技城基因产业创新空间发展与布局经验，梳理江北新区相关城市规划和产业规划，提出江北新区“基因之城”空间结构为“一谷一园一示范”（见图 6-28）。

（1）“一谷”，即生物医药创新谷。依托国家重大新药创制、重大科技成果转移试点示范基地，重点发展基因产业、干细胞与再生医学、免疫细胞治疗、CAR-T 细胞治疗、生物制药、医药研发、医疗器械等产业。

（2）“一园”，即健康大数据产业应用园。以江北新区产业技术研创园大数据产业基地、扬子科创中心等为重要载体，依托国家健康医疗大数据中心，重点发展高端基因大数据研发产业。

（3）“一示范区”，即健康服务产业示范区。依托江北新区国际健康城，重点发展医疗、教育、研究、康复、养老五大板块，建立覆盖全生命周期、

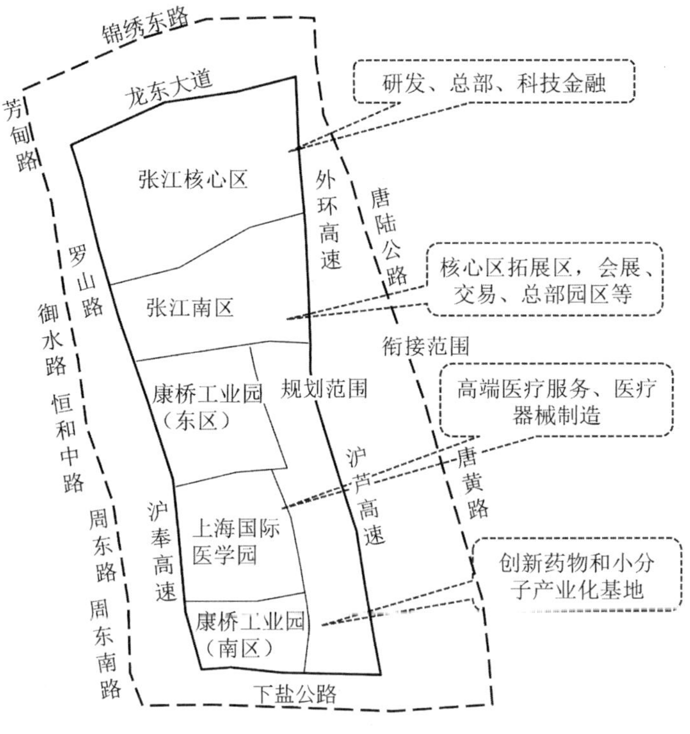

图 6-27　产业空间布局

资料来源：自绘

内涵丰富、结构合理的健康服务体系，打造一批知名品牌和良性循环的健康服务产业集群。江北新区按照市委市政府部署要求，把南京国际健康城作为前沿医疗服务中心、国际专科服务中心、综合健康服务中心和精准医疗高地来全力打造，一大批项目落户新区。围绕提升省会城市功能和中心城市首位度，全力增强和提升总部经济集聚度、会展经济活跃度、医疗服务新高度、设计产业辐射度。其中，医疗服务新高度主要靠健康城等重点载体引领带动。"三中心一高地"建设虽然刚起步，但在坚持高起点、高标准中，实现了高品位、高成长，取得了较为明显的阶段性成效。

依据"基因之城"的"一谷一园一示范区"的空间结构，以生物医药谷、产业技术研创园以及国际健康城等为核心载体进行空间布局（见图 6-29）。其中生物医药谷内创新空间规模为 4.6 平方公里，依托南京留学人员创业园等专业研发孵化器与加速器载体，以及国家遗传基因工程小鼠资源库等平台，汇集国内外创新资源，同时联动周边高校科研力量，打造江北新区基

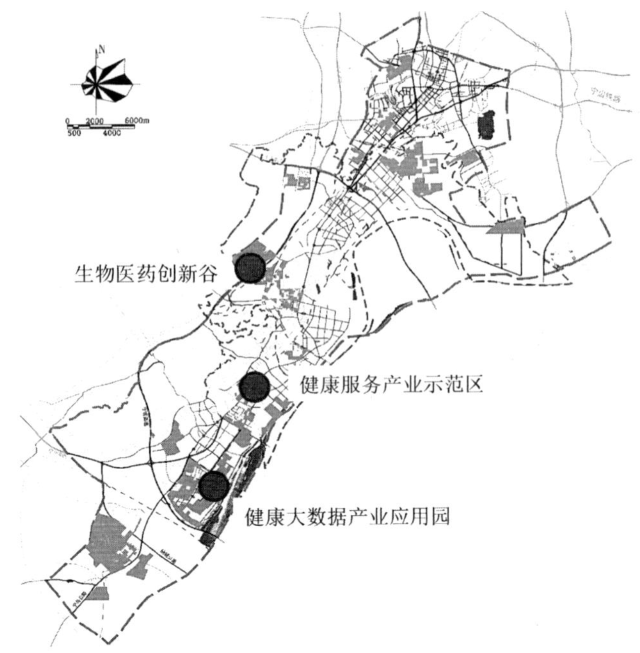

图 6-28　江北新区基因产业创新空间的布局规划结构

资料来源：自绘

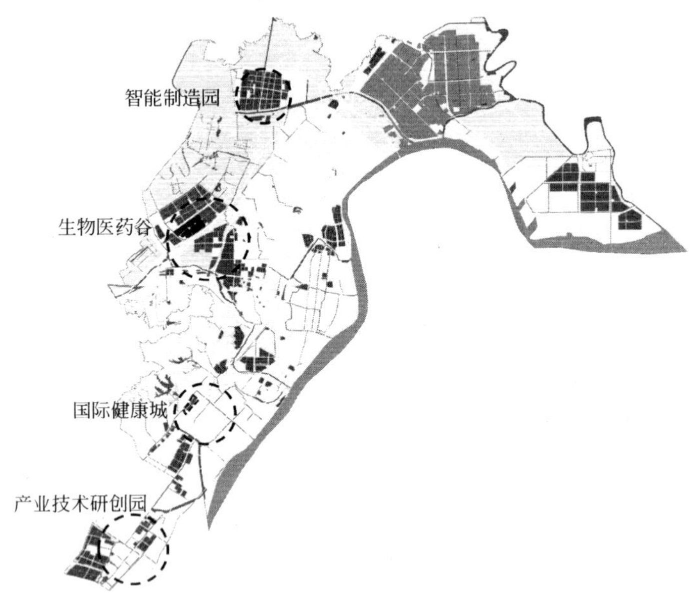

图 6-29　江北新区基因产业创新空间的布局规划

资料来源：自绘

因创新高地。智能制造产业园内创新空间规模为 2 平方公里，汇集国内外优质制造企业，聚力发展生物医药制造与医疗器械制造等产业，完善创新链下游。国际健康城内创新空间规模为 0.1 平方公里，将医药研发创新环节延伸至医疗服务、教育康养等环节，吸引国内外优质创新与服务平台进驻。产业技术研创园内创新空间规模为 0.6 平方公里，依托国家健康医疗大数据中心等平台，构建精准医疗产业创新链，打造大规模的精准医疗平台。

6.3.5　全域创新生态空间布局

1. 创新空间领域与地域的延伸与扩展

以上所探讨的创新空间主要侧重于高新技术产业集聚型创新空间，除此类创新空间以外，综合相关文献（范柏乃，2001；刘玉，2008；汪涛、任瑞芳，2010；汪海风、赵英，2012），并结合江北新区自身资源禀赋特征与特殊性，本轮研究将创新空间的领域与地域进行延伸与扩展，探索在江北新区协调区全域创新空间生态体系构建的策略。

在领域方面，本轮研究将创新空间由目前侧重的高新技术产业集聚型空间向高端服务业集聚型、创新型传统产业集聚型以及文化创意产业集聚型拓展，四类创新空间互相支撑与支持，构成全面的创新产业生态。其中，高端服务业集聚型创新空间指的是以集聚和发展高端服务业为主要特征的城市创新空间，表现为 CBD、现代物流园、服务外包基地等；创新型传统产业集聚型创新空间指的是传统产业升级后重新获得竞争力的创新空间，在新区主要表现为现代农业园区等；文化创意产业集聚型创新空间指的是以集聚和发展创意产业为主要特征的创新空间，表现为创意产业园、艺术区、创意 loft 等。在地域方面，创新型传统产业集聚型空间与文化创意产业集聚型空间的创新资源不仅局限于直管区与共建区内，协调区内还布局有较多资源，因此本轮研究还将涉及地域拓展至全协调区层面（见图 6-30）。

前文已确定了高新技术产业集聚型创新空间的布局结构，下面将分别针对另三类延伸的创新空间确定其空间结构与布局（见图 6-31）。

高端服务业集聚型创新空间与新区“新金融中心”空间布局衔接，打造“一心两镇”，即 CBD 资产管理与证券化中心、研创园创业创新基金镇、南京北站金融镇。创新型传统产业集聚型创新空间则基于对农创空间布局

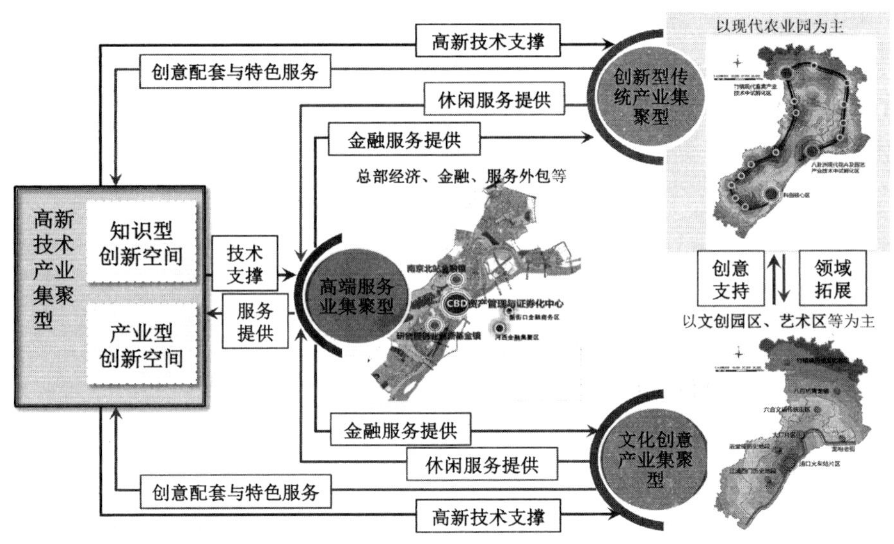

图 6-30 创新空间领域与地域的延伸拓展

资料来源：根据杜向风《创新型城市的空间结构优化研究》整理绘制

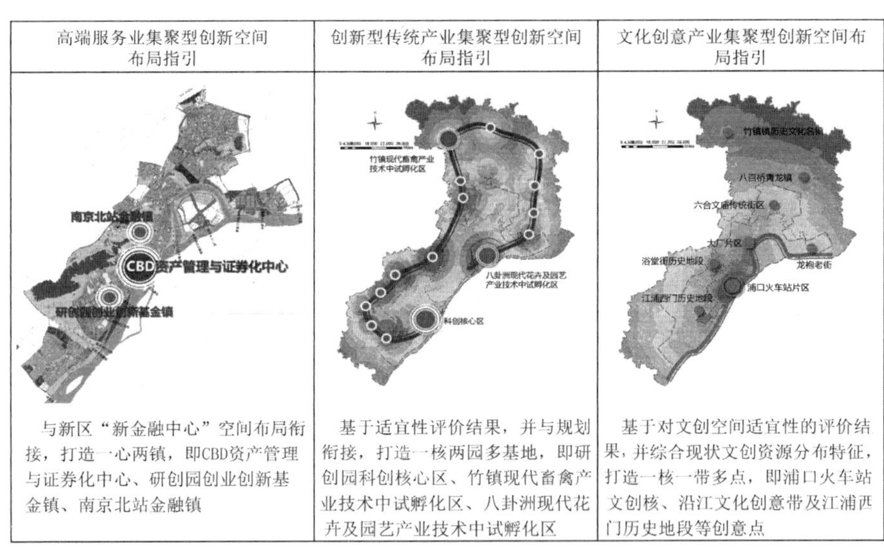

高端服务业集聚型创新空间布局指引	创新型传统产业集聚型创新空间布局指引	文化创意产业集聚型创新空间布局指引
与新区“新金融中心”空间布局衔接，打造一心两镇，即CBD资产管理与证券化中心、研创园创业创新基金镇、南京北站金融镇	基于适宜性评价结果，并与规划衔接，打造一核两园多基地，即研创园科创核心区、竹镇现代畜禽产业技术中试孵化区、八卦洲现代花卉及园艺产业技术中试孵化区	基于对文创空间适宜性的评价结果，并综合现状文创资源分布特征，打造一核一带多点，即浦口火车站文创核、沿江文化创意带及江浦西门历史地段等创意点

图 6-31 三类延伸创新空间的结构布局

资料来源：自绘

适宜性的评价结果，并与2016年12月农业部批准设立南京国家现代农业产业科创示范园区的相关规划衔接，于江北新区打造"一核两园多基地"，即研创园科创核心区、竹镇现代畜禽产业技术中试孵化园、八卦洲现代花卉及园艺产业技术中试孵化园以及多个依托乡镇现代农业园的农创基地。文化创意产业集聚型创新空间则基于对文创空间适宜性的评价结果，并综合现状文创资源分布特征，打造"一核一带多点"，即浦口火车站文创核、滨江文化创意带以及江浦西门历史地段等创意点，其中滨江文化创意带通过多个绿化廊道将滨江空间与文化资源进行了串联。

2. 创新空间的全域生态体系构建

综合四类创新空间的空间布局结构，最终提出在江北新区协调区层面打造"一脊一带一环，一心两镇多网点"的全域创新生态空间(见图6-32)，实现新区范围内高新技术产业创新、文化创意、农业创意以及高端服务业创新相互联动、协调的生态空间体系(见图6-33)。

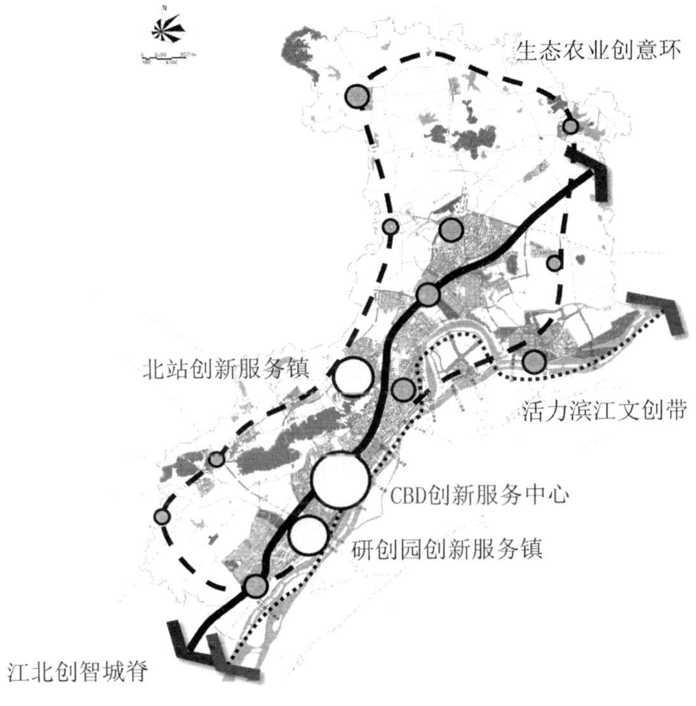

图6-32 江北新区创新空间的全域生态结构引导

资料来源：自绘

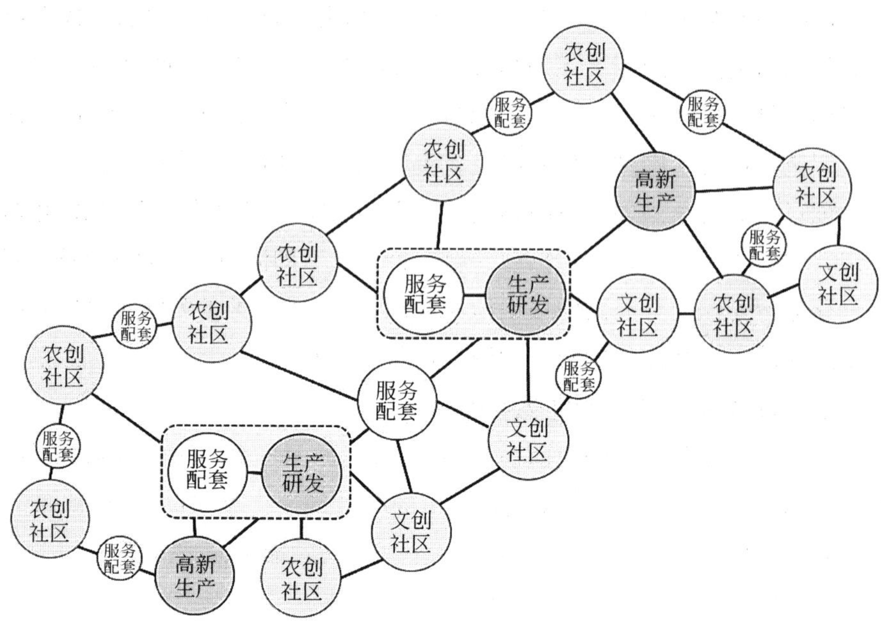

图 6-33　江北新区全域创新空间的生态体系模式

资料来源：自绘

（1）一脊：江北创智城脊，以江北大道为骨干，串联新区核心产业型与知识型创新主体，是新区科技创新的核心动力所在。

（2）一带：活力滨江文创带，沿江串联浦口火车站等文化资源，并通过绿廊、水系向内延伸串联其他文化资源，带动其创意性利用，为新区内创新创业活动提供创意灵感资源的同时也为人才提供特色文化服务。

（3）一环：生态农业创意环，串联各现代农业园与农业创新示范区等载体，沿新区协调区边界形成半环式农创功能集聚空间，构建新区生态绿色创新创意屏障，也为创新创业人才提供生态农业休闲服务。

（4）一心两镇多网点：CBD 创新服务中心、研创园创新服务镇、北站创新服务镇以及多个创新服务网点。在江北新区“新金融中心”规划“一心两镇”的规划基础上与文创、农创节点等结合增设多个服务网点，为新区创新创业活动与人群提供专业金融服务的同时，也为创新人才创造服务设施完备的氛围。

参考文献

[1] 南京江北新区管委会. 南京江北新区科技创新规划(2016—2020 年)[Z]. 2015.

[2] 上海市城市规划设计研究院. 上海市城市总体规划(2017—2035 年)[Z]. 2017.

[3] 范柏乃. 高新技术产业发展法律环境研究[M]. 上海:上海财经大学出版社,2001.

[4] 刘玉. 国家高新区创新发展探讨[J]. 人文地理,2008(1):65-68.

[5] 汪涛,任瑞芳. 国家级高新区技术创新能力分类与空间布局研究 [J]. 生产力研究,2010(9):91-93.

[6] 汪海凤,赵英. 我国国家高新区发展的因子聚类分析[J]. 数理统计与管理,2012(2):207-278.

第 7 章

城市新区创新空间的空间创新分析

空间创新是指空间概念与组织方式的创新。空间创新要求从传统增量、等级的空间组织模式转向存量的、特色的、网络化的空间组织模式，由此为创新功能、创新活动提供空间载体。

关于城市新区创新空间的空间创新方法，已有不少学者从不同的研究对象进行了总结。一是以开发园区为研究对象。如袁新国(2011)以长三角开发区为例，根据开发区的空间区位、自身规模及转型方向，将开发区再发开模式分为综合新城型、产业社区型、纯产业型和消亡空间型。周海波(2013)从制造业与服务业集聚区互动的角度以盐城环保产业园为例，提出主城区包含提升模式、边缘生长融合模式、点—轴拓展模式和卫星城组团发展模式。二是以区域整体为研究对象。如刘伟等(2013)以临港新城为例，提出功能定位、人口导入、产业定位和空间结构等发展模式以促进临港新城的产城融合。陈磊等(2017)以晋江市产城融合发展为例，提出了以社区为组织单元的空间发展模式。杨鹏(2017)基于国内产城融合发展模式和经验，针对广西城镇和产业融合发展提出了点轴、同城、双核、新区、新城、龙头和港产城等七种发展模式。本书研究的城市新区创新空间既有新区(区域)层面，也有开发园区层面，还有深入到建筑单体层面，因此，本书的空间创新方法更加全面、深入。

本章从产城融合的内涵解析入手，分析产城关系演变的历程，运用新马克思主义空间生产理论、尺度重构理论阐述产城分离的机理。通过对问题的剖析，提出城市新区创新空间产城融合和空间治理的发展模式；从“空间复合”“空间集成”与“空间营造”三大维度探讨城市新区创新空间的空间创新方法，并以南京江北新区为例，从上述三个维度分析空间创新的实施策略。

7.1 基于尺度重构的新区产城关系

1978 年 12 月，中共十一届三中全会确定了"以经济建设为中心，实施改革开放"的国策。顺应 20 世纪 80 年代世界经济进入以计算机、信息、生物、新材料为主导的新经济时代潮流，效仿美国取得巨大科技进步、经济快速发展的硅谷、128 号公路、北卡罗莱纳三角州科技园等成立高科技园(产业区)的运营模式，我国在 1984 年年初开始了开发园区的创建。1990 年初期，我国建立了经济技术开发区、高新技术产业开发区、保税区、出口加工区、旅游度假区等各类园区，从国家级、省级、市级到县、乡级都有。通过各类产业园区实现快速工业化、城镇化，成为我国城市空间扩张的一大特点。但也暴露出越来越多的问题，如忽视产城融合发展，致使产业园区与城市在空间功能上分离。另外与我国快速城镇化进程中存在的问题相关。我国城镇化率已由 2000 年的 36.2%迅速提高到 2016 年的 57.35%，但因产业发展与城市空间扩张脱节，产生大量所谓的"空城""睡城"现象(周正柱，2017)，导致城市新区创新空间功能缺乏，高端优秀创新人才难以留住，影响城市新区创新空间的可持续发展。

7.1.1 城市新区产城关系的演变特征

我们所研讨的"产"不是新华字典里简单所指的产业、工业生产、产业工人，而主要是指开发园区、城市新区等产业空间载体，也可表示开发园区、城市新区所承载的以制造业为主的产业，以生产为主的功能体系，以开发园区和城市新区管委会为代表的新政管理体制等。"城"则可以表示城市(一般指老城)这一空间载体，也可以指代老城所承载的以服务业为主的城市经济，以生活方式为主的功能体系，以城市政府为代表的行政管理体制等。梁印龙、姚秀丽(2018)认为，产城关系包含以下五个方面的含义：①空间视角下，产城关系表现为开发园区与城市(老城)的空间区位互动变迁；②产业视角下，产城关系表现为开发园区制造业经济与城市服务业经济之间的产业转型互动；③功能视角下，产城关系表现为开发园区生产型功能与城市生活型功能的互动整合关系，包括老城功能提升与疏散，开发园区承接老城疏散的功能和自身生产性服务业功能提升等；④交通视角下，产城关系表现为开发园区内部为生产运输、快速集散的交通系统与城市内部慢行优先、快慢结合的交通系统之间的互相衔接；⑤管理视角下，产城关系表现为开发园区以管委会为代表的精简高效的体制机制之间的互动整合。因此城市新区、开发园区产城关系的组织与引导也应主要侧重于这五大方面，城市新区创新空间的空间创新也应重点关注空间、产业、功能、交通、管理等五大方面（见图 7-1）。

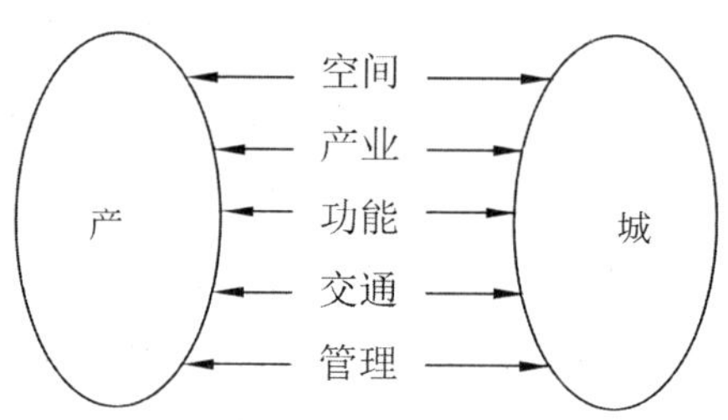

图 7-1　产城关系的五重含义

资料来源：梁印龙、姚秀丽，2018

从理论上讲，开发园区、城市新区与城市（老城、主城）应在上述五个方面形成融合互动，呈现规划一体化、基础设施一体化、城乡公共服务一体化的“产”促进“城”以及“城”促进“产”的协调关系。但在 2019 年 8 月 9 日，江北新区在欢送 34 位清华大学博士研究生社会实践暨欢迎 18 位北大、清华博士入职会上，34 位博士生通过实习认为，江北新区虽然在规划上将发展成为南京市的新主城，但实质上当年的南京高新区、化工园区等新区的主要产业园区都选址于南京市长江以北的城市郊区且独立于城市主要生活区，虽有相对独立的地域空间，但功能相对单一，主要以产业功能的集聚为主，生活居住、消费娱乐等活动仍然依托江南的主城，严重制约着高层次创新人才的集聚，成为江北新区创新空间可持续发展的障碍。

1. 江北新区产城关系的演化历程

关于产城关系的阶段演化，王兴平（2008、2013）、陈家祥（2012）、王慧（2013）、孔翔和顾子恒（2017）等国内众多研究者已进行了较为深入的研究。总体来看，基本观点趋于一致，即从我国开发园区发展的一般规律来看，其发展大体上经历成型（功能单一的工业区）、成长（产业功能主导的综合功能区）、成熟（产城融合新城区）的三个阶段，产城关系也相应经历了产依附城、产城分离、产城融合三个阶段。在沿海发达地区的众多城市，产城关系从最初“老城＋开发园区”的区域关系转变成为后期“老城＋新城”的城城关系，产城在空间上也逐渐从“近郊”到“相向扩张”，最终“粘连一体”（梁印龙、姚秀丽，2018）。但江北新区的“产城演变”有其自身的特点，分析其演化历程，既可反映我国开发园区的发展历程、发展特征，又映射了我国大城市边缘区的城镇化、现代化发展历程、发展特征，也从侧面说明了大城市高校新校区的建设历程。

1）开发园区成型初期（1988—2012 年）：功能单一、依附主城

新中国成立后，特别是改革开放以来，南京曾编制过多轮总体规划，1983 年 11 月，《南京市城市总体规划（1981—2000）》获国务院批准，它是第一部得到国家正式批准的具有法规性的城市总体规划文件。该规划明确南京市城镇群体的空间结构为圈层式布局，把市域分为各具功能又相互联系的五个圈层，即中心圈层——市区、蔬菜及副食品基地和风景游览区、沿江 3 个卫星城、3 个县城两浦地区、大片农田及山林和远郊小城镇，这种布局被概括为“市—郊—城—乡—镇”。其中江浦县被规划为科技文教城，接纳市区疏散外迁的单位和人口以及外地迁入的工矿企业和科研教育单位（见图 7-2）。

改革开放后，随着高教事业的发展，南京大学、东南大学（原南京工学院）办学空间严重不足的困难日显严重。为此，1984 年，南京大学计划根据新批的南京市总规划在江浦县科技文教城建立新的办学基地，并设想于 1985 年开始设计动工，争取 1987 年 9 月接纳一、二年级学生，以后再逐步迁去一些尖端技术学科和应用性文科方面的院、系。但因江浦县地处江北，当时的过江交通仅有一座长江大桥，交通实在不方便，同时也因其他多方面的原因未能实现。考虑到浦口区位于长江大桥北，离都市较近，1987 年 12 月南京大学、东南大学与浦口区分别达成了合作创办“南京大学——浦口区教育・科技・外向型经济区”“东南大学——浦口区教育・科技・外向型经济区”的协议，1988 年年底，国家教委正式批准了南京大学浦口校区的规划设计，1990 年 12 月，南京大学浦口校区正式奠基开工，1993 年 9 月，浦口校区首届新生正式入学。[①]

---

① 韩星臣. 办学条件的改善与办学空间的拓展. 南京大学网：校史沿革——校史渊源（九），2018 年 11 月 25 日.

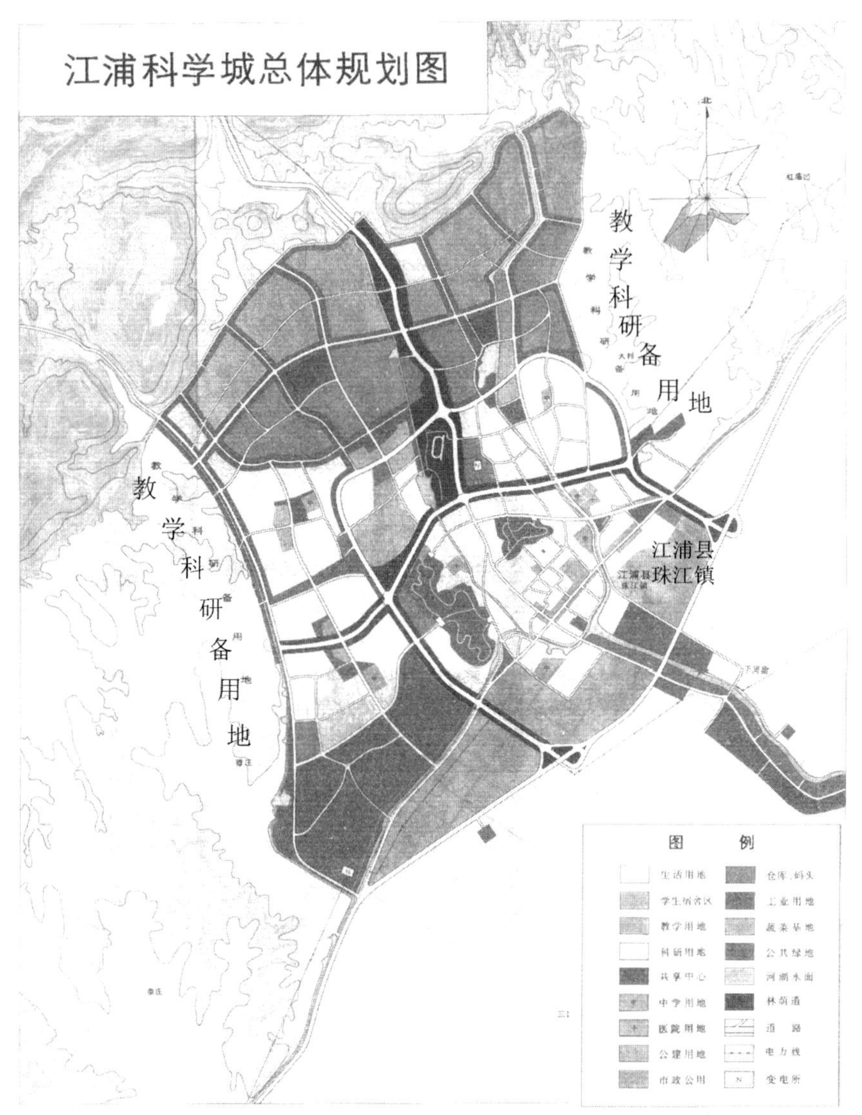

图 7-2　1983 版南京总体规划江浦科学城总体规划

资料来源:《南京市城市总体规划(1981—2000)》

在 20 世纪 80 年代世界新技术革命的影响下,国内许多智力支撑较好的城市纷纷创办高新技术产业开发区。考虑到国外高科技园区选址一般都临近实力雄厚的高校,1988 年 4 月,江苏省、南京市合作创办的南京高新区前身——南京浦口外向型高新技术产业开发区自然就选址于南京大学、东南大学两校浦口新校区之间的区域(见图7-3),面积约5平方公里。1991年3月,南京高新区被国务院批准为国家级高新区,成为全国第一批、全省第一个国家级高新区。

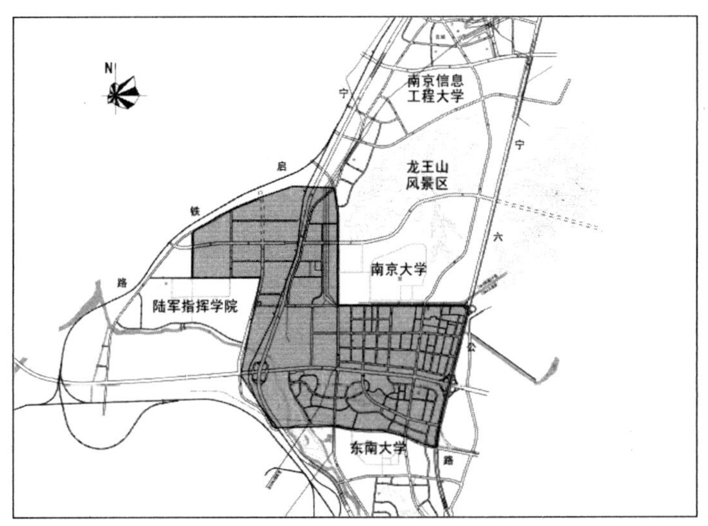

图7-3　南京高新区起步区选址

资料来源:自绘

无论是两个新校区的选址还是南京高新区的选址都不在新修编的南京市城市总体规划确定的功能区内,导致新校区、高新区周边的城市配套功能缺失上位规划的指导。对于南京高新区来说,地处江北,属远郊型开发区,理应避免纯产业区开发模式,但在较长时间内,其建设的目标直接指向经济增长,政策驱动和外来投资构成了其空间拓展的核心动力,由此形成了南京高新区空间拓展以产业空间为主的特征,即使有少量的住宅开发也是环境质量不高,因此南京高新区的居住空间开发极具滞后。周边的南京大学、东南大学在江北办学近20年,也竟然没有一幢教师住宅楼,使整个区域的空间景观呈现单一的、枯燥的工业区景象。

根据东南大学2003级城市规划专业学生在2005年的调查,在南京高新区就业的人群中,超过一半的人群居住在高新区以外,职工的日常购物、就医及子女就学等活动超过70%在高新区以外满足,其中许多活动在主城区(见表7-1)。

表 7-1 南京三大国家级开发区职工相关活动在区外进行的比例

%

开发区	居在区外	日常购物	日常就医	子女就学
南京高新区	64.4	87.3	74.5	93.6
江宁开发区	47.7	66.5	60.3	72.6
南京开发区	40.2	70.4	88.9	93.8

资料来源：陈家祥，2012

2）开发园区转型发展（2002—2014 年）：配套低端、功能不齐

1997 年 7 月，经原国家科委批准，南京高新区从 1991 年 3 月批准的 16.5 平方公里调减为 6.5 平方公里，将 5 平方公里调至新港开发区设立新港高新技术产业园，5 平方公里调至江宁开发区成立江宁高新技术产业园区。如此袖珍型园区规模，使得南京高新区无法进行城市功能的开发建设。同时，南京高新区地处长江以北，跨江通道建设缓慢。2010 年 5 月前，过江通道只有三座长江大桥，但二桥、三桥远离主城，仅作为过境交通，只有长江大桥作为市内交通，因此，南京高新区的城市功能只能依赖主城，但过江交通又如此困难，严重制约了南京高新区的发展。2006 年 5 月，报市政府同意，将浦口区盘城街道交由南京高新区代管，实行"园区带镇"的管理模式，使南京高新区的空间范围拓展至 61.5 平方公里（见图 7-4）。空间规模的拓展，使南京高新区有了规划建设学校、医院、休闲娱乐等城市功能的空间。南京高新区陆续建设了高新医院、南京信息工程大学附属小学（盘城中心小学），扩建了盘城中学，引进了向阳渔港、丽景酒店等公共服务和休闲娱乐服务业，较好地避免了产城严重分离的劣势。

然而盘城街道毕竟是以农业为主的街道，城市服务设施原本匮乏，南京高新区公共服务设施难以与主城相媲美。这使得收入较高的开发区员工为享受较好的文化、医疗服务和子女教育等，倾向于克服通勤、住房等方面的困难而留居在江南主城区，留下较低收入人员在开发区生活，从而使高端服务企业难以获得进入开发区的"门槛"需求。而高质量教育、医疗和休闲娱乐服务的长期缺乏，不仅进一步促使高收入人群留居在市区，而且也影响到留居在开发区的员工子女教育，从而使开发区周边的人口素质长期处于较低水平（赵鹏军、彭建，2000）。也就是说，开发区遭遇"产城分离"

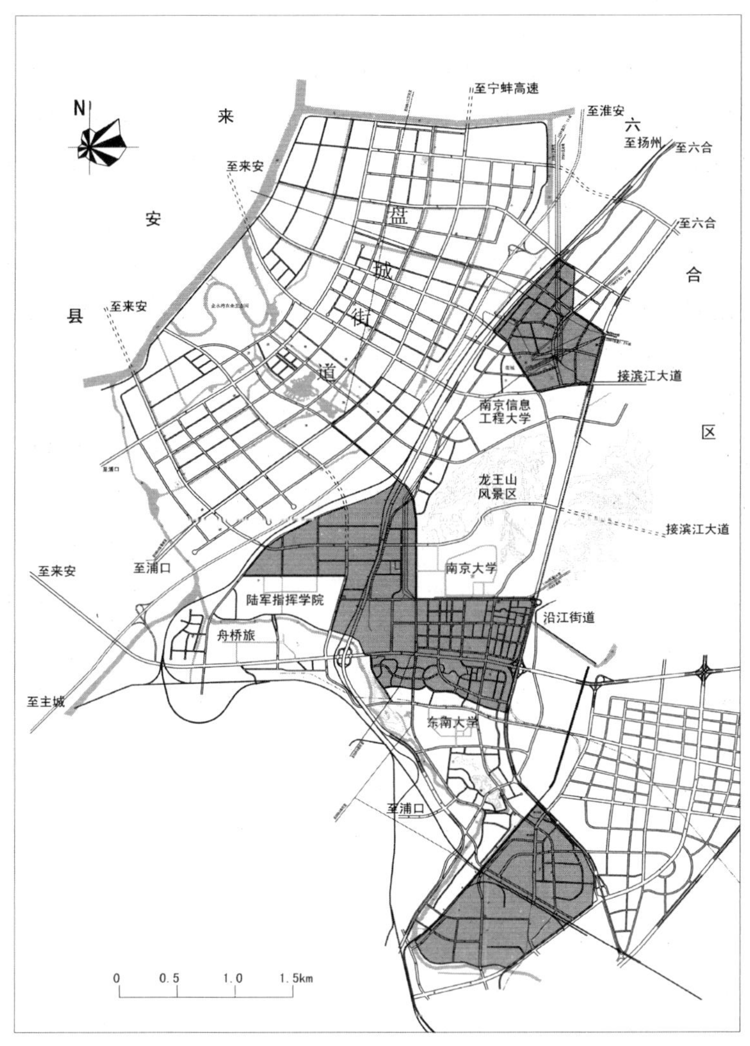

图 7-4　南京高新区“园区带镇”的区域范围

资料来源：自绘

不仅是因为加工制造活动的集聚造成低收入群体的集聚，更重要的是，它们无法吸引高收入员工根植于开发区居住、生活，使开发区的人力资本状况长期处于较低水平，不利于开发区的转型升级发展。

3）整合成立江北新区（2015 年至今）：产城融合、高端发展

作为行政区域跨江的南京，在江北区域，涉及浦口、六合两个行政区以及 4 个与行政区同级别的南京高新区、南京化工园区、南京市浦口新城、扬

子国资集团。南京化工园区因产业特征问题，园区不能配套建设城市功能，是功能单一的产业园区。浦口新城开发建设的初旨是作为江北区域的城市中心、南京市“一区三城”[①]的“三城”之一，作为两个开发园区支撑的“城”的功能区。但是6个相对独立、平等级别的行政区、开发平台，难以协调一致实现功能融合发展的目标。2013年4月，经国务院同意，国家发改委正式印发《苏南现代化建设示范区规划》，标志着我国第一个以现代化建设为主题的区域规划正式颁布实施。该《规划》明确提出，在南京推动建设江北新区，重点推进产业转型升级与新型城镇化，打造产业高端、生态宜居的城市新区，成为加快现代化建设和提升国家竞争力的新引擎。

为此，南京市在2013年4月启动南京江北新区总体规划编制的研究工作，将江北的两个行政区、3个开发平台进行整合并成立江北新区。根据江北新区位于苏皖交界处，面向苏北、苏中、皖北和皖中广大区域，江苏和安徽省域城镇体系规划确定的淮安增长极、皖江城市群、皖北城市群等区域增长极地区都是江北新区的潜在腹地，因此，江北新区定位于腹地型国家级新区。考虑到江北对苏北、皖北等周边地区的辐射与带动能力，以及需完善其内部公共服务体系，同时与江北非典型带形城市的结构特征有机结合，规划形成“城市中心/城市副中心—地区中心—社区中心”，构建江北新区城市综合服务功能，着重构筑区域性商业贸易、商务金融、医疗卫生、文化娱乐、旅游休闲等综合功能(见图7-5)。

作为南京市的新主城，《南京江北新区总体规划(2014—2030)》提出了“生态优先、创新引领、产城融合、开放合作、以人为本”等五条基本原则。“产城融合”的观念，就是增强城市规划、建设、管理的科学性、系统性和协调性，充分发挥南京高新区、南京化工园区、南京海峡两岸科工园等产业载体的优势，统筹城市空间和产业发展空间，提供优质公共服务设施，以产兴城、以城聚产，创建城市管理新样板，增强辐射带动效应，积极促进跨江发展，推进区域协同和城乡一体化进程。在宜居导向方面，提出“5分钟”“10分钟”“15分钟”的“宜居幸福圈”的布局模式，合理安排不同圈层的服务设

① 根据《南京市城市总体规划调整(2007—2030)》，除南京主城外，加快培育次区域中心，构建“一区三城”(河西新市区和东山、仙林、江北三个副城)，形成多中心格局，共同承担南京区域中心职能。

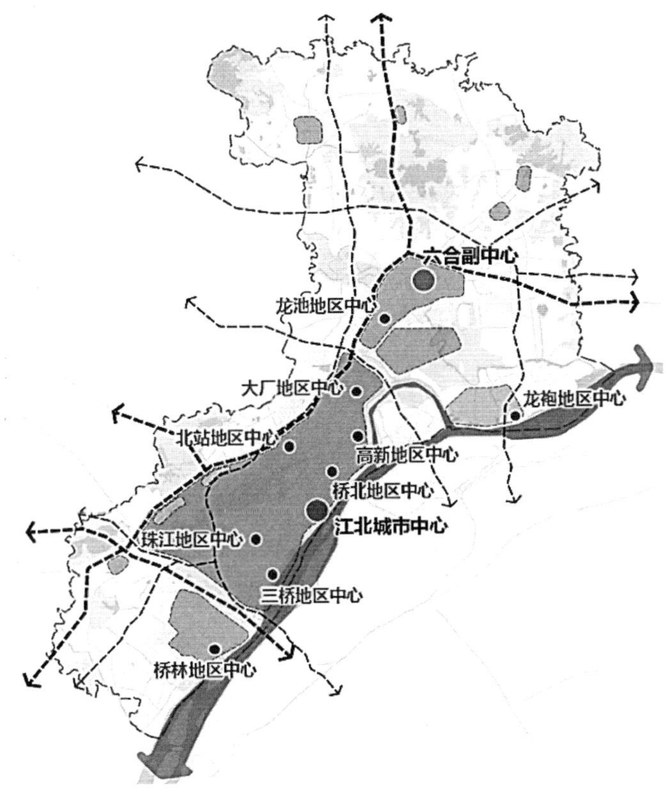

图 7-5　江北新区中心体系规划示意图

资料来源：自绘

施和绿地开敞空间，营造出门见绿、移步见景的生活环境，为创造和谐宜居新区打下坚实基础（见图 7-6）。

2. 城市新区产城融合的内涵解析

在我国最早提出产城分离现象的是皮黔生（1999），他把开发区形象地比喻为“孤岛”，把开发区产城分离的现象、功能单一的状况形象地总结为“孤岛效应”，这种“孤岛”有 5 个方面的表现，主要是“经济孤岛”“功能孤岛”“地理上的孤岛”“政策孤岛”和“心理孤岛”。为解决“孤岛效应”对开发园区发展的制约，专家、学者和园区管理者提出了众多的思路、方法，其中最重要、最有效的理念就是产城融合。

周宇（2012）根据开发区的发展实践，将开发区分为企业主导型、政企分离型、政企合一型、复合型、叠加型、孤岛型等六种类型（见图 7-7）。随着我国社会主义市场经济体制的建立和改革开放的进一步深化，封闭型、叠加型管理模式已基本淘汰。复合型开发区是指开发区与行政区合二为一，

250~300米　7 000~10 000人

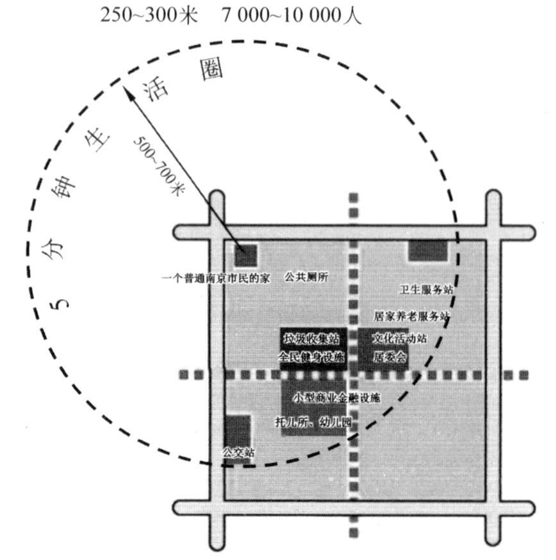

a：300米半径宜居设施的布局模式

400~500米　30 000人左右

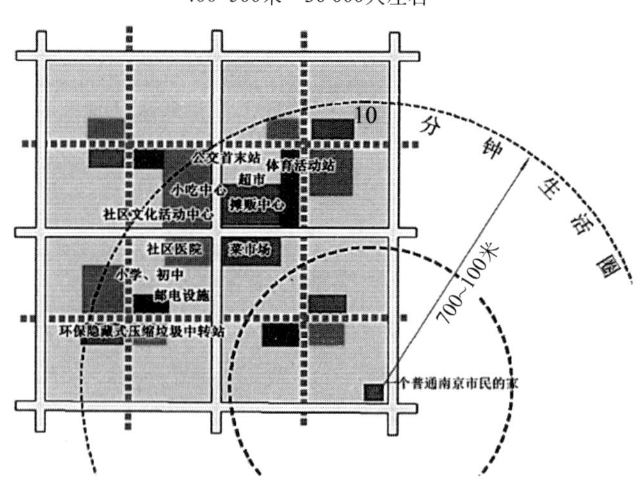

b．500米半径宜居设施的布局模式

图 7-6　“5 分钟”“10 分钟”“15 分钟”的“宜居幸福圈”的布局模式

资料来源：自绘

1 000米左右　60 000~80 000人

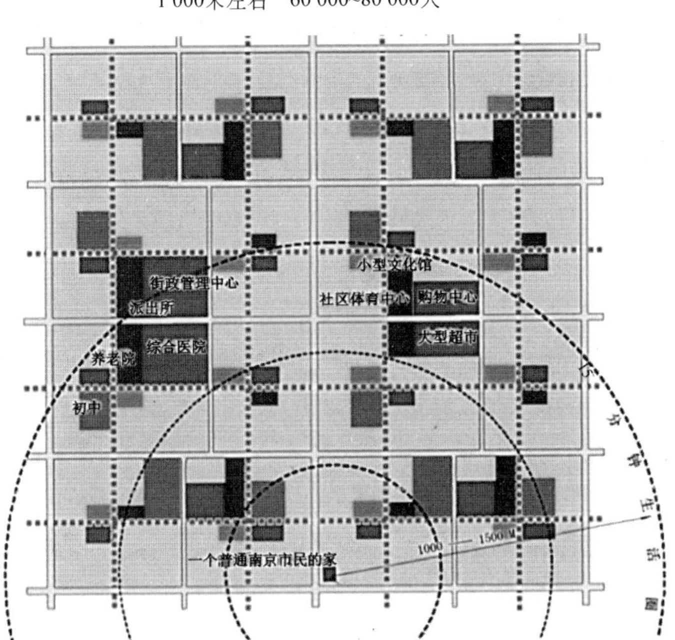

c．800米半径宜居设施的布局模式

图 7-6 （续）

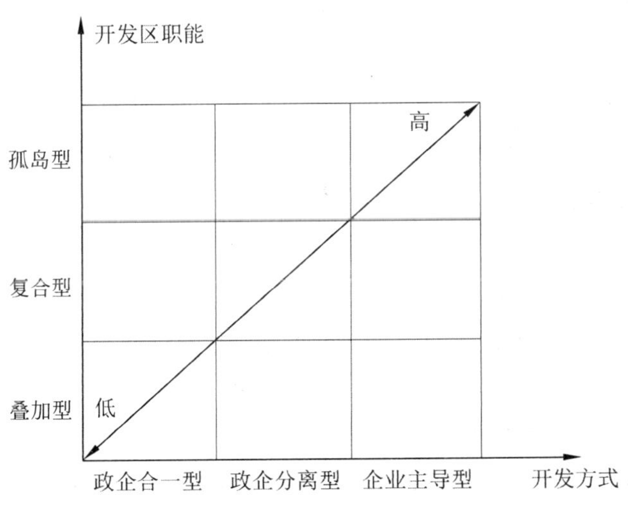

图 7-7　开发区管理模式双维度模型

资料来源：周宇，2012

扩大了开发区管委会的职权，避免区内、区外体制的摩擦而导致的低效率出现，并带动区域的发展。企业主导型开发区是指开发区的规划、开发、管理由园区的开发总公司为开发主体，开发区所在地的政府设置派出管理机构，其定位是“服务、协调”。这种模式的优势是避免政府的行政干扰，提高企业开发效率。政企分离型是指开发区既设立管委会又设立开发总公司，管委会作为行政管理主体，主要提供公共服务，不直接参与经营；开发事务由独立的开发总公司承担。政企分离型是符合市场经济发展需求的模式，能把政府的管理、协调与企业的市场化运作有效结合起来。政企合一型是指开发区管委会、开发总公司合二为一，两块牌子、一套班子，具有管理者与开发商的双重功能，其优点是办事效率高，但可能会导致职责不清、政企不分，使未来发展受到限制。

1）产城融合概念的提出

产城融合概念的提出，实际上是因为产城分离的现象严重影响了各级各类开发园区的发展，影响了城市空间的合理布局与扩展，加重了城市病。因为在开发园区建设初期，单一功能在一定地域空间内的集中，有利于相关环境氛围的形成，提升产业或其他功能的集聚成效，可是当开发园区发展到一定阶段时，这种单一功能集中于城市外围的新区建设模式也暴露出了越来越多的问题。很多城市出现了工业围城、园区围城的发展困境。一方面，城市拓展方向受限；另一方面，工业区（产业园区）、科教区等城市功能的进一步提升与发展也受到限制。出现职住不平衡，生产服务与生活服务设施缺乏，“空城”与“卧城”以及带来的城市交通拥挤，潮汐式交通等问题（王峰玉、郑军，2012）。

这不仅给城市发展带来严重影响，而且对开发园区自身的发展也产生了影响。如2005年前的南京高新区，由于园区基本上是有园无城，园区公共服务设施基本集中在江南主城，园区内仅有少量的公共服务设施，并且服务设施标准偏低，以村镇服务设施为主，虽然园区内建有一定数量的住宅小区，但由于服务设施的缺乏，新区缺乏人气，导致园区多数人仍然选择在主城居住。这也严重影响了园区企业对优秀人才的吸引。2002年4月，南京高新区通过巨大的优惠政策，引进了韩国三星集团（中国）研发总部，优惠的政策及良好的服务虽赢得了三星公司决策层的认可，但两年多后，由于园区生活环境的短缺，因而优秀研发人才在短期工作后，尽管面对优厚的薪酬待遇，仍然不断离开，新招人才也变得越来越困难。这迫使三星公司决策层痛苦地选择离开园区到主城发展。由此引发南京大学、东南大学也规划将新校区迁离江北，这对园区的发展产生了非常恶劣的影响（陈家祥，2009）。

在这样的背景下，改变开发园区单一城郊工业区的建设风貌以及城市形象与城市品质低下，推动开发园区完善城市功能，推动开发园区产城融合的发展迫在眉睫，产城融合的规划思路也应运而生。越来越多的江北开发园区开始尝试运用产城融合的发展理念解决开发园区功能单一所产生的发展瓶颈问题，积极推进开发园区的转型发展。

2）产城融合的内涵解析

在我国关于产城融合的理论与实践研究主要是从2010年开始的，但到目前为止并未有公认的、系统的标准出台。蒋华东（2012）对学术界的研究进行了总结，认为相关研究在展现不同观点与视角的同时，为我们理解产城融合的概念建立起了一些基本的认识：①对于“产”“城”概念理解的广义化。对“产”“城”概念的理解已经从狭义的“二产”和“居住配套”的概念走向广义上城市的“生产职能”与“服务职能”（既包括生活服务职能，又包括生产服务职能），而空间层次的讨论已从原先的功能区拓展到城市，甚至是区域层面。②对于融合过程认知的加强。产城融合是一个复杂而漫长的“互动作用过程”。在融合的作用过程中，既包含了产业业态的融合，又包含了城市形态的融合，二者不是两个独立的对象或两种简单的形态，是既相互独立又相互包容的融合体，或是因交叉渗透而演变成为包含多个变体的复合体或复合形态。

杜宝东（2014）基于对上述共识性的认识，从产城融合的阶段特征（时间维度）、融合的空间逻辑（空间维度）、融合的类型差异（类型维度）与融合的目标导向（人本维度）四个维度，系统地建立起产城融合的概念内涵与外延的认识体系。从这四个维度来分析江北新区产城融合的内涵。

（1）从时间维度来看，“产”与“城”之间始终处于“不平衡”的作用状态，理解产城融合不能只是简单地看静态结果，更要建立动态的“过程”思维。从城市微观成长周期而言，不同发展阶段的矛盾和问题各不相同，也就必然导致融合的路径存在明显的差异。因此，产城融合不仅是静态的“规划理念”，更是职能培育与公众认知的过程，不能急于求成，需要在这一过程中不断地处理融合矛盾和创新融合方法，也就是说，理解产城融合要在时间维度上建立起理性的“过程观”，客观地选择产城融合的方式与方法。

（2）从空间维度来看，必须对空间统筹的结构前提和合理的空间尺度这两个重要概念予以关注和重视。就空间统筹的结构前提而言，对产城融合的理解不能仅停留在“局部”功能关系的认识上，必须从城市甚至区域的整体出发，看待微观的功能与服务融合的问题。否则将会导致城市整体运行效率的降低和功能体系的涣散。简单地说就是不能仅从单个园区出发，形成各个园区封闭的“小而全”“散乱差”的功能体系，使城市整体功能与环境品质的提升面临极大的障碍，城市整体的运行也陷入“诸侯经济”的泥潭之中。因此，产城融合需要有一个空间统筹发展的前提作为指导，否则会引发“小而散”“规模不经济”等问题。就空间尺度而言，包含了空间距离、空间规模两层含义，不同规模的城市和园区，其“产”“城”关系的空间尺度概念是不一样的，逻辑关系也是不一样的。因此，既要从城市全局的角度考虑产城融合的“大局观”，也要从城市与园区的空间关系特别是园区的规模角度考虑产城融合的“尺度感”。客观地认识不同空间尺度下“产”“城”关系的作用规模与问题所在，由此寻找科学的融合方式与路径。

（3）从类型维度来看，城市和产业都存在着众多的发展类型，因此，两者相互作用的方式与结果必然是复杂多变的，这也就决定了“产”“城”关系的多样型以及解决方法的多元化。如南京化工园区、西坝港区，由于化工产业的环境污染、港口集疏运体系造成的交通干扰等问题，导致生活服务职能的建设很难在港区作业范围内开展，只能采用通勤的方式在后方陆域组织相关的服务功能。1966 年，哈佛大学教授雷蒙发·弗农在其著名的《产品周期中的国际投资与国际贸易》一文中首次提出了产品生命周期理论（见图 7-8）。同人的生命一样，产品生命要经历形成、成长、成熟、衰退这样的周期，在产品的不同阶段，它的区位选择、空间规模、资金流动及配套服务需求是不同的。这个现象实质上反映了服务需求关系的创新需求。因此，产城融合的内涵要求我们必须建立起“创新思维”，用发展的观点来看待产城融合的类型与方法，千万不要机械地套用概念。同时，要从不同产业类型、不同产品阶段等现实的成长需求出发，合理选择融合的方式与路径。

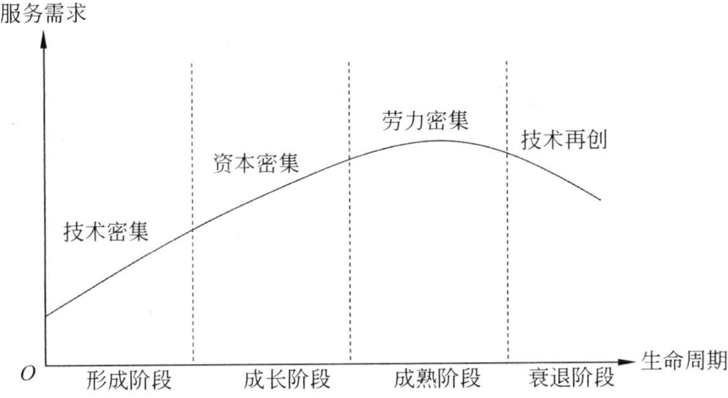

图 7-8　产品生命周期与服务需求

资料来源：自绘

（4）从人本维度来看，产城融合的最终目标也是最高目标是“以人为本”，只有基于人的真实需求所进行的功能安排、设施统筹和制度设计，才能真正引导城市功能、效率及生活质量的不断提高，从而实现真正意义上的产城融合。否则，只能是空洞的“概念炒作”和“谋利说辞”而已。因为不同产业园区的主导产业不同，其就业的主体人群就有可能不一样，只有分析主体人群的特征需求，才能从产城融合的概念表象回归深层次的价值认识。围绕主体人群的特征需求、真实需求，建立起真正意义上的服务关联，而不是形式上的关联（见图 7-9）。

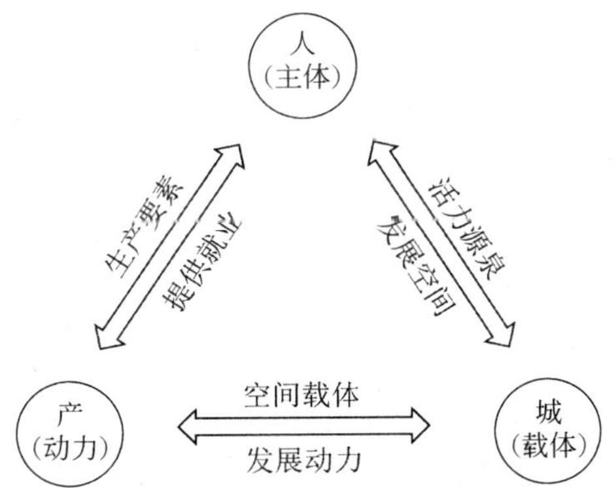

图 7-9　基于人本思想的产城融合模式

资料来源：何笑梅、洪亮天，2017

7.1.2 基于尺度重构的新区产城关系

改革开放初期，江北开发园区"孤岛式"的发展促进了江北区域产业经济的快速发展，但也导致了江北区域行政主体、管理主体多元化的格局，经济社会发展主体与政治管理主体的分离。虽然通过"园区带镇"、园区"市属区管"等自下而上的空间治理的渐进式演变，但始终未能彻底解决"孤岛效应"。通过国家和地方政府的合力，江北区域设立了国家最高级别的特殊政策空间——国家级江北新区、国家自贸区南京片区，在制度空间集合各利益主体，在经济社会空间整合各投资主体与资本收益，实现了城市新区产城关系的融合发展。

1. 聚焦于产业发展的园区空间生产

开发园区"产城分离"现象的产生，从根本上来说与开发园区吸引制造业集聚的独特空间生产机制有关，其空间生产未能从"生产空间主导"转向"生产空间和配套服务空间主导"，再转向"消费空间主导"，导致"功能孤岛"。

1）空间生产理论

城市发展有着漫长的历史，而其真正的质变则出现在近代一两百年时间，资本主义、工业主义和现代化孕育了城市的质变，使它从前工业时代的商贸、政治、军事中心演化为生产、消费、流通和再分配的节点（乔尔·科特金，2006）。不同于之前缓慢的城市化过程，新的城市空间的重要特征就是资本化（Harvey，1985），并将空间看作是资本生产的过程和产物（杨宇振，2009）。列斐伏尔（Lefebvre，1976）最早提出了"空间生产"这一概念，提供了先期的理论洞见——他指出"建成环境"作为资本对于维系整个资本主义体制的重要性。大卫·哈维在列斐伏尔、福柯、索贾等学者的成就上，总结性地提出了经典的资本循环解释理论（王丰龙、刘云刚，2011）。大卫·哈维认为，资本在生产领域的第一循环、在建成环境的第二循环以及在社会公共事业的第三循环，资本通过进入空间进行所谓的"时空修复"推迟流通时间，从而避免过度积累，并且重塑城市空间（见图 7-10）。资本与空间的结合促使资本逻辑深刻影响空间发展，导致了"不动产的动产化"，使得土地、建筑、基础设施等不动产的商品属性凸显（程哲、蔡建明、杨振山、邓羽，2015）。

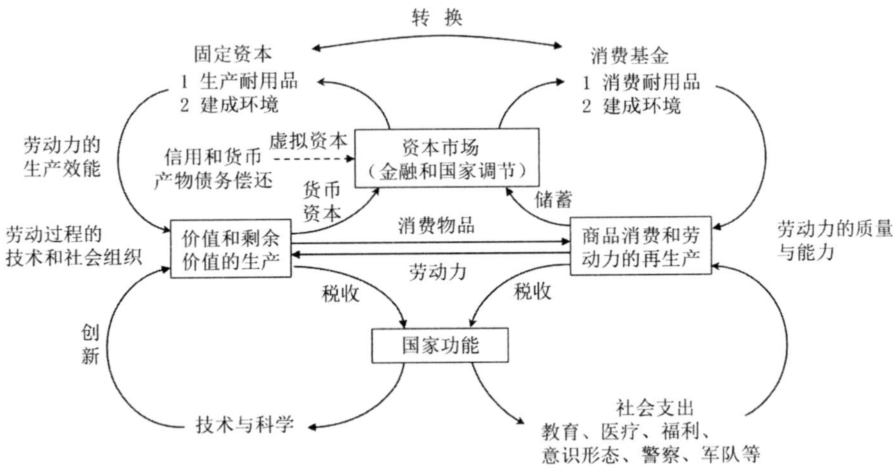

图 7-10　资本的“二次循环”

资料来源：Harvey，1986

大卫·哈维(Harvey，1978)认为，城市并不是一个静态的实体，而是一个由资本积累过程所造就的空间和地理形态。资本主义生产方式对空间本身的生产体现着一种对自然、资源和社会政治结构的总体性改变。这个过程不再将空间看作一个装载人类活动的容器。资本主义条件下的生产力已经发展到了全新重构人、事、物时空关系的程度。当今城市化实质上是“资本的城市化”，资本积累的动能将不断突破时空的边界，创造新的城市地景。

大卫·哈维对资本的“三次循环”进行了论证，其中第二次循环进入城市生产和消费的基础设施及建成环境。流动的资本固着于地表化为物质形态的建筑与城市，这是“空间生产”的要义。资本有一种过度积累的恒久趋向，空间生产的后果却是建成环境的相对稳固，二者之间的能力带来持续的“创造性”破坏，资本主义体制的固有矛盾通过这种“空间化”的策略得到暂时缓解(武廷海、杨军保、张城国，2011)。

2) 空间生产视角下的城市新区产城关系

空间生产理论是新马克思主义对城市发展的重要解释理论，根据国外学者对空间生产理论的研究，我国学者对空间生产理论进行了系统的引入，并结合我国的空间生产实践进行了多方位、跨学科且较为深入的研究。

陈嘉平(2013)、肖菲、殷洁、罗小龙、傅佼尧(2019)，程哲、蔡建明、杨振山、邓羽(2015)等运用空间生产理论对我国新城新区的开发理论进行了探讨。陈嘉平(2013)认为，中国新城新区以新兴工业城市、开发园区、新城区为代表，成为资本积累循环中盈余资本进行空间修复的主要载体，由于资本积累循环内部结构的调整，使新城新区呈现出不同的类型、空间分布与结构特征，并对我国新城新区的产城分离机理作了阐述。蔡建明等(2015)指出，城市新区是我国城镇化发展和城市空间延伸的主要载体，科学合理的规划及开发策略是新区可持续发展的保障。基于空间生产理论，从空间的使用价值、交换价值和资本循环理论出发，嫁接公共经济学和投融资理论，对城市新区开发进行理论解释，并相应提出溢价回收、政企合作和基础设施先行的规划策略，通过这三个策略的融合统一使用，实现城市新区资本增值、空间开发和新型城镇化的黏合发展，从而避免新区功能单一、产城分离(见图7-11)。

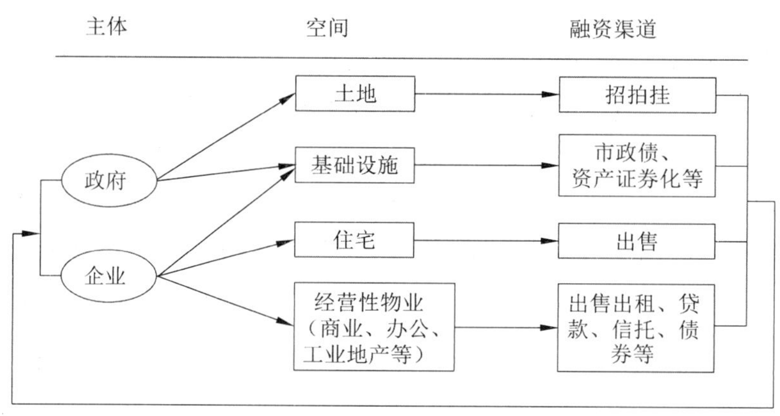

图7-11 城市新区空间生产的资本循环

资料来源：自绘

肖菲等(2019)选取南京江北新区作为新时期设立的国家级新区典型案例，根据治理体系的变迁，将其发展划为开发区模式下的“产业孤岛”阶段、行政区划调整带来的“和合发展”阶段、国家级新区空间设立下制度与经济空间整合阶段。产业空间设立、行政区划调整、国家空间形成等尺度工具在不同阶段各自发挥了重要作用，制度空间的生产始终是新区发展的核心动力，并促使经济社会空间生产与空间治理重构互相融合。

综上所述，若以空间生产理论视角分析开发园区产城分离的机理，则可理解为：中国开发园区初期是被定为“生产地而非异质人口居住地”（Wu,F,2003），开发园区作为生产与基本积累的载体是“为工业、为生产”服务的。即开发园区是为嵌入全球资本环流的基本回路服务的，呈现的是为生产服务的建成环境而非空间商品的属性，其实质就是资本根本未进入或极少进入消费的基础设施建设。其主要特征为：①由于开发园区的经济联系主要对外而非对内，开发园区起初被建设在一个远离主城，且基础设施较弱的孤岛地区，如国家首批设立的 14 个经济技术开发区中有 7 个与母城距离大于 20 公里。江北的园区不但远离主城，还隔着一条天堑——长江。②在招商引资的竞争与资本对廉价土地诉求的影响下，开发企业呈现出对土地价值的肆意蹂躏，造成工业用地规模普遍超出企业自身的实际需求，土地闲置问题严重。造成生活用地的供给严重不足。③开发园区内的劳动力再生产以工人个体而不是家庭作为单位，因此园区内只配套基本的生活配套设施且并不需要建立完善的公共服务设施配套体系，造成园区内居住与公共服务设施用地被严重挤压（见图 7-12）。

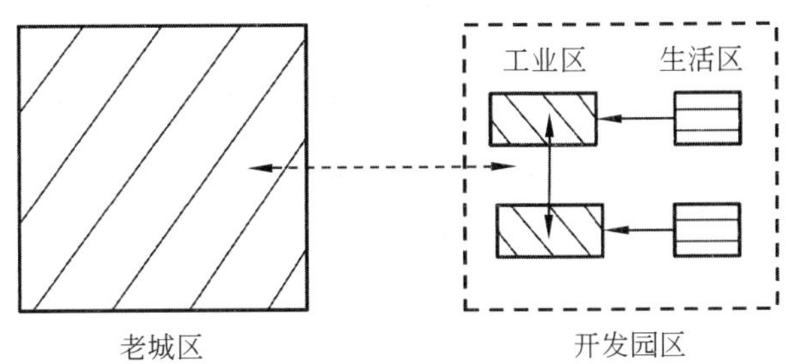

图 7-12　被挤压的开发园区生活空间结构

资料来源：自绘

2. 基于尺度重构的新区产城关系

在 2017 年 5 月江北新区管理体制调整前，除了前述的 6 个正局级单位，还有正处级的中山科技园、浦口经济开发区等 11 个园区、开发平台（见图 7-13），内部主体、平台间高度分割，园区之间呈现出同质竞争，平台之间互相争取空间资源、发展机遇。江北新区内的体制混乱、冲突成为制约江北新区发展的重要阻碍。空间碎片化、功能孤岛化问题越来越严重。城市空间扩展迅速与人居环境品质不高，就业岗位提供较多与生活配套基本公共服务缺乏，经济产业发展较高与社会文化发展相对滞后的矛盾不可调和。这些江北新区的现实劣势，成为江北新区发展的重要瓶颈。先进国家级新区的发展经验表明，制度成本是决不可忽视的高昂代价，正如著名经济学家吴敬琏所说“制度重视技术”，而且渐进式调整的成本代价也许更大。因此进行尺度调整，重构江北新区的产城关系，建设协同一体的发展平台成为江北新区的必然选择。

图 7-13　江北新区尺度重构前的开发平台与管理主体

资料来源：自绘

1）尺度重构视角下的国家级新区战略

尺度作为地理学度量空间的重要概念，是表征空间规模、层级及其相互关系的量度。20 世纪 70 年代，列斐伏尔、哈维等学者提出了空间生产理论，不断探讨空间性、社会再生产和城市化实践（马学广，2014）。尺度逐渐成为政治经济的分析工具，并关注特定的尺度构造是如何被生产和再生产的（李小建、苗长虹，2004）。尺度重构是指权利和控制力在不同尺度之间的变动。例如，国家尺度的重构就是指国家这个地域组织对经济干预和调节的权力变动的过程——权力从国家尺度分化到多种空间尺度，包括将权力上移至区域（如欧盟和国际货币基金组织）或下移至地方，以及与私人部门和市民合作来干预和调控经济社会发展。城市的尺度重构是一个更受关注的尺度重构过程，它主要是指城市这个地域组织对全球经济和资本的控制力的变化，即城市参与及控制全球经济的能力的变化。因此，尺度重构反映了中央/区域政府对地方经济、社会和空间等进行主动调节的权力干预。尺度重构的实质是特定地域组织对全球资本的控制力在不同尺度上的转移。国家的尺度重构主要涉及国家权力与制度的重新安排，即治理的变迁；城市的尺度重构则包含了世界城市体系的发展，以及城市空间结构的转变等引人注目的巨大变化。因此，随着区域和地方在条件创造与应对全球化挑战方面的优势开始凸显，一方面引起了国家、区域和地方角色的转变，另一方面使国家、区域和地方面临更加复杂的社会、环境和空间问题。尺度重构作为重塑国家和地方竞争力的政策和空间治理手段，正逐渐成为创新区域发展环境和促进经济发展的重要工具（晁恒、马学广、李贵才，2015）。

近年来，中央政府针对典型经济区陆续出台、划定了 60 多项“国家战略区域”，以便进一步落实和细化我国区域发展总体战略。国家级新区的设定就是国家恰当地运用“主动的尺度重构工具”，应对发展挑战的区域空间生产策略。尺度重构视角下，区域空间生产、尺度选择与国家级新区三者具有紧密的联系：国家权力尺度选择推动国家级新区的设立，进而带动了国家战略区域的发展，同时也映射了国家尺度战略的演变。国家级新区兼具操作性、针对性和有效性，是对国家总体空间战略具有引领和示范的发展区域。这在西方自由市场经济和地方自治的环境中是无法实施的手段，而在我国却是一种重要而有效的区域空间生产策略，体现了改革开放以来中国的发展既有全球化特征，也具有中国制度特色的本土化特征。罗震东（2007）认为，尺度重构作为一种空间生产手段，其本质是尺度重构过程中形成的各种发展制度或治理制度对区域发展的影响（见图 7-14）。

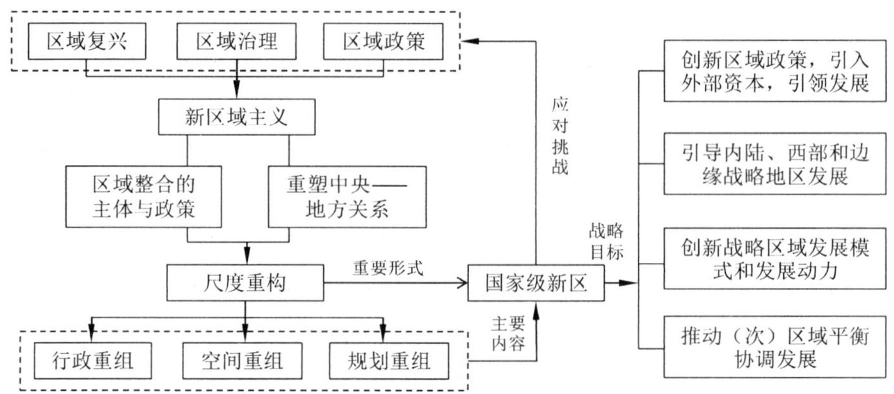

图 7-14　区域空间生产、尺度重构与国家级新区的内在联系

资料来源：晁恒、马学广、李贵才，2015

2）江北新区的尺度重构

作为承担国家发展战略使命的国家级新区，在面对全球化时代资本流动"无疆界"的趋势下，能否致力于精确捕捉区域发展的机遇，成为区域发展的引擎和政策发力点，必须打破区域内部的恶性竞争，构建区域协调合作发展的制度框架。一方面使国家级新区的职能发展具有高端化、战略性特征，使其在区域中成为经济与产业发展的源头和龙头，强化其辐射带动作用；另一方面实现其所在城市治理层级的跃迁，重构区域空间生产格局，通过加强对区域增长极的调控力，促进区域发展的协调与认同。

作为市委、市政府派出机构的南京江北新区党工委、管委会，创新新区治理模式是其首要使命。对江北新区管委会的定位是协调性机构还是统领性机构，关系到其在空间发展、项目审批和制度创新方面的自主权能否落实，面对"迅速膨胀的生产信息"需要更加开阔、高效的治理体系能否迅速应对，要求新区成为改革试验先行地区、成为区域乃至国家的"中心"战略能否实现。在江北新区获批国家级新区两年后，市委、市政府正确决策，新区管委会作为派驻江北的统领性机构，撤销南京高新区、南京化工园区、浦口新城等三个管委会，根据主导产业发展方向，设立相关产业平台管理机构（见图 7-15）。省委常委、市委书记兼任新区党工委书记，市委副书记，市长兼任管委会主任，市委常委任党工委专职副书记，全面负责江北新区的工作，浦口区、六合区、栖霞区等三个行政区的区委书记任新区党工委委员。这一制度建构打破了区域内部恶性竞争的困局，构建了区域协调合作的制度框架，使江北新区在既有制度优势耗尽之前获得了新的制度优势，建立起更符合区域实际的治理架构，改进区域财富积累的绩效。

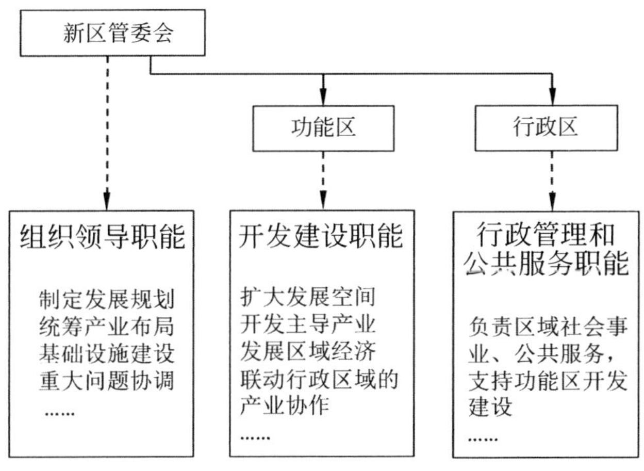

图 7-15　江北新区各行政主体的职能分配

资料来源：自绘

江北新区党工委、管委会作为市政府的派出机构（正厅级），享受市级经济管理权限，担当江北新区发展的主导角色，国家战略空间生产的治理体系采用“扁平化”的治理理念，将企业的治理角色引入治理体系。内部机构采用大部制模式，管委会部门仅有 15+1 共 16 个（见图 7 16），部门下设办，如规划与国土局规划编制办，对应市局的总体规划处、详细规划处、土地利用规划处、城市设计处、名称处等处室。管委会内部工作人员打破身份壁垒，公务员、事业、企业身份均可在管委会任职，所有工作人员身份进入档案，同工同酬，由岗设酬。采用公开竞聘上岗的方法，定期聘用，没有终身制，真正实现能者上、庸者下的用人机制，实现了新区内部权力的水平和垂直转移。根据新区产业发展需要，设立与内设机构平级的产业技术研创园、中央商务区、新材料产业园、生命健康产业园、枢纽经济园等 5 个办公室。

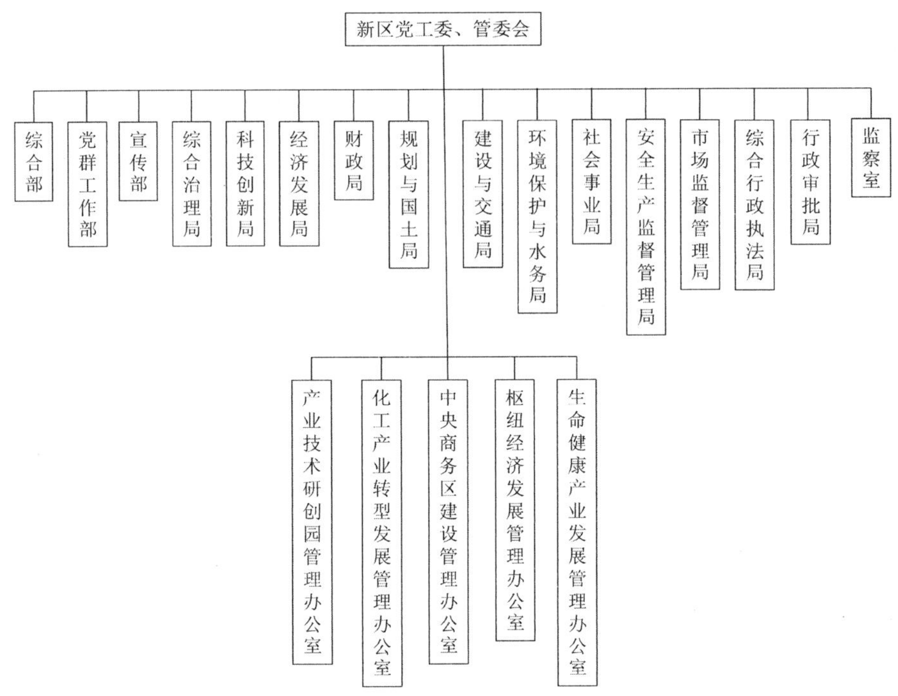

图 7-16　南京江北新区管委会内设机构及产业发展平台的结构

资料来源：自绘

在对江北区域的治理机构进行创新调整的同时，调整江北地区的空间关系，将原由南京高新区管委会代管的浦口区顶山街道、泰山街道、沿江街道、盘城街道，南京化工园管委会代管的六合区大厂街道、葛塘街道、长芦街道等 7 个街道的人、财、物全部划归江北新区党工委、管委会直接管理，设立江北新区管委会直管区，区域面积约 386 平方公里。新区党工委、管委会全面负责直管区经济发展、开发建设的统一规划，统筹协调和组织实施。国务院批准江北新区开发建设的 788 平方公里范围内、直管区 386 平方公里外的区域设为共建区，由新区党工委、管委会和浦口、六合、栖霞 3 个行政区共同、协调负责。国务院批准江北新区开发建设的 788 平方公里范围之外、江北区域 2 451 平方公里之内的范围为协调区(见图 7-17)。江北区域内部行政边界、管理边界的进一步明确，理清了职责范围和区域空间生产格局、“集权—分权”的治理框架，使江北新区作为新的空间单元和管理组织能够集中体现国家地域化的空间生产策略，在既定的范围内不断通过空间层级和尺度重构，动员社会空间的生产和再生产，实现资本积累的能力和参与全球竞争的实力。为落实中央政府通过“国家级新区”的设立实现策略性的尺度重构与“梯度”差别性制度供给，及时“嵌入”全球资本循环网络，为促进区域经济的快速增长提供“江北新区样板”。

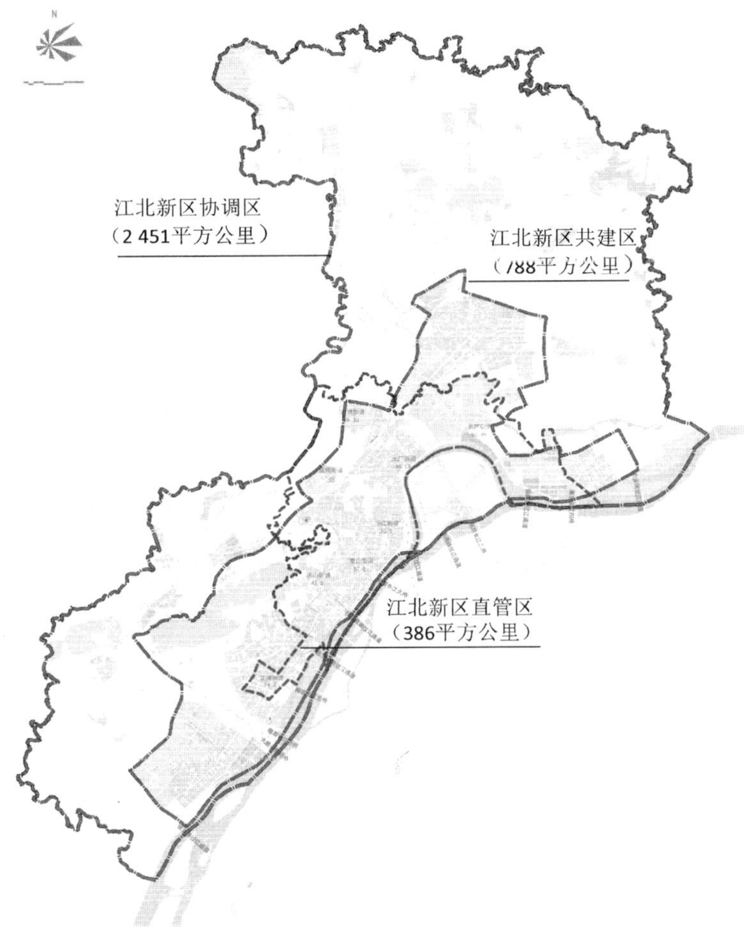

图 7-17　江北新区的直管区、共建区、协调区

资料来源：自绘

江北新区的发展证明，制度空间的创新是国家级新区的发展核心。江北新区等新批准设立的国家级新区，并未像浦东新区、滨海新区等较早批

复设立的国家级新区一样，在获批后从中央得到财政补贴、税收减免等优惠政策，其最大的政策红利就是体制机制改革的试错机遇，这也符合国家对国家级新区"改革开放的先行区"的功能定位。对江北新区来说，如何充分发挥国家级新区这一特殊政策空间对区域发展带来的利好，将国家所赋予的自主权转换成发展红利，是江北新区发展的核心要务。

3）尺度重构视角下的新区产城关系

空间规划汇集了各行政主体复杂关系的投影，同时具有以空间资源配置及相关配套制度为核心的"公共政策"属性，在新区未来发展中将发挥重要作用（张京祥、陈浩，2010）。江北新区在实现了内部权力的转移和空间边界调整的基础上，要落实"新型城镇化示范区"的功能，在较短的时间内实现工业化和城镇化，发挥职能发展带动和模式创新的示范作用，为此，江北新区开展了空间规划编制模式的创新。

江北新区空间规划编制的首要创新在于空间管理单元的确定。虽然通过尺度重构明确了江北新区直管区、共建区、协调区等三个空间治理范围，但国土空间规划的编制不能仅从行政层级的视角（因为国土空间规划是用来帮助管理的），还要从各种技术和成本的视角考虑是不是能够成立，即考虑技术实施路径和管理成本。从江南、江北的关系来看，由于长江的地理分割，虽有众多的跨江通道，但作为南京的新主城，江北的城市功能应是相对独立、相对完善的，江北必须把整个协调区作为一个整体考虑，作为一个基本的治理空间单元，在此基础上进行空间类型的划分。

从规划组织机制、规划编制模式和规划实施平台三个方面探索规划整合，采取"多规合一"的编制组织模式、集合专家咨询、顾问研究团队、编制管理方及其他参与主体建立"工作坊"，对规划的委托、编制、咨询及实施等各个环节进行统一的组织协调，实现生态、生产和生活空间的协调，处理好近期与远期的关系，按照时序完整、空间完整、功能完整的原则确立分时序建设的步骤（见图 7-18）。

在江北新区总体规划确定的带状组团式结构空间布局的基础上，构建：一轴——沿江城镇发展轴，两带——外环山水生态和沿江生态带，三

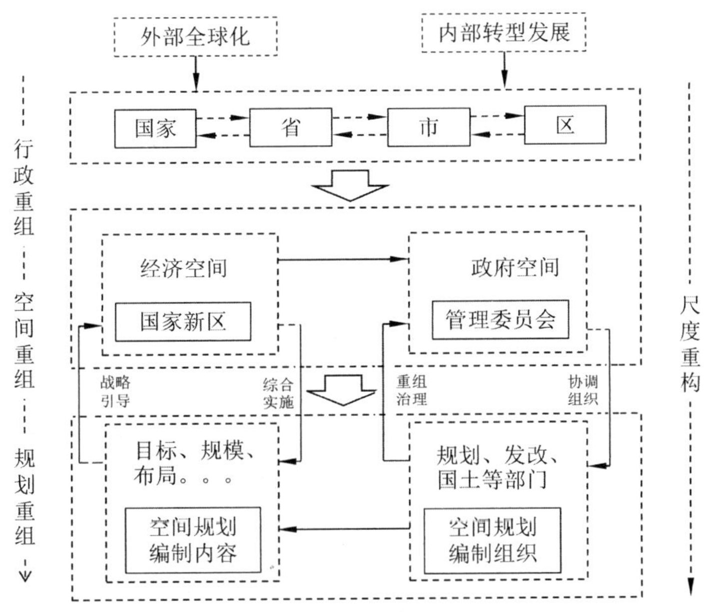

图7-18　国家级新区空间重组与空间规划的逻辑关系

资料来源：晁恒、马学广、李贵才，2015

心——浦口、大厂、雄州中心，四廊——灵岩山—方山—八卦洲、马汊河—八卦洲、龙王山—八卦洲、老山—三桥等4个生态廊道，五组团——桥林新城、浦口中心区、高新—大厂科技服务片区、雄州副中心区、龙袍新城。在外围规划建设竹镇、金牛湖、马鞍、横梁、星甸、汤泉、永宁、八卦洲等8个新市镇（见图7-19）。建立"城市中心、城市副中心、地区中心、社区中心"四级服务体系，分级分类各自区域。

根据江北新区总体规划（2014—2030）和尺度重构形成的直管区、共建区、协调区三个层次的空间层级，在城市内部空间形成"组团清晰、疏密有致、形态有序"的空间结构；在城市外围，打造特色鲜明的村镇体系，运用地形、文化等特色要素，保留特色村庄，打造一村一品，创造因地制宜、特色发展的美丽乡村。在总体上形成新区产城和谐相融的协调发展图景（见图7-20）。

图 7-19 南京江北新区的总体空间结构

资料来源：南京江北新区总体规划(2014—2030)

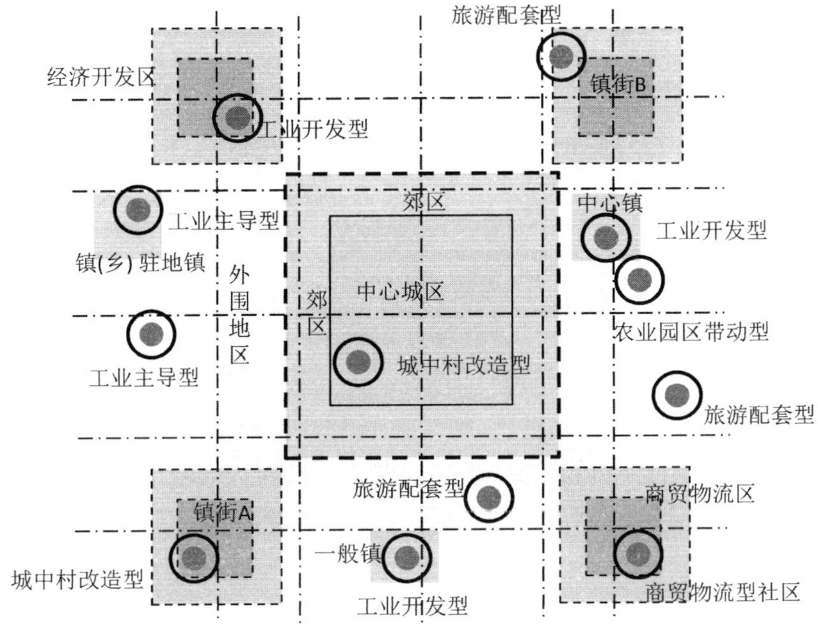

图 7-20　基于尺度重构的江北新区产城关系

资料来源：自绘

7.2　城市新区创新空间的“空间复合”策略

“复合”一词在现代汉语大词典中的解释为：合在一起，结合起来[①]。“复”反映了不同属性的空间在形态上的交叠过程。“合”则是在这一过程中进行的空间功能的系统性整合，使不同功能的空间同构共生为一个功能统一体。复合就是将某些属性结合起来，共同反映事物的综合性能，并达到一种平衡的状态。

城市复合空间以集约化的功能组织、复合化的空间形态、多义化的场所和全时段的城市生活空间为特征，以紧凑高效、多样丰富、整体有序、生态可持续作为价值目标，期望城市新区创新空间达到人、建筑和自然三者的和谐统一。城市新区创新空间的复合利用是实现城市复合空间的过程，

① 引自中国社会科学院语言研究所词典编辑室编. 现代汉语词典[M]. 北京：商务印书馆，2016.

城市复合空间是城市空间复合利用的状态和结果(李岩、陈伟新、梁芳,2014)。

根据人类聚居学、簇群城市、人居环境科学等学说和理论,结合江北新区创新空间的发展趋势和诉求,提出城市新区创新空间的"空间复合"策略。

7.2.1 创新空间"空间复合"的理论基础

20世纪60年代以来,西方国家开始从不同途径反思"大城市"的规划策略及"大城市病"的治理路径。例如,简·雅各布斯出版了著名的《美国大城市的死与生》一书,针对《雅典宪章》的城市功能分区模式,系统地提出了"多样性"和"混合功能"的城市规划理念。又如,"新城市主义"和"精明增长"理论提出以人为本,强调城市土地功能的混合利用,提倡步行和公共交通。

1. "空间复合"的相关理论基础

职住平衡、人类聚居学、簇群城市等学说对创新空间"空间复合"的规划方法具有基础理论指导作用。

1) 职住平衡

职住平衡即在产城一体单元内实现就业和居住的相对平衡,大部分居民可以就近工作;通勤交通可采用步行、自行车或者其他的非机动车方式;即使是使用机动车出行,时间也比较短,空间范围合理。职住平衡是产业和城市协调发展的重要保障。根据发达国家产业新城的经验,原则上达到单元内60%以上的就业人口(含带眷)在单元内部居住,即被认为达到职住平衡。

2) 人类聚居学

道萨迪亚斯认为,人类聚居在宏观上是非人的尺度,在微观上是人的尺度。在宏观上尽管城市规模的不断扩大是不可回避的,但城市尺度应当同城市各种功能和现代交通工具相适应并体现出高效快捷。城市本质上是为人服务的,因此在微观上城市应该是亲切宜人并保持着人情味,越接近人的层次越需要人的尺度。道萨迪亚斯认为,理想的城市应该是由静态单元和动态结构形成的整体,每个单元相对稳定,但整体上能实现动态发展。

道萨迪亚斯在对不同层次的人类聚居空间进行评价后指出，应考虑人在每个空间单元中花费的时间，每个空间单元对于人的重要性和有多少人一起使用这个空间单元。在道氏倡导的安托邦发展模式的10个聚居层次中，“城市”人口大约在5 000～20万人之间是系统中的一级社区。

3）簇群城市理论

“十次小组”①提出的“簇群结构”理论主张城市结构应当像一串串的葡萄，有生长发展的可能。通过城市公共交通与城市服务设施的紧密结合构成核心结构，在核心结构之下形成动态和多样化的住区。住区是人们获得一个平衡环境的细胞单元，它给予聚居其中的人们充分的选择自由，既可享受安静社区生活，也可参与快节奏的社交城市生活。

“十次小组”认为，“簇群城市”是可生长的多阶单元体系，每阶单元都构成相对完整的日常生活系统。随着交通工具速度的不断提升和交通体系的不断完善，人们日常生活的范围不断扩大，因此，不同阶级的单元规模尺度取决于不同的交通方式，如步行、非机动车、公交、小汽车以及轨道交通等。

2. 人居环境科学

自1989年创立广义建筑学理论后，吴良镛教授又将建筑环境的保护与发展继续上升到人居环境建设与发展的高度，创建了人居环境科学。人居环境科学是20世纪下半叶在传统的城乡建设各学科基础上逐渐发展起来的一个综合性学科群。它着重研究人与环境之间的相互关系，并强调把人类聚居作为一个整体，从社会、经济、文化和工程技术等各方面进行综合系统的研究。其目的是了解并掌握人类聚居发生发展的客观规律及对社会经济的支撑作用，从而更好地建设符合人类思想的聚居环境（毛其智，2000）。

吴良镛提出的人居环境科学研究的最基本前提在于：一是人居环境的核心是“人”，人居环境研究以满足“人类居住”需要为目的；二是大自然是人居环境的基础，人的生产生活以及具体的人居环境建设活动都离不开

---

① “十次小组”是活跃于20世纪50年代至80年代的一个松散的建筑组织团体，形成于1954年1月在杜恩召开的CIAM十次大会的准备会议。由于在CIAM十次大会上公开倡导他们的主张，并对过去的方向提出创造性的批评而得名，“十次小组”提倡以人为核心的城市设计思想，建筑与城市设计必须以人的行为方式为基础，其形态来自于生活本身的结构发展。

更为广阔的自然背景；三是人居环境是人类与自然之间发生联系和作用的中介，人居环境建设本身就是人与自然相联系和作用的一种形式，理想的人居环境是人与自然的和谐统一，或如古语所云“天人合一”（金吾伦，2011）。

7.2.2 创新空间的“空间复合”策略

空间复合的内涵就是产城一体的核心，即把“宜居宜业”放在首位，优先满足居民的生产、生活需要，做到产业和生活功能相平衡，避免人为造成生产、生活割裂。生产、生产配套、居住、居住配套四大功能高度复合并一体化发展，以转变原来过度功能分区带来的产业布局和城市功能隔离的固有模式。各功能区在空间上应该形成若干个产城一体单元，单元的内部功能应“和而不同”，按照特色多样的原则配置产业、产业配套、居住、居住配套。

1. 园区对创新空间的“空间复合”需求

从江北新区内南京软件园、新材料科技园、智能制造园等典型产业园区用地现状及所反馈的实地调研访谈信息来看，大部分园区均表示存在产城融合程度较低，人才配套设施配置较为落后的问题（见图 7-21）。希望由

园区	用地现状（2017）	调研意见反馈
南京软件园	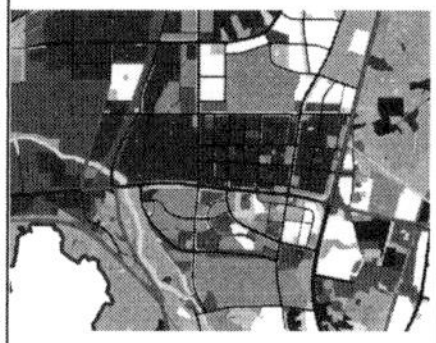	园区：要从原先的“退城进园”向“产城融合”转变；许多工业企业起步早，现状发展不足，已开启拆迁腾退，实现由工业用地转变为科研用地；园区还规划打造两条商业轴，补足园区服务设施。 企业：“需人才配套设施支撑，建议园区建设人才公寓供员工租住”“新区配套设施跟不上，员工每天浪费在路上的时间多”
新材料科技园	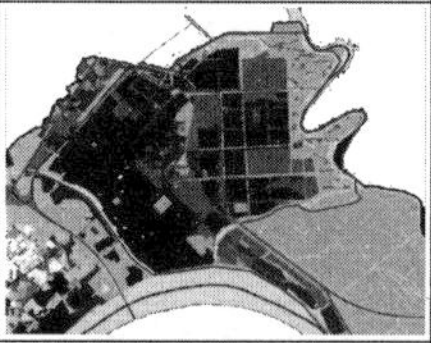	企业：“我们虽然给自己员工配了公寓、健身场所等设施，但园区整体的服务设施还是跟不上”
中山科技园	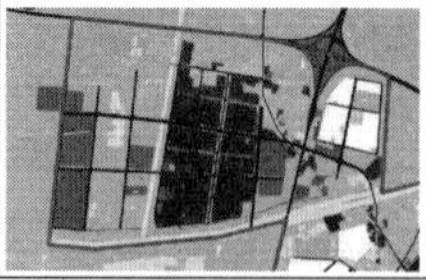	园区：园区包含1.5平方公里的生活配套区与7平方公里的产业发展区，未来发展要向西拓展产业用地，向东拓展服务配套用地，并在新的产业区内增设职工公寓与服务片区。 企业：“要完善园区人才配套服务设施”

图 7-21 典型产业园区空间的“复合”调研意见反馈

资料来源：自绘

“退城进园”向“产城融合”实现转变，完善园区内人才配套服务设施。因此，在各园区平台、各创新活动与人才需求的背景下，用地功能的复合是满足其需求以及实现园区、新区产城融合的必然趋势。

在规划建设标准上，园区希望综合配套能力较高、国际化程度也较高，在规模上要满足公共服务配套的经济性；在初期主要配置生产性服务设施和生活性服务设施，未来建设以综合体为中心并配套城市级或城市片区级的公共服务设施，合理组织居住和居住配套功能，综合体集中商业、文化、娱乐、办公等服务商业功能，通过聚集效应提高其服务价值。

2. “空间复合”的路径分析

分别选取成都天府新区、苏州工业园区两个典型案例进行“空间复合”策略分析，提出对江北新区在新区、园区层面实现“空间复合”有重大借鉴意义的经验，以指导江北新区“空间复合”策略的提出。

1）新区层面经验借鉴：产城一体化单元规划

产城一体单元是实现产城一体发展的基本空间引导单元，是在一定的地域范围内，把城市的生产及生产配套、生活及生活配套等功能按照一定协调的比例，通过有机、低碳、高效的方式组织起来，并能够相对独立承担城市各项职能的地域功能综合体。胡滨等（2013）认为产城一体单元规划方法是解决产城分离现象的重要规划手段，其规划研究主要有三个方面。

一是产城一体化单元基本规模的确定。选取交通出行和公共服务作为产城一体单元规模的重要评价指标，并从这两方面对产城一体单元和空间规模进行研究。若以自行车为交通工具进行测算，根据半小时的可接受出行时间计算，产城一体单元内部工作出行距离不宜大于 6 公里，直线距离按照 0.5 折算，可以得出产城一体单元规模不宜大于 30 平方公里。从公共服务的规模来看，产城一体单元规模一般相当于城市片区级，因此可以用片区级公共服务设施来确定产城一体化单元的规模下限。根据对主要城市片区级公共服务设施的服务半径和服务面积的统计研究，产城一体单元规模不宜小于 20 平方公里。根据以上分析，得出产城一体单元适宜规模为 20～30 平方公里，属于较小的中等城市规模。

二是产城一体化单元的划定。产城一体单元作为新区发展的完整空间单元，其边界划分除满足规模要求外，还应保证其功能和实际建设的可操作性。在天府新区的规划中，产城一体单元的划分遵从了功能完整、空间连续、与行政区划保持一致的原则(胡滨，邱健等，2013)。根据总体规划确定的主导产业，将产城一体单元分为商住混合类、现代服务业类、制造类以及研发类。通过对国内外典型的产业和城市一体化发展的案例进行研究，得出生产功能与生产配套功能的配比。按照职住平衡比 60%的目标推算产业用地和居住用地的比例关系。

三是单元空间布局模式的分类。每个产城一体单元必然具有其主导的产业特征，产业与居住等功能的关系使单元空间功能的特征也有所不同。通过对国内外典型的产业和城市一体化发展的案例进行研究，对创新研发、电子信息、现代服务、新能源/新材料、生物医药等五种类型进行模式布局，提出了星座式、耦合式、圈层式、并列式和多核加十字结构式布局结构(见图 7-22)。

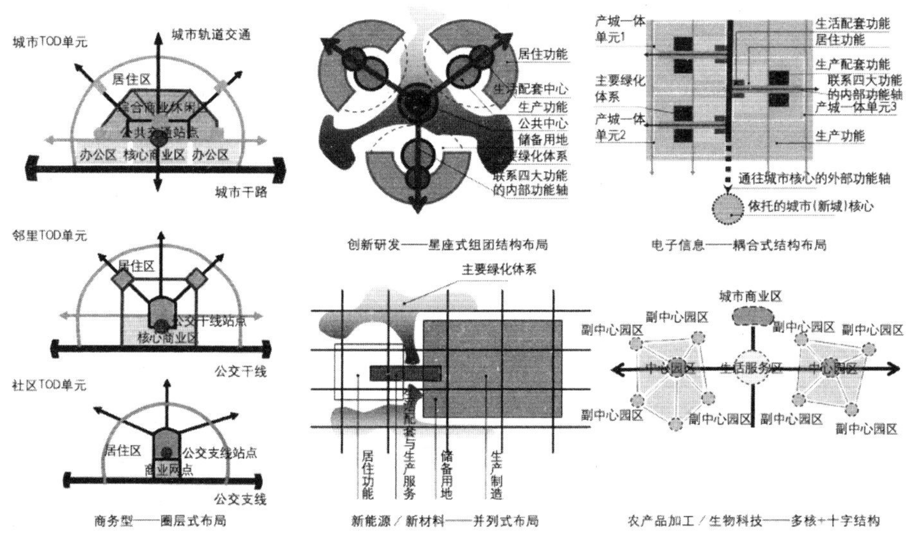

图 7-22　单元空间布局模式的分类

资料来源：胡滨、邱建等，2013

2) 园区层面经验借鉴：苏州工业园区综合新城

苏州工业园区于 1994 年创立，经过 25 年的发展，从一个单纯的工业园区发展成为苏州市东部综合商务新城，高档酒店、文化中心、会展中心等现代服务功能完善，形成环金湖鸡中央商务区、阳澄湖生态旅游度假区和独墅湖科教创新区。其发展历程可以成为研究产城融合实施路径的一个重要案例。

王亚丹(2015)认为,苏州工业园区在综合新城规划建设方面主要的措施在于:

(1) 从总体用地结构上严控工业用地比例。苏州工业园区在规划之初就摒弃了单一工业区发展的模式,在功能布局上按照综合性城市功能区的要求预留了足量的居住、公共服务和商业空间,规定工业、住宅、绿地、商务用地的占比分别为 32%、22%、14%、2.4%,并为居住和服务功能预留用地。

(2) 构建分级、多中心的服务体系。工业园区的服务设施参照新加坡的规划经验进行设置,按照我国的规划标准进行配置,形成了分级、多中心的分布格局(见表 7-2)。设施分为城市级、片区级、邻里级、居住小区级 4 级。其中城市级服务设施服务范围覆盖整个园区,服务人口约 110 万人,包括城市级商业中心、商务中心、区域医院、文化活动中心、大专院校等。园区分为 6 个片区,根据服务规模的大小设 8 个片区中心,设置片区级公共服务设施,为本片区服务,服务半径约 2 500 米。片区下设邻里,每个邻里设邻里中心,每个邻里中心占地面积约 0.2～0.5 公顷,建筑面积 6 000～10 000 平方米,服务半径 700 米。邻里中心布置超市、银行、健身房、快捷酒店、小卖部、便民服务部等,每个邻里设置中小学、幼儿园、托儿所等。邻里中心半径覆盖不到的地方设邻里小中心,可设在住宅底层。居住小区级公共服务设施是最小级别的设施,为每个小区内的居民生活提供最基本的服务,一般位于小区入口处,结合小区内底层建筑布置,主要包括餐馆、小型超市、水果店、缝纫店等,服务半径 300～500 米,各级公共服务设施衔接覆盖,使居民和工人各项需求基本能在园区内部就近解决,实现产城融合。

表 7-2　苏州工业园区公共服务设施配置表

设施类别	等级	主要实施内容	设施位置
行政办公	城市级	园区服务中心	湖东 CWD
	片区级(街道级)	街道办公服务中心	娄葑、唯亭、胜浦、斜塘片区中心

续表

设施类别	等　级	主要实施内容	设 施 位 置
文化设施	城市级	文化艺术中心、博览中心、图书馆、档案馆、青少年科技活动中心	湖东 CWD 和科教创新区
	片区级	分区图书馆、青少年活动中心、电影院	娄葑、唯亭、胜浦、斜塘片区中心
	邻里级	书店、棋牌室	各邻里中心
	居住小区级	报刊亭等	各居住小区内
教育科研	城市级	科技研发中心、高等院校	科教创新区
	片区级	中小学	结合各片区居住区布置
	邻里级	幼儿园、托儿所	各邻里中心周围
体育设施	城市级	体育中心	科教创新区
	片区级	体育馆、运动场	娄葑、唯亭、胜浦、斜塘片区中心
	邻里级	室外活动设施、健身房	各邻里中心
	居住小区级	篮球场、网球场	各居住小区内
医疗设施	城市级	综合医院、专科医院	娄葑、唯亭、胜浦、斜塘片区
	邻里级	社区卫生服务中心、社区卫生服务站	邻里中心周围
社会福利设施	城市级	园区福利院、护理院、老年公寓、残疾人康复活动中心	布置在各片区内
	片区级	老年公寓、护理院	娄葑、唯亭、胜浦、斜塘片区中心
	邻里级	老年人活动中心、日间照料中心、社区老年人助餐点和园区居家养老服务中心	各邻里

资料来源：王亚丹，2015

（3）从开发时序来看，按照“工业—居住—商业”的建设时序（见表 7-3），并在规划中借鉴了新加坡规划中的“邻里中心”理念和“白地”政策，较好地发挥了规划对长远空间安排的干预作用，为后期产城融合打下了基础。而随着园区的发展，初期产生的职住失衡问题也逐步得到了改善和解决。数据表明，园区生产性用地和社会服务性用地之比已从 2002 年的 3.2 下降至 2012 年的 1.2，而园区以仅占苏州市域 3.3%的土地面积集聚了整个苏州市9.7%的人口(2013年)。

表7-3　苏州工业园区功能结构的转型

阶　段	开 发 时 序	产城融合程度
成型期	以工业用地开发为先导	职住失衡,居住和服务功能依托老城区解决
成长期	启动预留的居住、公共服务和商业等非工业性的开发	就业和服务功能在园区内部达到基本平衡
成熟期	启动预留的中心商务区,引入和配置科技、高教、创新等功能	产城融合,且高品质的生活空间和服务设施使得园区成为疏散古城功能与人口的反磁力中心

资料来源:钟睿,2018

3. 江北新区创新空间"空间复合"策略引导

根据产城一体单元的规划理念,对江北新区直管区进行单元划定,并对各单元空间规模进行预测与控制。其具体路径包括:

(1) 产城一体化单元的划分。将新区重要的创新空间划分为11个产城一体化单元,包括制造类6个单元(3个智能制造单元、1个集成电路制造单元、1个汽车制造单元、1个新能源制造单元),创新研发类3个单元,综合类2个单元(1个是位于核心区的电子信息、医疗大数据、总部经济,1个是位于原高新区的生物科技、软件、医药制造)(见图7-23)。

(2) 单元重点创新领域的确定。与江北新区"两城一中心"以及各园区主导产业体系吻合,明确各产城一体化单元的重点创新产业领域,如Y-2创新研发片区,就是原浦口经济开发区(隧道片区),其研发创新的重点领域是生命健康。

(3) 单元用地规模的测算与引导。根据各单元不同产业空间对应的配套设施、居住设施等空间的规模配比需求,进行用地规模测算与引导。制造类6个单元的产业用地占比约47%、产业配套用地占比约29%、居住用地占比约16%、居住配套用地占比约8%;创新研发类3个单元的产业用地占比约27%、产业配套用地占比约27%、居住用地占比约30%、居住配套用地占比约26%;综合类2个单元的产业用地占比约27%、产业配套用地占比约27%、居住用地占比约30%、居住配套用地占比约26%。11个产城一体规划单元规模的测算结果如表7-4所示。

图 7-23　江北新区创新空间产城一体单元的划定

资料来源：自绘

表 7-4　各产城一体单元各类用地规模测算表

单位：平方公里

组团	总面积	产业用地	产业配套用地	居住用地	居住配套用地
Z-1	30.0	14.0	8.80	4.7	2.3
Z-2	36.1	16.9	10.50	5.6	2.8
Z-3	29.1	13.6	8.50	4.5	2.3
Z-4	18.1	8.5	5.30	2.8	1.4
Z-5	35.3	30.9	4.43	0	0
Z-6	29.6	14.8	9.30	3.7	1.9
Y-1	23.0	6.3	6.30	7.0	5.6
Y-2	19.0	5.2	5.20	5.8	4.6
Y-3	22.7	6.2	6.20	6.9	5.5
H-1	19.1	5.2	5.20	5.8	4.6
H-2	19.3	8.0	5.30	4.0	2.1

资料来源：自绘

在此基础上，借鉴苏州工业园区及天府新区经验，在产城一体单元内构建“城市级—单元级—邻里级—基层社区级”四级服务中心（见图 7-24），为创新活动与人群提供全面高质的服务。其中城市级服务设施服务半径在 1 000 米以上，单元级服务设施服务半径在 700～1 000 米之间，邻里级服务设施服务半径在 500～700 米之间，基层社区级服务设施服务半径则在 300～500 米范围内，具体提供的服务类型见表 7-5。

图 7-24　江北新区产城一体单元的多中心服务体系

资料来源：自绘

表 7-5 江北新区产城一体单元的服务设施级别及具体设施内容

	设施类别	主要设施内容	服务辐射半径
城市级	行政办公	新区服务中心	1 000 米以上
	文化设施	文化艺术中心、博览中心、图书馆等	
	教育科研	科技研发中心、高等院校等	
	体育设施	新区体育中心	
	医疗设施	综合医院、专科医院等	
单元级	行政办公	园区服务中心、街道服务中心	700～1 000 米
	文化设施	分区图书馆、青少年活动中心、电影院等	
	教育科研	中小学等	
	体育设施	体育馆、运动场等	
邻里级	文化设施	书店、商店等	500～700 米
	教育科研	幼儿园、托儿所等	
	体育设施	健身房、室外活动设施等	
基层社区级	文化设施	报刊亭等	300～500 米
	体育设施	篮球场、网球场等	

资料来源：自绘

7.3 城市新区创新空间的“空间集成”策略

在建筑空间中，“集成”一词常与“多功能”“可变的”“融合”“共享”“开放”“公共的”等一系列词相关。与“集成”相对应的概念是“单一”，空间的多元混合是空间集成的界定原则。应用于建筑空间中的集成，一般指不同功能空间在系统内部发生关联而合为一个新的空间整体，是“一种空间融合体，用于全部的活动，又具有自我新陈代谢、经济和生命力的整体”状态(卜域，2006)。

“空间集成”是指某一空间单元同时具备自身功能空间和其他功能空间的双重属性或多重属性，即把不同类型、不同性质或者不同功能的空间运用创新的规划设计手法融为一体的空间创新方法。相对于固定、单一的空间而言，它涉及空间的功能、形体、界限等方面，复杂性、可适性与多功能性是其重要特征。

7.3.1　创新空间的空间形态类型

城市新区创新空间的“空间集成”策略是一个统一多层次的概念，既指在一个空间领域中多功能的叠加和融合，又指不同功能空间在同一空间或同一空间区域的叠加和融合，表现为相互作用、相互制约、相互依存的关系。空间集成化是创新空间系统组成单元的优化整合，反映在多重功能空间的聚集，表现为在同一空间用途上的多适性(反映为创新空间区域内不同功能的多元与重合)；也表现为创新空间在适应多元需求趋势下的功能创新及其使用者(创新人才)的行为模式的扩展。从空间创新的角度来看，通过对建筑空间与人的行为模式的融合，创新空间与城市其他空间复合衔接，建立具有“集成”特征的城市新区创新空间新功能。

1. 新区创新空间的形态分类

城市新区创新空间形态在具体项目的规划中有多种形式，国际和国内的实践经验也没有形成统一的分类。曾鹏等(2008)从宏观上将创新空间分成两大类型：一是以开展基础研究为主的科学城，如俄罗斯新西伯利亚科技城、日本筑波科学城、德国海德堡基因研究中心等；二是以发展高技术及其产业为主的科技园，如美国的斯坦福大学研究园及硅谷、128公路、英国剑桥科技园、中国台湾的新竹科学工业园等。

本书聚焦于城市新区创新空间，主要是微观层面。从江北新区的实践来看，目前新区范围内已有的创新空间形态主要有联合型、组合型与楼宇型等三种类型(见图7-25)。

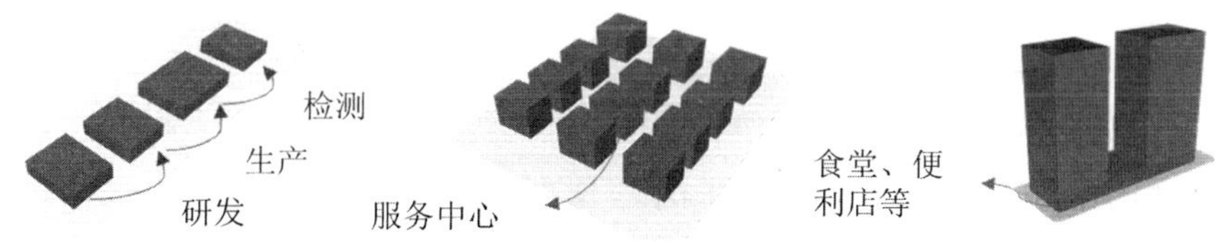

图7-25　创新空间的形态分类

资料来源：自绘

(1) 联合型创新空间占地面积大、个体数量多为 1 个。建筑间联系强，一般存在分工的关系。如南京汽车集团江北新区基地，设立了与东南大学、南京理工大学合作组建的国家级企业技术中心(汽车工程研究院)、国家级汽车质量监督检验鉴定试验所、博士后科研工作站、年综合生产能力 40 万辆系列品牌整车厂，具有完善的科研设计能力和生产经营体系。

(2) 组合型创新空间占地面积较大，个体数量较多，建筑间联系弱，多为独栋的独立个体。如江北新区产业技术研创园，集聚了国家健康医疗大数据中心、江苏省产业技术研究院、中德智能制造研究院、阿里巴巴(南京)创新中心、江苏省大数据管理中心等科技研发机构。这些科研机构的建筑规模基本上都是一栋大楼或两栋大楼，相互之间相对独立，但在空间形态上形成一个科技社区，在社区中心配置有生产、生活服务中心。

(3) 楼宇型创新空间是近年来出现的一种创新空间新形态，其占地面积小，个体数量多。它主要服务于初创阶段的高科技小微企业。在楼宇型创新空间的底层，一般设置有公共食堂、便利店等生活服务设施。如南京软件园动漫大厦、北斗大厦等。楼宇型创新空间形态是目前江北新区培育中小型高科技的主要空间载体，是实现新区土地集成利用的有效途径之一。

2. 创新空间的"空间集成"趋势

从全国来看，我国土地资源紧张，城市空间发展有限。特别是近年来"土地城镇化"快于"人口城镇化"，城镇建设用地粗放增长、低效，浪费了大量的耕地资源。与此同时，由于城市的网络化发展导致城市要素分布不均，人力、财力、设施等要素向某些区域高度集聚，在大城市的某些核心节点上出现了功能集聚、人流密集、空间组织复杂化的倾向，这种集约紧凑的空间组织方式为实现城市的节约能源、资源提供了可能。

在快速城市化的今天，我国城市处于逐步从传统型向综合密集型转变的过程中，传统的城市外向扩张的增长方式已经不能适应当前城市的发展，需要探索集约、高效的空间利用模式，提高土地的利用效率和空间的利用率，以实现城市低碳可持续的发展(李岩、陈伟新、梁芳，2014)。

在对江北新区各产业园区平台、典型企业及高校等的实地走访调研中，调研对象反映其土地征用指标已出现供不应求的情况，希望新区能提供更多产业或产业配套用地用于空间扩张，实现经济社会发展的传统路径已行不通。例如，新区智能制造产业园占地面积约14.16平方公里，实际开发面积约6.7平方公里，2017年的工业总产值约463亿元。2018年下达其工业总产值的目标是600亿元，增长约30%，按照2017年智能制造产业园的地均产值规模，其产业用地规模应该相应增加约2平方公里。2018年实际增加的总用地面积不到0.7平方公里，这迫使园区提高地均产出，提高土地使用效率。即使江北新区各产业园区平台、典型企业在不断提高土地节约集约使用，增加土地效益，江北新区与发展较好的浦东新区、滨海新区相比，其地均产值也有差距。

因此，在新区目前土地资源趋紧，发展需求与现实情况矛盾较大的情况下，必须采取空间创新的方法，"空间集成"是实现土地集约化利用、满足园区及企业对土地资源诉求的一大途径。

7.3.2　创新空间的"空间集成"策略

城市新区创新空间的"空间集成"注重空间的利用率，通过不同性质用地混合、三维立体的城市空间、时间维度控制等途径来实现空间的集约化利用，摆脱传统的城市新区空间组织方式，将城市新区空间拓展至三维、四维层面，实现紧凑的、高效的空间利用。城市新区"空间集成"的目标就是满足人们对城市多样性的需求，通过二维的平面、三维的立体、四维24小时将不同的城市功能在同一区域复合，实现城市"基本功能"与"空间多样性"的复合，满足人们的生活多样性需求，土地节约集约的要求。

1. "空间集成"的路径分析

对创新空间的"空间集成"，国内外都进行了相关的探索和研究，总体来看，基于两个方面，一个是从区域层面进行空间的集成，这与上述的"空间复合"类似；另一个方面是从建筑单体的层面来开展"空间集成"。这里主要是从建筑空间的角度来阐述城市新区创新空间的"空间集成"。楼宇型创新空间"空间集成"的路径大致分为两大类。

一是"研发办公＋服务"集成型创新空间。"研发办公＋服务"集成型创新空间是对建筑空间进行纵向综合开发，摆脱原先单一写字楼的功能束缚，在现有研发办公的基础上增加超市、商业、茶座、公寓等其他服务功能，以满足创新创业人群对工作、休闲等设施的需求（见图7-26）。

从图7-26可知，"研发办公＋服务"集成型创新空间以人性化的空间

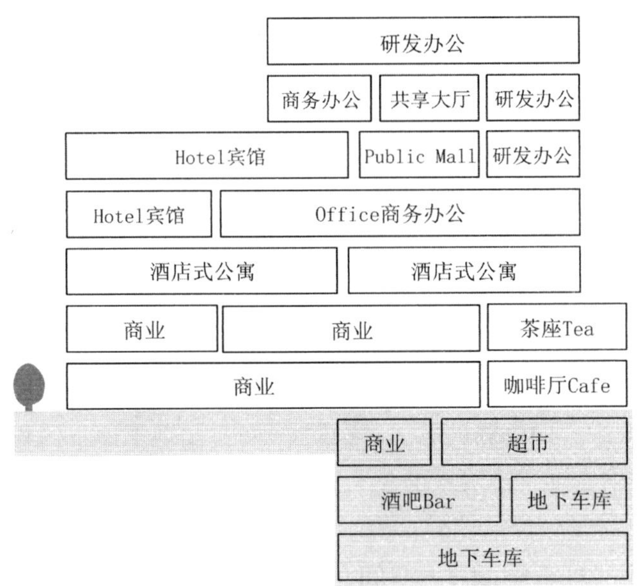

图 7-26 “研发办公＋服务”集成型创新空间的形态

资料来源：王凯、袁中经、王子强，2016

体验为核心，构建人、空间、自然三者的和谐统一；以集约化的功能组织、多含义的场所、综合化的空间形态、全时段的城市生活空间为特征，形成空间单元之间互相关联、渗透、层叠的布局；实现紧凑高效、丰富多样、整体有序、生态优美的价值目标。

二是“研发办公＋交通枢纽＋服务”集成型创新空间。交通枢纽综合体近年来受到学术界、政府以及城市居民等多个群体的关注，它改变了原有交通枢纽功能过于单一的问题，在其基础上增加了研发办公与服务功能，既是交通枢纽，又是城市综合体，如上海虹桥综合交通枢纽等（见图 7-27）。

交通作为城市发展的重要功能，直接影响着城市运营效率高低，影响着城市居民出行方式的选择。国内外大量文献证实了通勤时间增加会降低个体的工作积极性、带来更多的偷懒行为，导致工作效率降低（魏翔、刘文霞，2017）。因此，将交通与建设用地相结合，实现交通和建设用地相互促进，创新空间内部交通和对外交通一体化设计，内外交通“无缝”衔接，增加交通的便捷性和舒适性，有利于提高高技术创新人才的工作激情。

图 7-27　"研发办公＋交通枢纽＋服务"集成型创新空间的形态

资料来源：自绘

2. 江北新区创新空间的"空间集成"策略引导

为了精确引导江北新区创新空间的"空间集成"，首先分析楼宇型创新空间密集区载体及占地面积(见表 7-6)，通过规划指标测算建筑总规模，对应不同产业的情况，推算各个园区或平台的就业人口及相关的配套服务人口。根据区位特别是公共交通的优势，对新区楼宇型创新空间密集区进行布局引导(见图 7-28)。对具有城市轨道交通站点的地区，采用"研发办公＋服务"集成型模式；对南京北站地区，充分运用其交通枢纽所具有的对外、对内的交通集成优势，采用"研发办公＋交通枢纽＋服务"集成型模式。

表 7-6　江北新区楼宇型创新空间密集区的载体及占地面积

园区或片区名称	楼宇型创新空间密集区占地面积/平方公里
产业技术研创园	7.2
三桥片区	6.7
隧道片区	4.1
南京软件园	3.1
生物医药谷	1.4
中山科技园	0.9
六合经济开发区	2.8
龙袍新城	1.0
浦口经济开发区	6.3

资料来源：自绘

"研发办公＋服务"集成型创新空间以产业园区、平台为主要空间载体，置入垂直功能混合的楼宇型创新空间，实现了多个创新型企业在空间

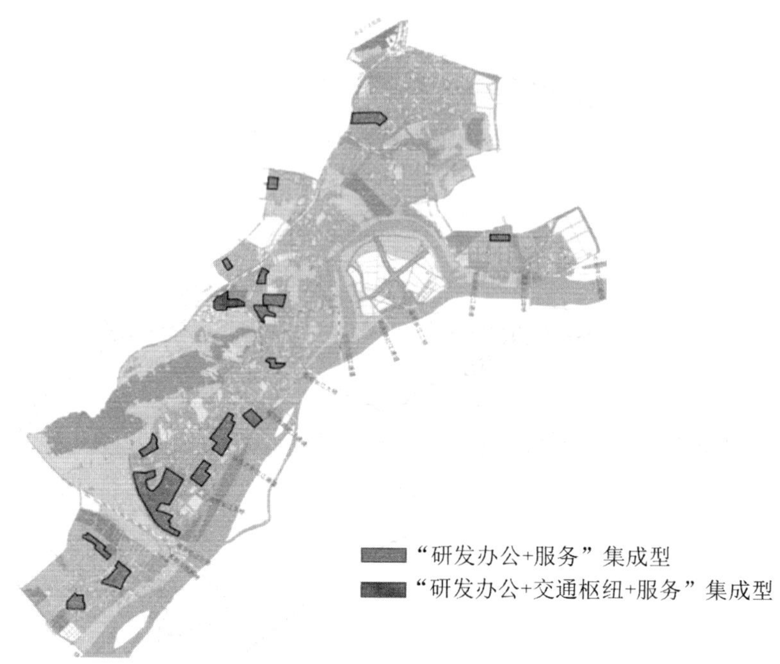

图 7-28 江北新区楼宇型创新空间密集区的布局引导

资料来源：自绘

上的“集成”，同时也为创业人才提供了就近、便利的服务设施。但对于江北新区核心区（新金融中心区），其总用地规模约 7.5 平方公里，总建筑规模超过 2 200 万平方米，尤其在滨江地区，规划建设了有高度 500 米、350 米等 20 幢建筑的超高层群。仅一栋 500 米超高层的建筑规模就达 30 万平方米，预计日常就业人口、住宿及观光的人口将达到 3 万人。人口如此密集的地区，必须采用低碳、高效的公共交通。江北新区核心区创新性地在此区域规划建设了 4 条城市轨道交通线，4 号、13 号两条过江轨道线及 11 号、15 号两条江北区域内的轨道线，4 号、13 号两条线的间距仅有 130 米，11 号、15 号两条线的间距也仅约 900 米，这样密集的轨道交通线布局，在全球城市交通布局上都是罕见的（见图 7-29）。

为了实现“研发办公＋服务”集成型的开发模式，新区对 4 条轨道交通围合范围的地上建筑、地下空间、市政工程进行了一体化的设计方案（见图 7-30），规划了地下、地面、空中三位一体的立体街区网络。对地下空间、市政工程、地上建筑的基础结构由新区整体开发建设。土地出让采用地

图7-29　江北新区新金融中心一期规划平面图(图中数字为建筑高度)

资料来源：自绘

上、地下分开的办法，地下部分出让给新区国有平台公司，统一设计、施工、管理。地上部分采取带建筑设计方案挂牌出让的方式，企业在土地摘牌后对建筑设计方案深化完善后即可开工建设，企业建筑对地下停车空间的规模已根据规范要求，在地下空间设计、建设时整体统筹，企业可以租或购买地下停车位。地下空间的综合管廊、轨道交通的土建工程建成后交相应的专业单位运维。地下空间设计有地下环形道路，在地面交通拥堵时，可将地面车辆及时疏散到地下环形道路。为了避免使人在地下空间时产生不良情绪，增强了地下空间的空气调节能力特别是新风量，确保地下空间的舒适性。

“研发办公＋交通枢纽＋服务”集成型创新空间，借助南京北站建设与运营契机，实现铁路交通枢纽场站与研发办公、服务等功能的垂直混合利用。通过北沿江高铁线，与长三角城市群中的上海、苏中3个城市(南通、泰州、扬州)、合肥相连；通过宁淮高铁线，与苏北、皖北相连，构建江北新区对外辐射网络。通过城市轨道3号、4号、18号线等集疏运系统，与城市交通网相衔接，特别是规划的城市轨道18号线，将南京禄口机场、南京南站、南京新街口商业中心、南京北站及规划建设的江北六合机场相连，形成贯穿江南、江北对外枢纽的主通道，打造“南京北站交通枢纽综合体”。

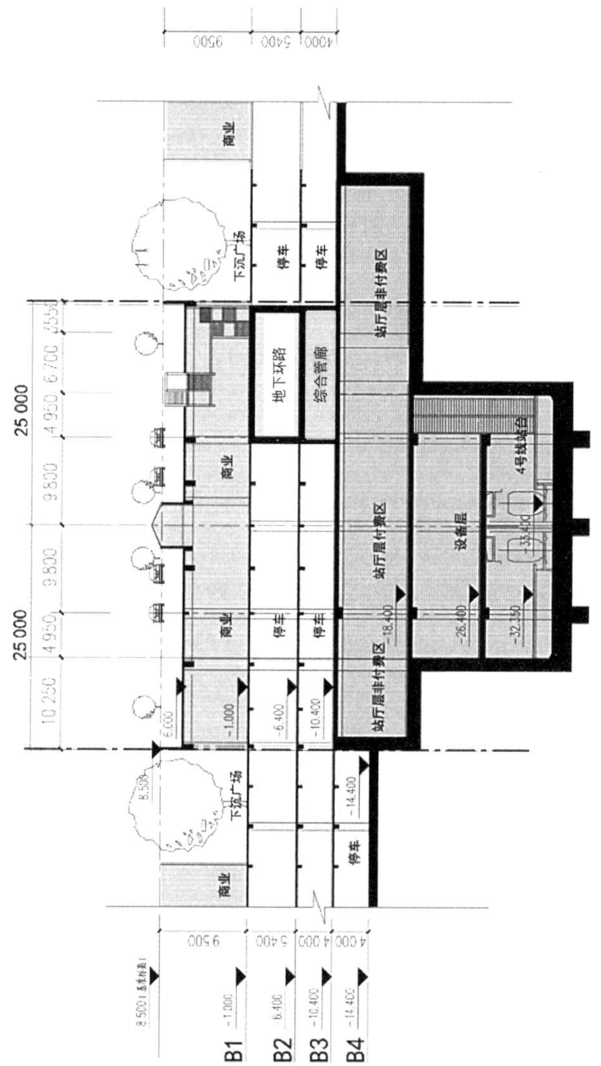

图 7-30 江北新区地下空间剖面图

资料来源：自绘

7.4 城市新区创新空间的“空间营造”策略

“营造”是一个建筑学概念，指的是古代建筑的施工建设。早在北宋崇宁二年(1103)，著名建筑师李诫便撰有《营造法式》，这是一部关于建筑法规性质的建筑典籍。随着时代变迁及文字的演变，现在“营造”一词主要用作人文环境、气氛氛围等方面的构建。虽然现在不能完全描绘什么样的空间能够一定使人产生创新的思路、创新的成果，但创新氛围的营造，一定是有利于学习、工作和创新的。因此城市新区创新空间的“空间营造”就是指通过对建筑空间或新区环境的优化设计，能够创造出有利于创新的空间氛围。

7.4.1 创新空间的“空间营造”趋势与需求

创新空间的空间营造不仅能服务于、有利于创新型高科技人才的工作、休闲，也能为城市与社会带来活力。

1. 空间营造与城市活力

人具有社会性，有同其他人联系、交往的需求，在交往中得到知识、获得信息，交往令人愉快、放松，能产生认同感和创新的灵感。西蒙兹(2009)在《景观设计学——场地规划与设计手册》中曾说“我们天生喜欢吸入新鲜的空气，脚踩干爽的路面，沐浴阳光的温暖，喜爱泥土的芳香，……，内心深处，我们渴望这一切，它时而强烈、时而沉寂，但从未消失”。对大自然的追求是人的天性，高科技创新型人才需要在日常繁重的工作中有适当的放松，而融入大自然则是最好的方式之一。此外，大自然本身就具有精神的感召力，人们常常赋予植物某种寓意，使人产生精神上的共鸣。这种潜移默化的精神作用对于高科技创新型人才的安全感、归属感具有不可忽视的作用，而安全感、归属感的获得使人们可以舒心、愉悦地工作，无疑是有助于创新的。

四川美术学院在新校区建设设计中，将美术高校的教学性质、教学活动、教学要求以及和周边城市的关系进行多维拓展，实现校园交往空间的功能从较单一的活动休闲拓展到教学与体验、服务和互动，把人的行为活动和情绪心态与其所处物质环境结合在一起考虑，形成一个充满人文气息、城市精神和富有艺术活力的动态变化过程，为师生创作提供了思考和激情的创作环境(魏瑞、崔世聪,2018)。

李亚菲(2014)认为,星巴克的品牌充满了咖啡的浓香,其成功之处在于攻占了人们的心灵,激活了人脑的情感功能区。它对准了目标顾客的心理需求,意在为人们提供第三个生活场所,即交流与闲谈的场所。星巴克公司努力使自己的咖啡店成为"第三空间",一个可以振奋人心并重新思考的感情空间;一个让人感受到热忱及活力的随意性环境;独具设计感及优雅特质,并且相当友善与亲切,舒适温馨的感觉带来启发及惊喜;一个与社区融合的随意空间,一个人们休闲交流的聚会场所。放松的气氛,友谊的空间以及心情的转换才是咖啡馆真正吸引顾客长久光顾的精髓所在。

21 世纪经济报道曾做过一个有趣但又有意义的调查报告(李果,2017),作为仅次于美国星巴克的第二大市场,有着 2 600 家门店的中国市场,其门店布局数量前 12 名城市与中国 11 个 GDP 万亿城市几乎完全重合(见表 7-7)。2017 年 1 月 9 日,第一财经旗下数据新闻项目"新一线城市研究所"在上海发布了《2017 中国城市创新力排行榜》,依据四大创新力维度指数的计算,该榜单最终得出的中国城市创新力排名依次是北京、深圳、上海、广州、杭州、天津、成都、武汉、苏州、重庆、南京、西安。这两个排行榜的前 12 名城市惊人地一致(尽管排序不完全一致)。

表 7-7 星巴克主要布局城市的相关经济指标(2016 年)

序号	城市	门店数/个	GDP/亿元	第三产业增加值/亿元	居民人均可支配收入/元	游客人均消费/元	甲级写字楼存量/万平方米	创新活力
1	上海	539	27 466	19 362	57 692	1 018	642	3
2	北京	231	24 899	19 995	57 275	1 761	930	1
3	杭州	125	11 050	6 768	52 185	1 824	198	5
4	深圳	109	19 492	11 785	48 695	1 105	344	2
5	广州	101	19 610	13 445	50 940	1 739	468	4
6	成都	94	12 170	6 463	35 902	1 249	173	7
7	南京	78	10 503	6 133	44 009	1 696	130	11
8	武汉	68	11 912	6 294	35 383	1 070	159	8
9	天津	60	17 885	9 661	34 047	1 671	138	6
10	西安	40	6 257	3 827	35 630	809	154	12
11	重庆	39	17 558	8 500	29 610	586	156	9
12	苏州	124	15 400	7 975	54 400	1 806	144	10

资料来源:根据李果(2017)改编

这 12 个城市的星巴克门店数量总计为 1 608 家，占据了目前中国大陆星巴克门店总量的 61.8%；2016 年，这 12 个城市的 GDP 总量为 17.63 万亿元，占全国 GDP 的 26%。该报道统计发现，星巴克门店数量、居民可支配收入、游客人均消费、地区生产总值等成为了衡量一个地区商业与消费活跃程度的指标。商业氛围、人口活力、外资青睐度、经济开发度，这些抽象指标与星巴克门店数量构成了一个清晰的“星巴克城市图谱”。数据显示，国内第一大都市上海，也是拥有星巴克门店数量最多的地方，超过 500 家的星巴克显示了上海的商业活力。而西部城市西安与上海的差距，不仅体现在 GDP 上，还体现在各项人均经济指标中，也体现在星巴克门店的数量上。北京市以 231 家门店数量排名第三，但这一数量与上海相比，仍有明显的差距。纵观星巴克已经在中国开门店的 120 多个城市，超过 100 家门店的城市均位于长三角和珠三角，这是中国经济最活跃的地区。其中苏州并非省会城市或副省级城市，拥有如此之多的星巴克门店，除了依靠上海的区位优势外，外向型的经济结构和人口年轻化或是一个重要因素。

2. 多元化的空间需求

通过对南京软件园、生物医药谷等产业平台内创新型高科技人才及就业人员的问卷调查表明，新区大学及以上学历的人员占到 68%以上，其中海归约占 8.2%，说明新区人才学历普遍较高(见图 7-31)。

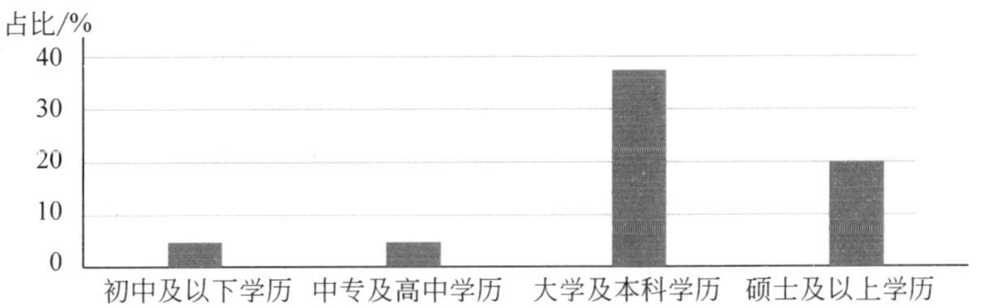

图 7-31　问卷发放人群的学历分布情况

资料来源：自绘

在对新区人才学历调查的同时，我们开展了“您最希望园区改善或增加的设施有哪些”的调查(见图 7-32)。酒吧与咖啡厅、公园广场、书吧等公共交流空间排在前 3 位，说明新区公共空间的缺乏，特别是休闲娱乐、沟通交流的舒适性空间的短缺，使人易产生新区仅是工作地点，没有认同感、归属感，心理上有一种生疏甚至拒绝的感觉，时间久了会有逃离的欲望。这对园区、企业留住人才是极为不利的。

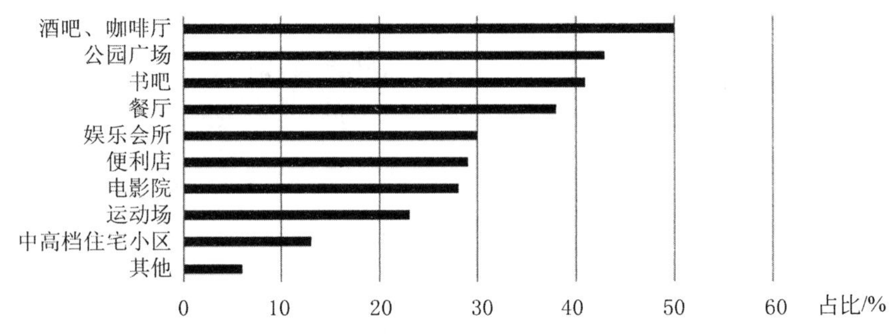

图 7-32　新区人员对配套设施需求的问卷调查统计

资料来源：自绘

韩国松岛新城在初创期也曾遇到同样的困境，后在公共空间设计方面，广泛撷取全球各大城市的特色元素，建设包括巴黎香榭大道、纽约中央公园、威尼斯摩登运河、悉尼歌剧院等特色国际风景，建设完善的休闲消费环境，保证购物中心、商业街、咖啡馆、酒吧等一应俱全，成为一座融合世界艺术、美食文化、多元节庆、国际品牌和民俗交融的国际化新城，为国际化精英人才营造了舒服的生活环境和地道的国际氛围（郭磊，2013）。

2017 年年初，产业技术研创园在普通书店的基础上，利用物联网、大数据等手段为园区人才提供了服务效率更高、服务类型更为多样、服务环境更加舒适的学习与交流空间——云创书吧（见图 7-33），为园区就业人才及周边居民提供了大型创业交流教室、中型学习交流空间、小型学习交流区域及独立办公会议室等设施。书吧工作人员表示工作日特别是周末交流教室及会议室深受企业及人才喜爱。此外，云创书吧还创新性地与南京大学、东南大学、南京信息工程大学等 9 所高校图书馆合作搭建了扬子云书店，顾客可以从书店方便地借到需要的各类书籍，同样该服务也深受周边就业人才的喜爱。

实践证明，创新型高科技人才对高品质创新空间的空间营造有自然的需求，类似于云创书吧这样融学习、交流与休闲氛围为一体的雅境是新区不可或缺的。因此，空间场所的创新氛围营造是满足创新型高科技人才需

图 7-33　云创书吧的高品质服务环

资料来源：自绘

求、激发新区创新活力的主要途径之一。

7.4.2　创新空间的"空间营造"策略

顺应新区创新活动与人才对高品质创新环境的需求，江北新区在创新空间的"空间营造"方面采取了以下措施：在"空间营造"理念指导下，以新建或更新为主要手段，增加社交型公共空间。在江北新区园区、校区和社区空间内分别打造点、线、面状社交型公共空间，促进新区创新活力的扩散与传播。

1. 点状社交型公共空间的营造策略

面向创新活动与人群的点状社交型公共空间主要包含生产服务型

（管理型）与生活服务型（休闲零售型）。生产服务型即产业园区管理服务部门，作为园区管理部门提供的生产类服务；生活服务型则包括便利店、餐饮店、咖啡厅等休闲服务设施，一般与创新主体的距离在 250 米以内（见图 7-34）。

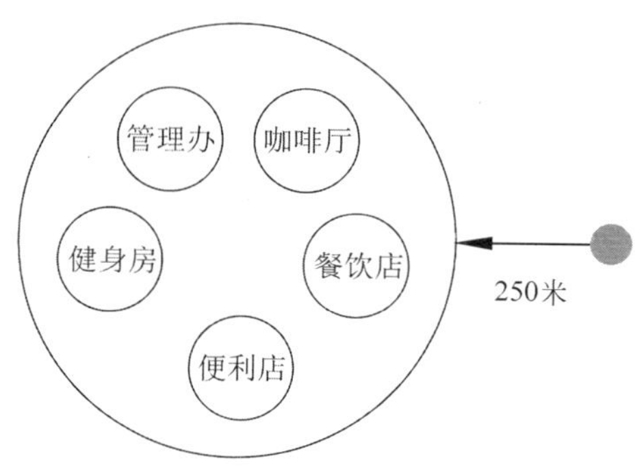

图 7-34　点状社交型公共空间

资料来源：自绘

以南京软件园为例，生产服务型社交型公共空间有南京软件园管理办公室、江北新区税务局、江北新区社会事业局，生活服务型社交型公共空间则主要分布于园区西部（见图 7-35）。在此分类基础上，分别对生产服务型社交型公共空间与生活服务型社交型公共空间进行空间模式与问题的梳理（见图 7-36）。

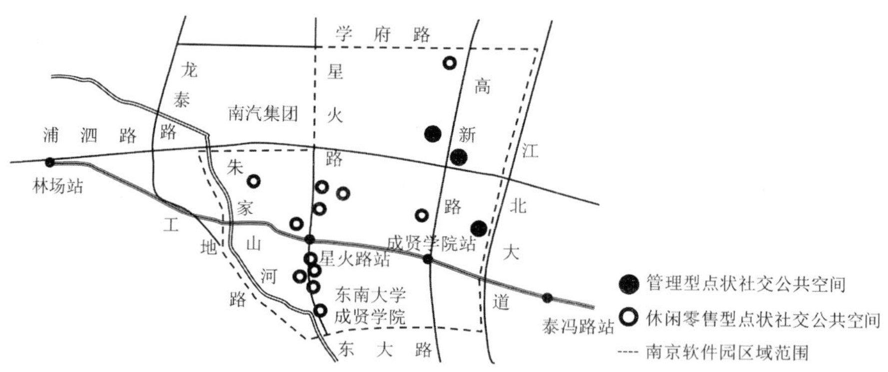

图 7-35　南京软件园点状社交型公共空间

资料来源：自绘

实地调查发现，现状新区现有点状公共空间存在功能单一、多种功能空间融合度低，且业态新颖度不高等问题。同时由于服务设施的层次一般，对人才的吸引力低，难以维持正常的经营运转。而服务企业的积极性不高、服务品质的降低进一步导致园区企业及人才的不满，两者形成了恶性循环。

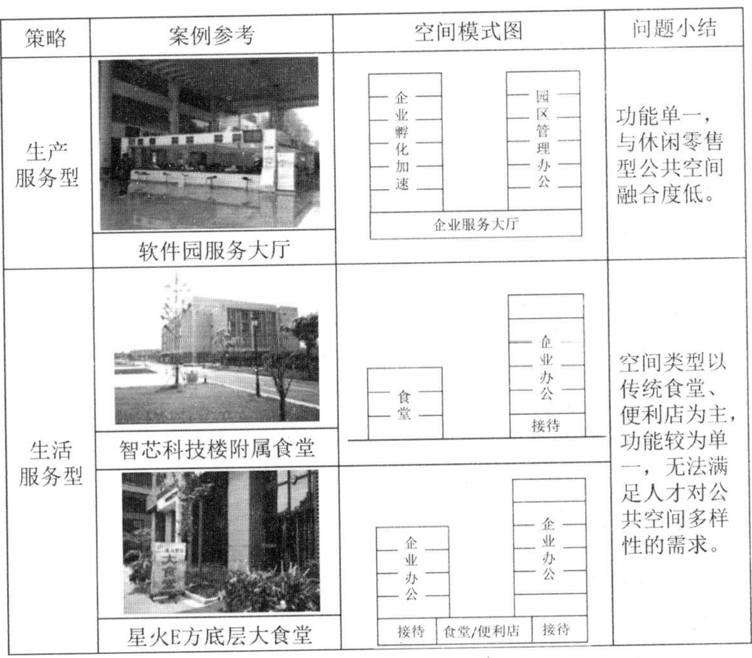

图 7-36　点状社交型公共空间模式与问题的梳理

资料来源：自绘

针对新区现有典型园区内点状社交型公共空间存在的问题，提出功能营造与业态创新两大策略。

点状社交型功能营造策略就是参照居住社区邻里中心模式与经验，根据服务范围布局工业邻里中心，将政务服务、商业服务、社区服务等功能融合布局，实现一站式服务平台的打造（见图 7-37）。

业态创新策略则脱离传统业态束缚，为创新人才提供高品质、业态新颖的新型零售、休闲设施，满足其求新需求。随着时代的更迭、科技的发展，生活方式正在逐步由传统稳定调整为巨变模式。例如，阅读场所中的传统报刊亭文化已逐渐消失，被电子图书馆、报纸的网页版所替代，但仍有一部分读者保持着阅读纸质报纸的习惯，其中有一大部分是痴迷于纸质书

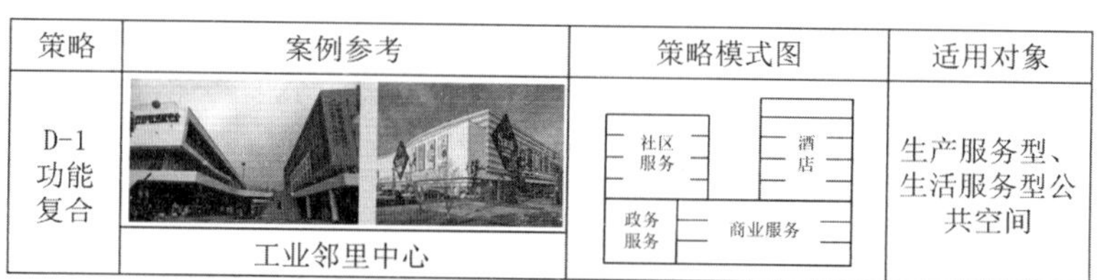

策略	案例参考	策略模式图	适用对象
D-1 功能复合	工业邻里中心	社区服务、酒店、政务服务、商业服务	生产服务型、生活服务型公共空间

图 7-37　点状社交型公共空间功能营造策略指引图

资料来源：自绘

的仪式感和体验感。故在弱化功能区的同时也要考虑参与者所不能舍弃的部分，或是否能以其他功能形式来保存某些特殊的情感需求。发现逐渐消失的城市生活方式、抓住未来生活方式是创新空间营造的重点方向。

在高科技创新型人才中，学习是一种极为普遍的生活方式。终身学习和随时学习的方式是高科技创新型人才的习惯方式，学习逐渐成为了他们的核心生活方式。学习和生活的边界逐渐模糊、交织与融合。以学习为主线的生活方式不仅在创新空间中广泛流行，同时深入生活中的各个场景。伴随学习产生的一系列生活方式，对创新空间的营造产生了一定的启示。例如，利用热力图等科技手段观察南京软件园内不同时段参与者的兴趣焦点，得出不同时段的高强度需求；同样，得出逐渐弱化的空间功能，并对此加以更新改善。

南京软件园在空间营造的实践中，融合传统咖啡厅业态与孵化功能的创业咖啡厅、云书房、24 小时无人便利店以及其与健身房结合的新业态等（见图 7-38）。通过创建高端服务业特色园区、知名品牌楼宇、总部大楼、休闲商业街区、小街区与密路网的布局，形成人性化的友好空间，周边生态环境与建筑、交通和谐统一，整体环境舒适宜人，吸引了大量的人流、客流。

在 2018 年 1 月 18 日由中国软件行业协会主办的“2018 中国软件产业年会”上，经过申报、初审、专家评审等环节，从产业环境、优惠政策、投融资情况、配套设施优势、产业链完善程度、入住企业对园区满意度、主导产业发展前景、对本地经济的带动效应等多个维度进行评审，南京软件园以突出的优势荣获“2017 年中国最具活力软件园”称号。

2. 面状社交型公共空间的营造策略

面向创新活动与人群的面状社交型公共空间主要包含公共绿地、广场、小游园等开敞空间（见图 7-39）。

策略	案例参考			适用对象
D-2 业态创新	创业咖啡（咖啡+孵化）	24小时无人便利店	24小时便利店+健身房	生产服务型、生活服务型公共空间

图 7-38　点状社交型公共空间的业态创新策略指引

资料来源：自绘

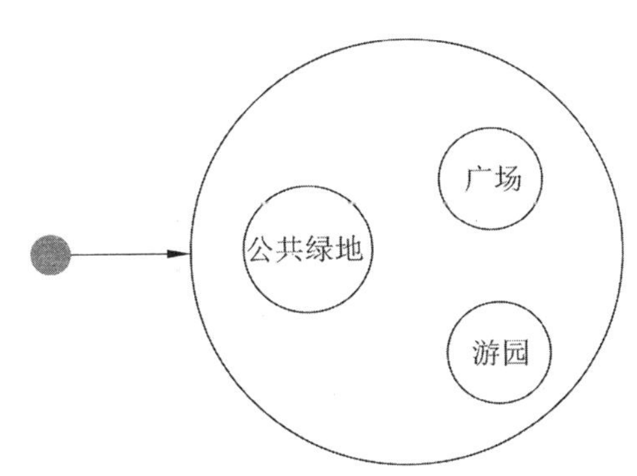

图 7-39　面状社交型公共空间

资料来源：自绘

以江北新区南京软件园为例，目前其面状社交型公共空间主要有高新区城市规划展示中心广场以及东南大学国家大学科技园游园(见图 7-40)。

对高新区面状社交型公共空间的空间布局模式以及存在问题进行梳理(见图 7-41)，可发现现状绿地公园及休闲广场数量较少，空间使用情况不佳，仅配置一些健身设施、凉亭等，且与零售、休闲等其他空间结合度低，使用者体验单一，不能发挥公共交流空间应有的作用。

探寻国内外典型创新广场空间营造策略，以美国麻省理工学院周边的肯戴尔广场为案例，借鉴其营造经验。肯戴尔广场的公园及广场得到积极使用的原因归结于三个方面：①主要广场毗邻一些具有良好声誉并分散到公共领域的零售机构。②彼此相连：广场间彼此连接，形成一个连续的双向行人流，增加交通流量使广场看起来更加活跃，从而鼓励人们更频繁地进入和访问这些公共空间。③与主要建筑入口相连：建筑物的入口都

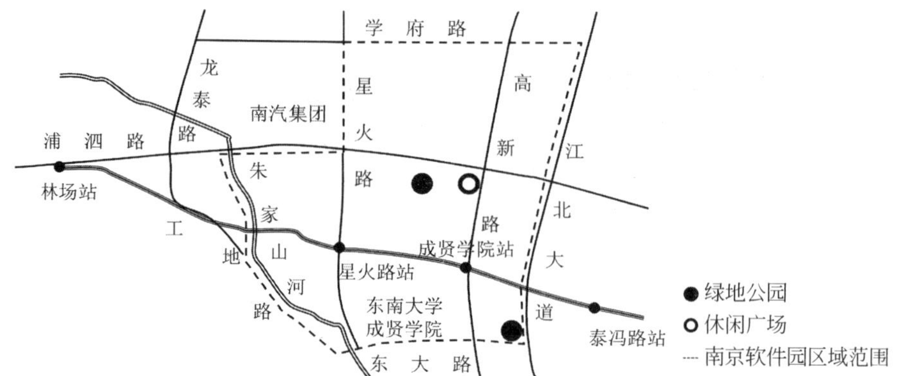

图 7-40　南京软件园面状社交型公共空间的分布

资料来源：自绘

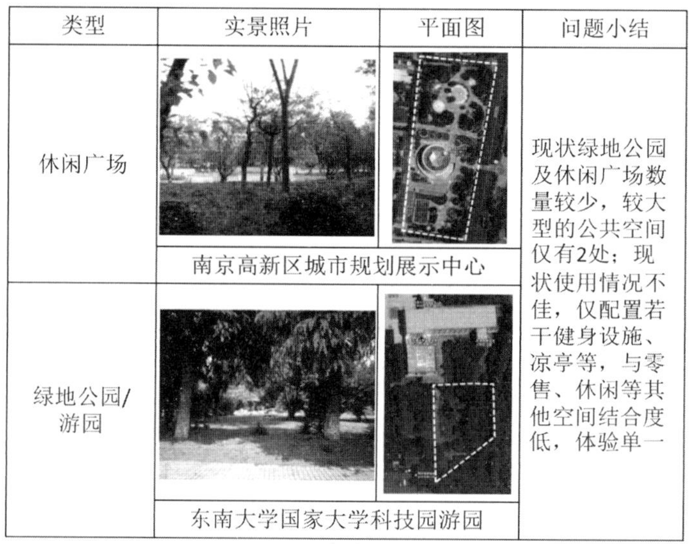

类型	实景照片	平面图	问题小结
休闲广场	南京高新区城市规划展示中心		现状绿地公园及休闲广场数量较少，较大型的公共空间仅有2处；现状使用情况不佳，仅配置若干健身设施、凉亭等，与零售、休闲等其他空间结合度低，体验单一
绿地公园/游园	东南大学国家大学科技园游园		

图 7-41　面状社交型公共空间的模式与问题梳理

资料来源：自绘

面向连接的公共领域，增加了人们意外碰撞彼此的机会。

针对江北新区典型园区内面状社交型公共空间存在的问题，借鉴肯戴尔广场公共空间营造的经验，提出江北新区营造面状社交型公共空间的策略。

1）增加公共空间数量，丰富空间类型

整体增加园区及各平台公共空间数量，包括城市级、地区级、社区级和单元级，并对各类面状社交型公共空间进行空间规模、辐射范围等的限定与规划(见表 7-8)。

表 7-8 江北新区面状社交空间规模与辐射范围规划

空间等级	空间规模	辐射范围	典型案例
城市级	200 公顷以上	3 千米以上	老山郊野公园等
地区级	20～200 公顷	1～3 千米	软件园文化公园等
社区级	5～20 公顷	500～1 000 米	规划展览馆广场等
单元级	5 公顷以下	200～500 米	东大科技园游园等

资料来源：自绘

位于浦泗路南侧的南京软件园文化公园(见图 7-42)，是江北新区面状社交型公共空间营造的重点项目，其设计尊重原来的河流、绿地等现状自然生态空间，注重对园区文化和地域特征的挖掘，将生态空间作为文化公园设计的线索和灵魂，在规划中“未铲一个山头”，充分保留自然地形和原始景观。东侧为原有小竹林、小树林，西侧保留原生态湿地与养殖景观，植物搭配丰富，形成四季色彩更迭的季相效果。在尊重自然的同时，充分考虑游客的相对特殊性——高科技创新型人才。因此，从科技与文化主题入手，突出标志性节点的科技功能、地域文化、特色小品、环境景观，展现园区产业科技主题与地区文化特色，努力构建园区的特色文化和生命力、创新

图 7-42 南京软件园文化公园鸟瞰图

资料来源：自绘

活力。

南侧原是农村河塘，通过设计将水面、广场、滨水散步道、草坡等元素组成多层次的景观和公共空间，并结合太阳能技术、生态水循环系统、智能调控系统等体现高科技的文化内涵，营造高科技、高技术的形象和淳厚的科研文化氛围，以及现代生活方式、休闲环境，将核心的功能与环境向外延展(见图 7-43)。

图 7-43　南京软件园文化公园效果图

资料来源：自绘

2）提升公共空间与办公、零售等空间的融合度

借鉴肯戴尔广场空间营造的成功经验，遵循面状社交型公共空间的三大布局原则，各面状社交型公共空间与街区尺度合理布局，形成“彼此相连”的典型公共空间布局模式(见图 7-44)。单元级公园像风雨走廊贯穿场地内的所有景观要素，应用中国古典园林的传统设计手法，步移景异。在主要科技研发、办公建筑的南侧周边为地区级公园，大面积公共草坪，使主要建筑呈现现代与地域特色融合，并通过对入口大厅、连廊、平台、架空底层等过渡空间和滞留空间的塑造，形成兼具步行交通和休息交流的交往空间。提升公共空间与办公、零售等空间的融合度，加强人、建筑、环境之间的对话，构建更为开放、共享的公共环境，以碰撞出创新的灵感。

3. 线状社交型公共空间的营造策略

面向创新活动与人群的线状社交型公共空间主要包含街道、人行道等空间，通过这些道路将创新人群与点状、面状社交空间相连(见图 7-45)。

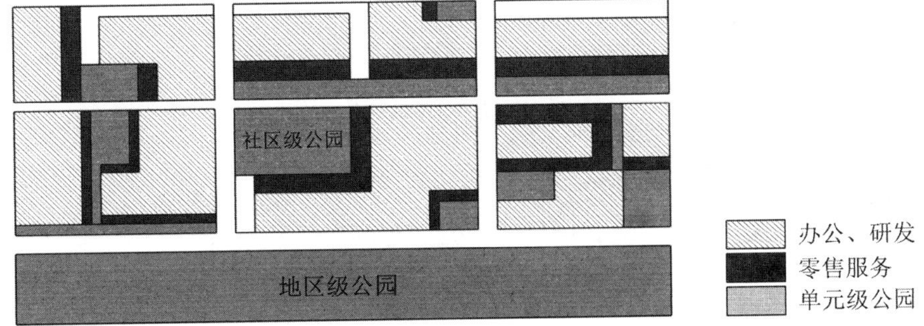

图 7-44　典型面状社交型公共空间的布局模式

资料来源：自绘

如果这些现状空间仅有单一的交通功能，这对城市新区创新空间的作用是有限的。麻省理工学院可感知城市实验室主任卡洛·拉蒂（2019）曾指出，“从建筑学的角度来看，未来的城市看起来不会有本质上的变化——就像古罗马也没有和当今城市有多大的差别一样。但是，未来所改变的是我们感受、体验城市生活的方式”。也就是说，未来城市在物质空间形态上不会与今天的城市有天壤之别，但是未来城市与今天城市的最大区别在于，其给予人们的体验感与过去、现在有很大的不一样。因此，有机利用交通廊道，营造多功能的城市服务空间、交流互动空间、创意空间，从而打破平淡，形成具有交往空间的活力和趣味性。

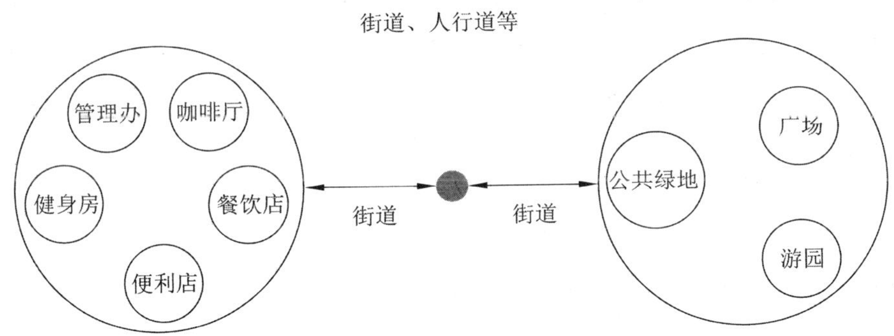

图 7-45　线状社交型公共空间

资料来源：自绘

但从江北新区南京软件园来看，目前其道路主要还是作为交通功能，只有少量的道路起到了线状社交型公共空间的功能，主要包括服务功能主导型街道以及停车功能主导型街道(见图 7-46)。

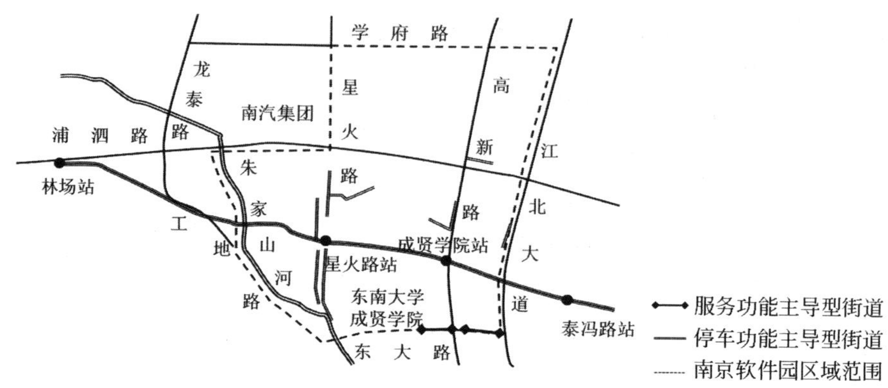

图 7-46 南京软件园线状社交型公共空间的分布

资料来源:自绘

进一步对南京软件园线状社交型公共空间的空间布局模式以及存在问题进行梳理(见图 7-47),可发现现状高校及写字楼周边的街道对人群交往的友好性较弱,街道尺度较大,仅配置有餐饮等基本服务设施,且大多数街道以停车、绿化为主,并未设置促进人才交往交流的相关设施配置。

这与我们希望的新区创新空间相距较大。从伦敦的硅环、波士顿的创新街区、纽约的硅巷、西雅图的南湖等典型的城市创新区来看,其空间创新都较注重构建生产、生活高度融合的社区空间,打造定制化的多元住宅空间形态,以及共享交通与公共交通为主的空间连接方式;城区小街区、密路网,疏密结合的形态,以步行基础叠加技术尺度作为社区空间的单元尺度,并基于 TOD 理念构建智能化、自动化、多层次公共交通网络,塑造充满活力的公共邻里中心。建设步行友好的交通体系,优化人的行走和过街体验,使街道重归生活。

根据江北新区典型园区内线状社交型公共空间存在的问题,分析国外创新街区的多层次公共交通网络模式,提出线状社交型公共空间的三大策略,即服务空间外拓、休闲空间置入以及公共活动引入,分别适应创新空间周边的不同街道(见图 7-48)。

服务空间外拓策略主要适用于高等院校周边的服务型街道、办公空间底层街道等,在街边商铺与人行道外拓咖啡座等设施,满足人行需求的同时为周边学生或就业人群提供交流空间,如上海大学路街边的咖啡厅。而

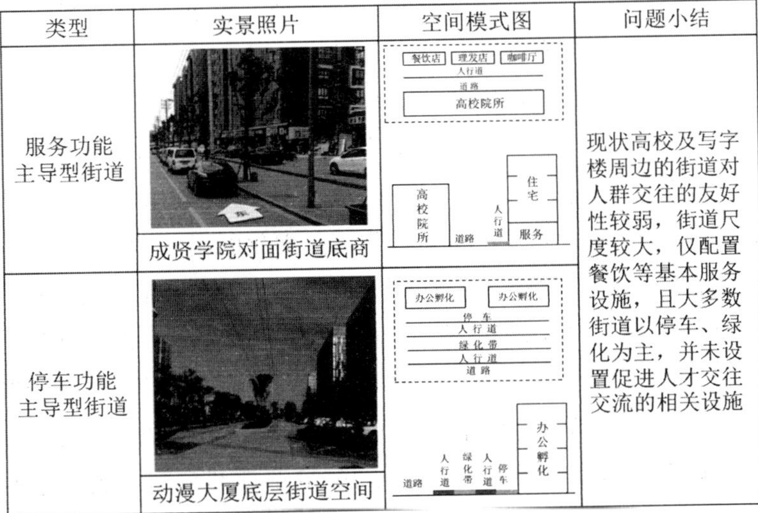

类型	实景照片	空间模式图	问题小结
服务功能主导型街道	成贤学院对面街道底商	餐饮店 理发店 咖啡厅 人行道 道路 高校院所；高校院所 道路 人行道 住宅 服务	现状高校及写字楼周边的街道对人群交往的友好性较弱，街道尺度较大，仅配置餐饮等基本服务设施，且大多数街道以停车、绿化为主，并未设置促进人才交往交流的相关设施
停车功能主导型街道	动漫大厦底层街道空间	办公孵化 办公孵化 停车 人行道 绿化带 人行道 道路；道路 人行道 绿化带 人行道 停车 办公孵化	

图 7-47　线状社交型公共空间的模式与问题梳理

资料来源：自绘

策略	案例参考	空间模式图
X-1服务空间外拓	 上海大学路街边的咖啡厅	
X-2休闲空间置入	 Industry city街边交流区	
X-3公共活动引入	 Market Street 活化项目	

图 7-48　线状社交型公共空间的策略指引

资料来源：自绘

在东南大学成贤学院西侧的星火路，从星火路站至东大路，长约 1 公里的范围内，汇聚了东大集成电路总部、长峰科技、独角兽创新空间、江苏北斗卫星研究院等高科技公司；集中了银行、超市、餐饮、咖啡店、健身房、体验店等服务设施（见图 7-49）。为此，南京软件园采用服务空间外拓策略，对该段的星火路道路断面进行重新设计。通过对建筑墙面与地面铺装方式的改变，创造出独立的交往空间。随着西方文化的引入，“咖啡厅”“书吧”等概念在校园、科技园中流行开来，受人们热衷的除“咖啡文化”外，更多的是“咖啡厅”“书吧”给参与者带来的轻松舒适的就餐体验和除就餐之外的其他功能体验，读书、科研、会友、小憩等生活行为边界的模糊化，给餐饮空间、交流空间等空间整合提供了更多的可能性（崔文，2019）。社区集超市、咸亨国际线下体验店、永赋御品、50 岚、瑞幸咖啡都采用了服务空间外拓的办法，在室外设置相对舒适的桌椅，保证短暂停留的舒适性、交流的轻松性。

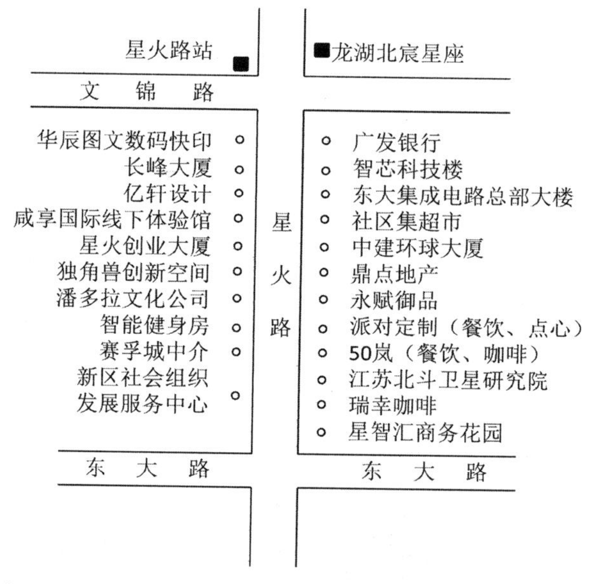

图 7-49　南京软件园星火路（线状社交型）公共空间的布局

资料来源：自绘

休闲空间置入策略适用于办公楼底层街道空间等，在写字楼下空旷的人行道中配置桌椅等交流设施，并与底层商业、创业咖啡、书店等店面通过便捷的人行道相联。如在星智汇商务花园的入口，原本就是一个简单的通道，仅具有通过与短暂停留的功能，但在更新改造之后，设置了吧台、售卖、阅读亭等小型服务功能，入口大厅设置了园区的发展历史宣传栏，丰富空间类型的同时，起到给人们以向心力、凝聚力甚至归属感、自豪感的"精神家园"作用。

公共活动引入策略则适用于办公楼底层街道空间等，将公共艺术活动引入街道空间，利用人行道进行临时科技成果展览、创客文艺活动等，丰富创新文化，创造"时髦"氛围、节庆氛围。

参考文献

[1] 袁新国，滕珊珊，黎智辉. 长三角开发区再开发模式探讨[J]. 城市规划学刊，2011(6)：77-84.

[2] 周海波. 产城融合视角下服务业与制造业集群协同发展模式研究[C]//第十二届产业集群与区域发展国际学术会议论文集，2013(1)：35-39.

[3] 刘伟，蔡海燕. 临港新城产城融合发展策略[J]. 城市规划学刊，2013(8)：10-16.

[4] 陈磊，陶涛，韦晓华. 以社区为组织单元的产城融合空间模式探索——以福建省晋江市新塘片区为例[J]. 小城镇建设，2016(1)：66-71.

[5] 杨鹏. 产城融合发展：现状、模式与路径[J]. 广西城镇建设，2017(1)：48-55.

[6] 周正柱. 产城融合研究最新进展与评述[J]. 科学与管理，2017(5)：48-53.

[7] 梁印龙，姚秀丽. 快速城镇化进程中我国产城关系的演变规律及规划引导——以沿海发达地区开发区为例[A]//共享与品质——2018中国城市规划年会论文集(11城市总体规划)[C]，2018.

[8] 王兴平. 开发区与城市的互动整合[M]. 南京：东南大学出版社，2013.

[9] 王兴平. 中国开发区空间配置与使用的错位现象研究——以南京国家级开发区为例[J]. 城市发展研究，2008(2)：85-91.

[10] 王慧. 开发区与城市相互关系的内在肌理及空间效应[J]. 城市规划，2008(3)：20-25.

[11] 孔翔，顾子恒. 中国开发区"产城分离"的机理研究[J]. 城市发展研究，2017(3)：31-37.

[12] 陈家祥. 南京高新区转型发展的问题及对策研究[J]. 现代城市研究，2012(2)：67-72.

[13] 赵鹏军，彭建. "边缘城市"对城市开发区建设的启示——以天津经济技术开发

区为例[J]. 地域研究与开发,2000(4): 54-57.
[14] 周宇. 省级经济开发区政府管理典型模式研究[J]. 四川行政学院学报,2012(1): 25-28.
[15] 皮黔生. 论中国开发区的孤岛效应及其二次创业[D]. 南开大学,1999.
[16] 王峰玉,郑军. 基于产城融合理念的桐城双新经济开发区规划探索[J]. 小城镇建设,2012(2): 90-91.
[17] 陈家祥. 中国高新区功能创新研究[M]. 北京: 科学出版社,2009.
[18] 杜保东. 产城融合的多维解析[J]. 规划师,2014(6): 5-9.
[19] 蒋华东. 产城融合发展及其城市建设的互融性探讨——以四川省天府新区为例[J]. 经济体制改革,2012(6): 43-47.
[20] 何笑梅,洪亮天. 从"产城融合"走向"产城人融合"——浅析"产—城—人"融合的内在逻辑与互动关系[A]//持续发展理性规划——2017 中国城市规划年会论文集(04 城市规划历史与理论)[C],2017.
[21] 乔尔·科特金. 全球城市史[M]. 王旭,译. 北京: 社会科学文献出版社,2017.
[22] Harvey,D. The Urbanization of Capital[M]. Oxford: Blackwell,1985.
[23] Lefebvre, H. Translated by F. Bryant. The Survival of Capitalism: Reproduction of the Relation of Production. London: Allison and Busby,1976.
[24] 王丰龙,刘云刚. 空间的生产研究综述与展望[J]. 人文地理,2011(2): 13-19.
[25] 程哲,蔡建明,杨振山,等. 基于空间生产视角的城市新区开发策略[J]. 建筑经济,2015(4): 99-102.
[26] 武廷海,杨军保,张城国. 中国新城: 1979—2009[J]. 城市与区域规划研究,2011(2): 19-43.
[27] Hravey,D . The Urban Process under Capitalism: A Framework for Analysis [J]. International Journal of Urban and Regional Research,1978(2): 101-131.
[28] 陈嘉平. 新马克思主义视角下中国新城空间演变研究[J]. 城市规划学刊,2013(4): 18-26.
[29] 肖菲,殷洁,罗小龙,等. 国家级新区空间生产研究——以南京江北新区为例[J]. 现代城市研究,2019(1): 42-47.
[30] Wu F. Transitional Cities [J]. Environment and Planning A,2003,35(8): 1331-1338.
[31] 胡滨,邱建,曾九利,等. 产城一体化单元规划方法及其应用——以四川省成都天府新区为例[J]. 城市规划,2013(8): 79-83.
[32] 王亚丹. "产城融合"视角下产业集聚区空间规划研究——以苏州工业园区

为例[D]. 山东建筑科技大学，2015.

[33] 王凯，袁中经，王子强. 工业园区产城融合的空间形态演化过程研究——以苏州工业园区为例[J]. 现代城市友研究，2016(1)：84-91.

[34] 孔翔，殷子恒. 中国开发区“产城分离”的机理研究[J]. 城市发展研究，2017(3)：31-37 .

[35] 马学广. 都市边缘区空间生产与土地利用冲突研究[M]. 北京：北京大学出版社，2014.

[36] 李小建，苗长虹. 西方经济地理学新进展及其启示[J]. 地理学报，2004，59(Sl)：153-161.

[37] 晁恒，马学广，李贵才. 尺度重构视角下国家战略区域的空间生产策略——基于国家级新区的探讨[J]. 经济地理，2015(5)：1-8.

[38] 罗振东. 分权与碎化——中国都市区域发展的阶段与趋势[J]. 城市规划，2007(3)：64-70.

[39] 张京祥，陈浩. 中国的“压缩”城市化环境与规划应对[J]. 城市规划学刊，2010(6)：10-21.

[40] 卜域. 大学校园功能复合化研究[D]. 同济大学，2006.

[41] 李岩，陈伟新，梁芳. 绿色低碳视角下城市空间复合利用探析——以上海虹桥综合交通枢纽为例[A]//城乡治理与规划改革——2014 中国城市规划年会论文集(06 城市设计与详细规划)[C]. 2014.

[42] 毛其智. 从广义建筑学到人居环境学——记两院院士、清华大学教授吴良镛[J]. 长江建设，2000(3)：6-9.

[43] 金吾伦. 吴良镛人居环境科学及其方法论[J]. 城市与区域规划研究，2011(1)：221-227.

[44] 钟睿. 开发区转型发展视角下的产城融合内涵解析——以苏州工业园区为例[J]. 上海城市规划，2018(2)：123-128.

[45] 曾鹏，曾坚，蔡良娃. 城市创新空间理论与空间形态结构研究[J]. 建筑学报，2008(8)：34-37.

[46] 魏翔，刘文霞. 通勤与偷懒：交通时间影响工作效果的现场追踪研究[J]. 财政研究，2017(8)：4-13.

[47] 约翰·西蒙兹，巴里·斯塔克. 景观设计学——场地规划与设计手册[M]. 魏瑞，朱强，俞孔坚等，译. 北京：中国建筑工业出版社，2009.

[48] 魏瑞，崔世聪. 基于美术高校外部交往空间的拓展模式研究——以“四川美术学院虎溪校区”为例[J]. 城市建筑，2018(6)：105-107.

[49] 李果. 中国主要城市商业竞争力 PK 星巴克越多的地方活力越高？[N]. 21 世纪经济报道，2017-06-08.

[50] 李亚菲. 世界文化产业品牌的成功塑造和传播——以星巴克为例[J]. 华中人文论丛，2014(1)：89-191.

[51] 郭磊. 低碳生态城市案例介绍：韩国松岛新城[J]. 城市规划通信，2013(4)：17-18.

[52] 卡洛·拉蒂，马修·克劳德尔. 智能城市：关于智能城市的十大预测[M]. 赵磊，译. 北京：中信出版社，2019.

[53] 崔文. 浅析生活方式的改变对校园交往空间的影响——以北京理工大学为例[J]. 工业设计，2019(7)：96-97.

第 8 章

城市新区创新空间发展政策研究

创新是一个国家和地区发展的灵魂。因此，各国越来越重视科技创新在国家发展中的作用，科技创新政策在政府系统中的地位越来越高。新世纪以来，世界各主要国家更是不断发布重大科技创新战略。如美国分别于2008年、2011年、2015年发布了三版《美国创新战略》；德国分别于2006年、2010年、2014年、2018年发布了四版《德国高技术战略》；日本于2013年发布了《科学技术创新综合战略》。我国一直以来高度重视科技创新和科技创新政策的制定，特别是党的十八大提出了创新驱动发展的伟大战略，并将科技创新置于国家发展全局的核心。战略与政策是一体两面，战略为政策制定提供指引，政策为战略落实提供路径。贯彻落实创新驱动发展战略，必须有针对性地制定和完善新区创新空间的发展政策（贺德方、唐玉立、周华东，2019）。

8.1 城市新区现有创新政策分析

科技创新政策从属于公共政策范畴，具有公共性、社会性的特征。科技创新政策的内涵主要是指中央或地方政府为了促进国家或区域的科技创新而颁布和实施的一系列政策法规。就其内容而言，它包括财政政策、税收政策、人才政策等多个类型；而就其作用范围来说，它又分为国家科技创新政策和区域科技创新政策。国家层面的科技创新政策一般由中央科技主管部门主持制定，是国家为促进科技创新而颁布的一系列宏观和战略层面的政策，而区域科技政策，则是在国家科技政策的前提下制定和实施的，既体现国家层面政策的精神，又兼顾区域政策环境和创新环境的差异，体现政策的针对性(翁天宇,2017)。

有学者指出,科技创新政策对经济增长方式转变具有外在的集约性作用和内在的倍加性作用及关键性作用,通过优化科技创新政策可以加快区域经济发展及改革进程(章新华,2000)。因此,从一定意义上来说,科技创新政策的制定和实施对区域经济增长方式的转变起着巨大作用。正如著名的经济学家吴敬琏曾经指出的“制度重于技术”。

8.1.1 新区科技创新政策分析

蒋铁柱、杨亚琴(2001) 曾对北京、上海、深圳三地的科技创新政策、功能定位进行了对比研究,认为政府在科技创新中的功能和作用就是在政策操作层面实现制度创新,也就是要构筑健全的科技创新政策支持体系,即创造科技创新的制度环境,完善科技创新的投融资体系,塑造科技创新的微观主体,集聚科技创新的人力资源以及建设科技创新的组织载体。

顾建华(2004)对西部的科技创新政策进行了研究,认为制约西部科技创新事业快速发展的主要原因是科技创新的基础条件较差、整体创新能力较弱,特别是保障科技创新事业快速发展的高层次人才、资金保障、科研管理体制等政策条件还比较差。因此,加快西部科技创新事业的发展,必须把科技创新作为一把手的首要工程来实施;必须坚持将科技创新和管理体制创新结合起来;必须树立用市场经济的思想抓科技创新的观念,培养、使用好人才;必须强化政府战略部署和宏观调控力;必须进一步加大对科技创新的投入支持力度;必须为创新提供优惠政策;必须重视发展高科技企业群,积极引导高等院校迅速成为科技创新的主力军,以及通过实施科技创新,开辟西部新的经济增长点。

基于对科技创新政策作用的高度认识,南京江北新区自 2015 年 6 月正式被批准为国家级新区以来,紧紧围绕“三区一平台”的功能定位和建设具有全球影响力的产业科技创新重要基地的发展目标,聚焦“两城一中心”的主导产业,积极探索城市新区创新发展的路径。除了认真执行国家、省、市制定的科技创新政策外,江北新区一直把科技创新政策的创新作为创新的首要任务。

目前,南京江北新区制定的创新创业政策主要有:《南京江北新区促进创新创业十条政策措施》(2016 年 2 月)、《南京江北新区研发机构引进培育支持办法(试行)》(2017 年 7 月)、《南京江北新区顶尖人才团队引进计划实施办法》(2017 年 8 月)、《南京江北新区高新技术企业培育支持办法》(2017 年 11 月)、《南京江北新区科技企业孵化器及众创空间奖励办法》(2017 年 11 月)、《南京江北新区科技创新券管理办法(试行)》(2017 年 11 月)、《江北新区产业科技金融融合创新先导工程("灵雀计划")实施办法(试行)》(2017 年 11 月)、《南京江北新区"创业江北"人才计划十策》(2018 年 3 月)、《南京江北新区关于优化升级"创业江北"人才计划十策实施办法》(2019 年 4 月)、《南京江北新区中青年优秀人才选拔培养实施办法(试行)》(2019 年 4 月)、《南京江北新区高层次人才举荐办法》(2019 年 4 月)、《南京江北新区集成电路人才试验区政策(试行)》(2019 年 7 月)等。

通过梳理可以发现,目前江北新区创新政策的重点聚焦于高科技企业培育、高科技人才引进及科技创新服务平台建设等三个方面。高科技企业培育侧重于对高新技术企业的培育,支持企业创新;高科技人才引进注重于挖掘引进海内外高层次人才团队和科研机构,进入江北新区创新创业;科技创新服务平台建设则注重于完善建设各类科创载体及科技服务平台。

作为国家级新区,南京江北新区在科技创新政策的创新推进方面是勇于创新、善于创新的。从《南京江北新区集成电路人才试验区政策(试行)》来看,实施集成电路领域全链条人才引育,积极推进江北新区集成电路人才试验区建设,覆盖了人才引进、留才奖励、人才培训培养、生活配套等四个方面共 10 条举措,不仅设立了 IC 设计专项奖,还将给予核心团队最高 1 000 万元的奖励,同时在落户安居、子女教育、健康医疗、个人所得税等方面给予更大力度的优惠扶持,建立了从集成电路人才金字塔尖到塔基的全方位人才政策体系,为南京江北新区"芯片之城"建设提供"芯动力"。

从科技创新政策的成效方面来看,南京江北新区科技创新政策有力地促进了人才引进、区域创新、平台建设。在人才引进方面,2018 年约有 7 万名本科以上的毕业生在江北新区就业,吸引海外留学归国人员 2 727 人,外籍常住专家 2 093 人,均位居南京市首位。从就业质量方面来看,2018 年专业技术人员占比达到 40.84%,科技活动人员平均占比约 33.19%。

在高新技术企业培育方面,2018 年江北新区新增高新技术企业 238

家，创新创业企业数量增加 36%、营业额增长超过 40%，技术合同增长超过 60%。新型研发机构、高层次人才、企业中科技从业人员的比例都保持了高速增长态势。

在科技创新载体及科技服务平台方面，“请进来”与国内外知名高校合作，中德智能制造研究院与南瑞集团共同打造智能制造示范工厂，北大分子医学研究院与世界级创新型企业拜耳公司签署全球独家许可协议，南京大学与英国伦敦国王学院合作打造联合医学研究院等；推动剑桥大学科创中心、加州大学伯克利研究中心等一批高端创新平台陆续落户新区，新备案新型研发机构 22 家，名列南京市第一；“走出去”建设海外创新中心，先后在美国硅谷、英国牛津、剑桥、瑞典斯德哥尔摩等国际创新资源集聚地，建设新区海外创新中心；出台《南京江北新区海外创新中心建设指引》，规范海外创新中心组建方式、建设任务和管理考核机制，形成新区引进集聚海外创新资源的联动网络，实现了海外人才团队和创新项目落地的全流程服务保障体系。

在创新资金方面，江北新区立足于资管、基金、银行、保险四大领域，集聚各类金融企业 500 余家，目前已成功引进注册资本 120 亿元工银金融资产投资公司、供销金融 130 余家新金融机构，华泰证券产业基金、盈科资本投资基金等 100 余支基金，基金认缴规模近 3 000 亿元。截至 2019 年 5 月月底，新增基金注册规模达到 82 亿元。

8.1.2 新区科技创新促进政策的结构性要素分析

根据罗斯维尔(1985)对科技创新政策工具的分类，将城市新区的基本科技政策工具分为供给型、环境型和需求型三种类型，三者对科技创新的作用关系如图 8-1 所示。

供给型政策工具是指政府通过各种方式的支持，扩大人才的供给，改善人才的供需状况，进而推动人才事业的发展。根据政府对人才事业支持方式的不同可以将供给型政策工具划分为人才培养、人才信息支持、人才基础设施建设、人才资金投入以及公共服务等(见表 8-1)。供给型政策工具在城市新区建设初期和科技活动的基础研究阶段发挥着非常重要的角色。

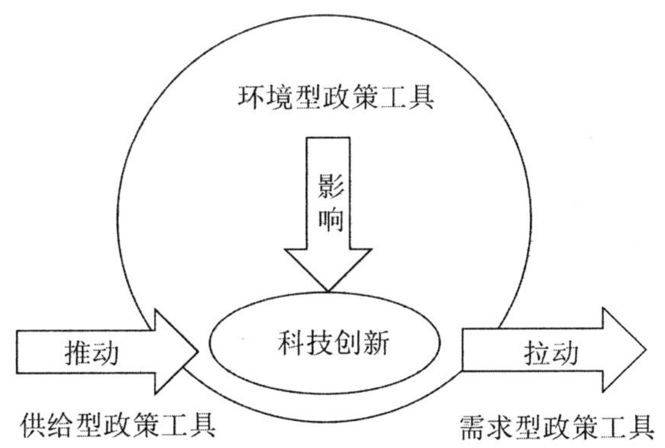

图 8-1　政策工具对科技创新的作用

资料来源：Roy Rothwell、Walter-Zegveld，1985

表 8-1　供给型政策工具的内涵

工具类型	工具名称	注　　释
供给型	人力资源培养	政府部门根据产业发展需要制定长期的人才发展规划，完善相关教育体系和培训体系，并采取各种措施吸引高层次海外留学人才回国工作，为科技活动提供多层次人才资源支持
	科技信息支持	通过建设信息网络、图书馆数据库等为创新主体提供产业和技术信息、专业咨询等
	基础设施建设	加强技术基础设施建设，包括对国家重点实验室、高等院校、研究协会等的支持
	资金投入	政府直接利用财政资金为企业的技术活动提供支持，如设立中小企业创新专项基金
	公共服务	国家权力部门为保证科技创新顺利进行而提供的各项服务，包括办理进出口事务、交通、通信、科技推广等相关事宜的服务

资料来源：翁天宇，2017

环境型政策工具是指政府政策对人才发展的影响作用，即政府借助财务金融、税收制度、法规管制等政策为人才提供有利的发展环境，推动人才自身价值以及人才强区目标的实现。环境型政策工具包括财务金融、税收优惠、法规管制、策略性措施等方面（见表 8-2）。

表 8-2　环境型政策工具的内涵

工具类型	工具名称	注　　释
环境型	目标规划	基于产业发展的需要对要达成的目的或远景所作的总体规划
	金融支持	包括贷款、补贴、担保、出口信贷、担保投资等
	税收优惠	为企业技术创新和产品研发提供税收优惠，包括税收优惠、税率优惠、加计扣除、加速折旧等
	法规管制	政府通过制定一系列法规、制度等来规范创新主体行为，维护市场秩序，为科技活动提供一个公平有序的竞争环境，如企业制度、知识产权保护等
	策略性措施	政府为促进技术创新、技术引进消化吸收等所采取的措施，如鼓励企业建立研发中心、对研发人员的收入分配激励等

资料来源：翁天宇，2017

需求型政策工具是指政府通过人才引进和国际贸易的管制等方法改善人才市场不稳定状况，积极拓展高层次人才市场，进而拉动人才市场向全方位和高水平发展与进步。由此可以将需求型的政策工具分为政府采购、服务外包等方面（见表 8-3）。

表 8-3　需求型政策工具的内涵

工具类型	工具名称	注　　释
需求型	政府采购	各级国家机关、事业单位和团体组织，使用财政性资金采购依法制定的集中采购目录以内的或者采购限额标准以上的货物、工程和服务行为，包括中央和地方政府的采购合同、国有企业的研发活动等
	外包	政府各机关将研发计划委托给企业或者民间科研机构
	贸易管制	政府针对引进或者限制进出口技术、产品等实行的各项管制措施，例如，关税、贸易协定、目录管理等
	海外机构管理	主要体现政府对企业在海外设立的研发机构和销售组织等所给予的直接或间接的支持，例如，协作并购海外研发机构

资料来源：翁天宇，2017

8.2　城市新区创新空间发展对策研究

依据罗斯维尔对科技创新政策工具的分类，综合江北新区已出台的科技创新政策，特别是实地调研企业和企业高管及研发，梳理出目前南京江北新区创新创业政策主要存在以下四个方面的问题。

（1）急需对江北新区高校梯队的特色化培育。江北新区高等院校类型多样、层次多元，但通过高校实地访谈可知，目前针对研究型高校、应用型高校等多个梯队的高校特色化培育政策较为欠缺，不利于各层级高校充分发挥自主创新能力。

（2）对江北新区高校创新创业服务平台的精准化服务有待于提高。目前江北新区的科技创新政策注重于服务平台的搭建，但大多数针对高新技术企业，服务平台尚未针对高校实现专业化、精准化服务，高校与政府间创新创业服务的联通联络机制尚未建立或完善。

（3）江北新区“产学研”信息共享与协调通道有待于构建。通过对新区企业、高校等“产学研”合作的核心主体的实地走访与访谈，大多数个体均表示新区内“产学研”信息共享度弱，各主体对当前市场“产学研”需求的信息认知度低。

（4）江北新区创新空间更新层级体系有待于完善。目前江北新区企业的主动性较弱：从现状来看，江北新区大中尺度层面的新区及片区创新空间规划对调动企业用地更新积极性的作用较弱，创新空间规划层级体系有待于完善，小尺度层面的单元更新规划体系尚需构建。

由此可见，目前南京江北新区在环保型政策工具和需求型政策工具两个方面还是较完善的，但在政策型工具的人力资源培养、基础设施建设、科技信息支持等方面有待于加强和完善。根据南京江北新区创新空间科技创新政策存在的相关问题，分别提出相应的对策。

8.2.1　加强新区人力资源培养

1. 新区科技人才规模分析

创新人才、经济水平和科技创新资源是创新资源的基本要素，而创新人才则是国家新区创新发展的“第一资源”，人才的集聚与增长既是区域发展的成效，也是区域发展的基础。近年来，江北新区突出打造最优创新生态系统，集聚全球创新资源，使江北新区成为国内一流、国际领先的新型研发机构集聚区、培育区与成果转化区。在经济总量日益增长，经济基础日益夯实的同时，吸附了大量高层次技术人才和优质的高端产业，进一步推动了科技活动的日益活跃与整体繁荣。

根据《2019南京江北新区创新活力指数报告》，截至2018年年底，江北新区科技人力资源总量超过10万人。2018年，新区新增就业大学生人数为27 232人，其中海外归国人员2 800多人，分别比2017年增长22.02%、45.34%。新增就业大学生中，硕士、博士毕业生占40%以上。2018年，江北新区57人获得南京市高新技术企业人才奖励和补贴，2人入选企业“高薪聘高人”奖励和补贴，14人入选南京市中青年拔尖人才培养对象。市级以上人才计划和海外高层次人才在江北新区新创办企业172家。2018年新增注册企业1.2万余户，同比增长近50%，有效发明专利拥有量5 480个、增长24.2%，新制定国家标准10项。这一方面反映江北新区对于高水平人才的吸引力正在逐渐增强，形成了高端创新创业人才的集聚效应；另一方面也表现出江北新区的产业质量进一步提升；体现了江北新区以高层次人才、高新技术产业、创新创业活动为主体的产业组织创新多方位、高速度的增长态势，体现了江北新区创新高地、产业高地的发展模式。

虽然江北新区的科技人员超过了10万人，而且每年也在以20%～30%的速度增加，但其总规模与深圳高新区(2015年有45.3万人)相比还是有较大差距的，更不能与北京中关村科技园区拥有的231.1万人科技创新从业人员的庞大规模相比了(见图8-2)。这说明江北新区一方面要继续加大人才引进的速度；另一方面要根据新区的发展需求，大力培养新区急需的各级各类人才。

2. 加强新区人才资源培养

同众多的新区、开发园区一样，江北新区在科技人才的引进、举荐、奖励及人才的住房配套等方面有一系列的政策。但根据新区产业发展需要，制定长期的人才发展的规划，在制定和完善相关教育体系、培训体系等方面，还缺少相应的战略规划和政策支援。

有许多学者对创新人才、创新人才培养、高科技园区及其核心竞争力构成要素进行了较为深入的研究。徐辉(2017)等学者在此基础上分析了

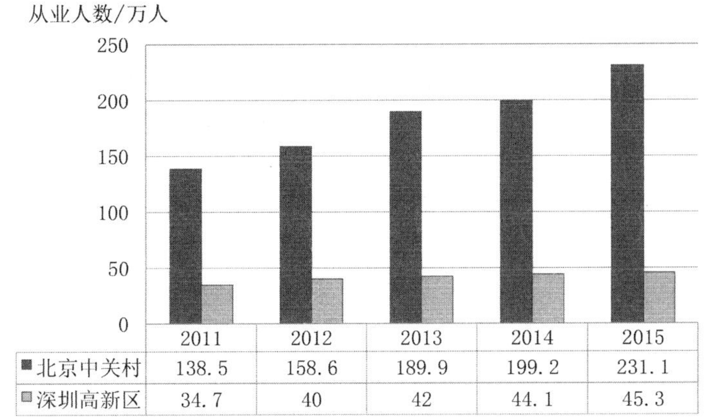

图 8-2　2011—2015 年北京中关村和深圳高新区科技创新的从业人数

资料来源：翁天宇，2017

高科技园区人才培养的关键要素和模式。他们认为，高科技园区作为典型的人才培养组织，是以高层次创新人才培养为目的的学习型组织。高科技园区人才培养应当围绕科技项目研发、孵化过程及对应的管理支持展开，其关键要素包括战略愿景、资源整合能力、组织学习能力和协同培养能力（见图 8-3）。

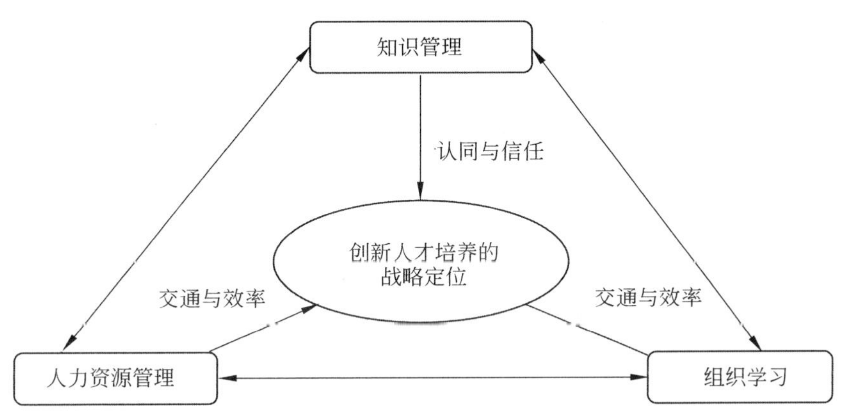

图 8-3　高科技园区人才培养的关键要素

资料来源：徐辉等，2017

城市新区一般以具体创新任务为导向或以科技项目为依托实现人才培养。高科技园区的人才培养与科技创新过程密不可分，创新本身就是解决问题的过程，涉及知识应用与创造。在创新过程中，首先，调动和运用相关知识、信息和经验来发现问题，并对问题进行描述与解析；然后，通过知识转移和共享来解决问题，进而实现知识创新。因此，以科技项目为核心建立高科技园区人才培养模式，既是一种优化资源配置的解决方案，也是将人才培育嵌入创新活动过程中，促进创新链与人才链无缝对接的机制，有利于实现"产学研"协同创新与高层次人才分类培养（见图 8-4）。

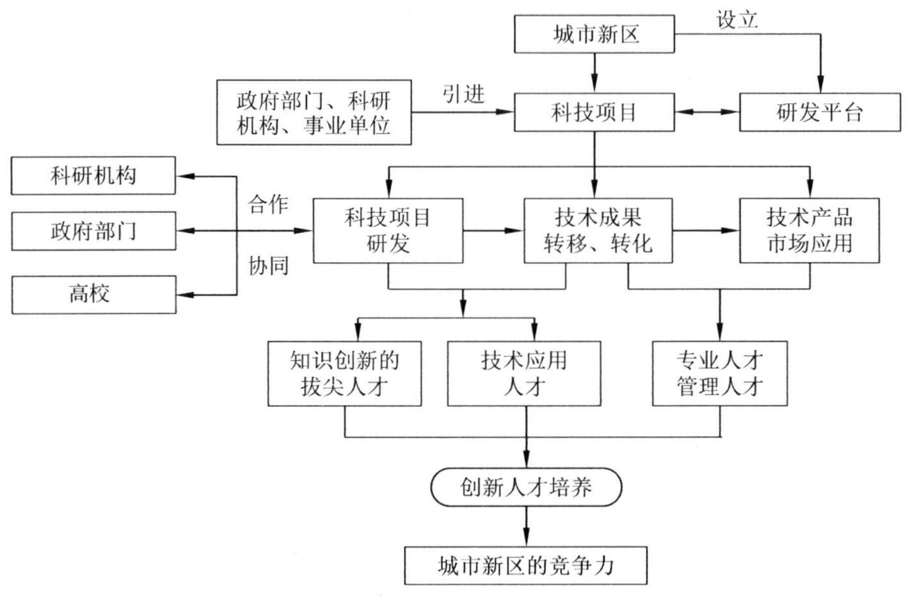

图 8-4　城市新区的人才培养模式

资料来源：参考徐辉，等，2017

根据城市新区人才培养的关键要素和人才培养模式提出以下城市新区人才培养的建议。

一是加强人才培养系统规划。明确新区人才培养战略定位，制定人才发展战略规划，将人才培养与新区产业发展统筹起来，建立并完善科技创新人才培养机制，统筹安排人力资源、组织资源和知识资源，以科技项目为核心打造高水平的科技创新人才综合培养平台。推动"政产学研"多方主体参与人才培养战略规划的制定，推动各方有效需求的衔接，科学安排创新项目。

目前我国集成电路产业已进入高速发展期，但人才短缺成为制约产业发展的重大瓶颈。全国现有集成电路从业人员总数不到 30 万人，到 2020 年相关产业人才缺口预计将达 70 万人。南京江北新区提出建设千亿级芯片基地，继台积电、清华紫光后，美国国际集成电路芯片研发总部及生产基地项目也将落户江北新区。因此，集成电路产业从业人员的短缺很可能成为制约江北新区“芯片之城”建设的影响因素。针对这种情况，新区必须迅速制定总体的人才培养规划及集成电路产业人才培养规划，建立人才培养的机构与平台，如与东南大学合作，筹建南京集成电路学院，一方面推动“政产学研”多方主体参与人才培养，另一方面加快科技创新。

二是建立开放性人才培养机制。①深入探索“政产学研”协同创新、联合培养机制，发挥政府尤其是地方政府的作用，为人才培养提供政策、制度和服务保障。坚持科教融合、协同育人，培养高层次创新人才。促进“产学研”人才自由流动，实现不同组织机构对人才的共同培养。推动“产学研”深层次融合，鼓励共建基地和实验室、合作研发、共建团队等有利于促进科技创新和人才培养的措施，完善风险分担机制和利益分配机制。如南京集成电路产业服务中心与杭州中天微公司、E 课网等 3 家单位签约建立起战略合作关系，就人才培养开展深度合作，创建集成电路产业人才服务平台，预计江北每年至少完成 1 000 人的上岗实训，使江北新区有望成为集成电路产业重要的人才培训基地。②建立校企协同“产学研”创新联盟和人力资源联盟，建立专业化人力资源管理体系，在培养科技创新人才的同时，注重培养满足产业发展需要、具有创新思维与能力的高素质应用型人才、管理型人才。③建立区域间及国内外科研团队联动研发机制，为创新人才培养提供国际化资源、渠道及环境。

三是完善科研项目平台建设。围绕前沿科学问题、前瞻性研究课题和重大科学任务，跨专业、跨领域整合人才资源，建立动态化科研团队。依托重大工程、重大创新项目锻炼人才、引进人才和储备人才，制订人才保障计划。全面梳理科技创新人才队伍，细化人才分类，根据新区需求培养多元化人才。建立向产业化人才倾斜的激励制度，实施与研究系列并重的工程系列岗位，鼓励系统的实现和开发，加速成果转移转化。

四是构建良好人才生态网络。①促进项目与正式科研合作，加强人才互动，鼓励人才建立非正式组织，形成良好的科技人才网络；②通过创新创业空间、人才孵化平台、协会组织、新兴移动虚拟平台等，结合新手段和新方法，促进人才间的联系与合作；③鼓励人才建立自由团队，建立高效精干以及与新区发展目标一致的自由研究小组；④建设高端人才公寓，打造开放人才社区，加强人才保障服务，完善网络人才平台。

五是加强创新人才服务管理。①引入专业人才服务机构，搭建统一人才服务平台，提供人才落户、融资、股权激励、就业、培训、住房、医疗、社保、居留和出入境、职称评定等便捷化服务通道，以解决人才的后顾之忧；②完善科技创新服务体系，针对研发—孵化—中试—加速—产业化全过程，打造专业化服务体系，为人才参与科研创新创造便利条件；③建立人才分类引导、培训、评价、管理、晋升制度，针对不同人才采取不同的服务管理措施，建立多元化、多层次人才服务管理平台。

六是建立人才长期培养体系。①建立终身学习型组织，不断更新知识管理系统和培训服务系统，推动新区知识开放和科研创新资源共享，加强新区内外的互动学习，促进人才不断进步；②采用新技术、新手段完善人才服务信息系统，建立人才大数据库，及时掌握人才需求信息，为其提供精准服务；③建立长效激励机制，打造人才终身职业发展平台和科技创新平台；④加快培育青年拔尖人才，设立自主创新基金鼓励青年人才创新，将青年人才纳入国内外各项科研计划与合作中，加快青年科研人才成长（徐辉，等，2017）。

8.2.2 差异化培育高校梯队

1. 差异化培育高校梯队

为加快建设具有全球影响力的科技创新中心，上海市于 2015 年发布高等教育布局结构与发展规划①。规划提出要分类引导，卓越发展。构建上海高等教育分类发展体系，实行分类管理、分类评估、绩效拨款，促进错位竞争、特色办学和多样化发展，形成上海高等教育发展的良好生态。

具体策略包括：①形成高校分类管理体系：按照人才培养主体功能和承担科学研究类型等差异性，将高校划分为“学术研究、应用研究、应用技术和应用技能”四种类型；按照主干学科门类建设情况，将高校划分为“综合性、多科性、特色性”三个类别。②确立高校分类评估机制：研究设计高校分类发展、分类评价指标体系。依据高校发展定位和建设的不同目标，

① 上海市教育委员会等关于印发《上海高等教育布局结构与发展规划（2015—2030 年）的通知》（沪教委发〔2015〕186 号文）

对学术研究型高校、应用研究型高校、应用技术型高校和应用技能型高校给予不同侧重的评价导向，明确每一类别高校的发展要求和评价指标，并以此建立和逐步完善高校办学科学评价体系，引导和激励各类高校立足于不同的办学定位办出特色、办出水平。③建立分类绩效拨款的政府投入机制：与高校分类发展紧密对接，制定差异化拨款投入机制。按分类发展和分类管理框架，调整优化高校财政拨款结构，完善拨款管理制度。建立公办高校综合定额动态调整机制，制定分级分类拨款标准。探索民办高校公共财政扶持方式和用途的改革。

优化上海高等教育空间布局，形成与城市建设总体布局相呼应的格局。以改善办学条件和拓展办学空间为重点，积极推进上海高校空间布局结构调整，形成围绕杨浦知识创新区、张江自主创新示范区、闵行紫竹科学园区的高校集聚地，以及松江、奉贤、临港等大学园区，形成与产业结构布局相呼应的高等教育空间布局。可见上海市高等院校布局的重要导向就是与城市空间布局有效匹配，增加高等教育与城市产业结构布局的契合度，为建设具有全球影响力的科技创新中心提供人才支撑、智力支撑和文化引领。

借鉴上海市分类引导高等院校发展的政策经验，针对江北新区现状高校特征，差异化培育高校梯队，建立高校分类管理、评估与绩效拨款机制。具体策略为：

一是划分新区高校类型，实施分类管理：将江北新区内高等院校按“学术研究、应用研究、应用技术和应用技能”四种类型进行划分与分类管理（见表 8-4）。

表 8-4　江北新区高校类型划分

类　　型	特　　征	高 校 名 称
学术研究	综合性、多科性	南京农业大学、南京工业大学、南京信息工程大学
应用研究	多科性、特色性	南京审计大学、南京航空航天大学国际校区
应用技术	多科性、特色性	江苏警官学院、南京大学金陵学院、东南大学成贤学院、南京信息工程大学滨江学院、江苏第二师范学院
应用技能	特色性	南京铁道职业技术学院、南京科技职业学院、江苏卫生健康职业学院、江苏城市职业学院、江苏省司法警官高等职业学校

资料来源：自绘

二是制定差异化评估、绩效拨款机制。根据以上对新区高校的分类，探索并制定相应的高校分类评估指标体系与差异化拨款投入机制。其中学术研究型院校侧重于学术性人才的培养，应用研究型侧重于应用研究与开发人才的培养，应用技术型侧重于专门技术应用人才的培养，应用技能型则侧重于操作性专业技能人才的培养。

2. 精准化高校服务平台

目前在新区管委会官方网站已有针对个人与企业的政务服务直通平台，企业可直接利用网络办理各项政务，但对高校尚未有此类直通式服务。建议新区提供高校精准化创新创业服务平台，借鉴企业服务平台建设的经验，为新区各高校提供精准化创新创业服务，高校可通过平台便捷地办理各类手续或发布需求，政府则可通过其发布高校定向性的创新政策或信息（见图 8-5）。

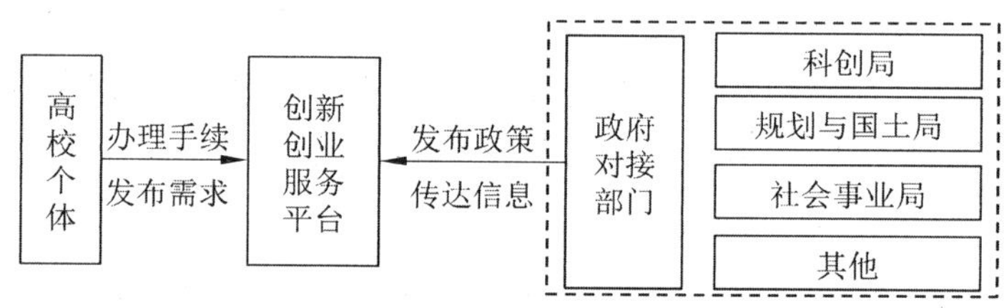

图 8-5 创新创业服务平台的精准化服务

资料来源：自绘

当然从地方高校来讲，也要有积极的响应和互动。陈海英（2004）认为，地方高校科技创新在振兴区域经济中具有不可替代的助推作用，地方高校如何有效利用现有资源、挖掘创新潜力，深入而广泛地开展科技创新，已成为人们关心的课题。科技创新与政策环境之间是双向互动的，地方高校科技创新还存在很多问题，必须构建与空间创新特性相适合、能推动空间创新的政策支持体系。地方高校要构建有利于空间创新的政策体系必须把握以下五个方面：一是在政策的调控把握上应体现党管人才的思想，着力于营造有利于创新主体发展、流动的良性环境；二是在政策的价值选择上，应确立以人为本的价值观，着力于营造有利于创新主体开展创新活动的良性环境；三是在政策的模式建构上，应实施多元化主体范式，着力于营造有利于创新主体多向度开展创新活动的良性环境；四是在政策的应力驱动上，应符合科技创新的内在特性，着力于营造有利于创新主体实施原创性创新活动的良性环境；五是在政策的动态控制上，应按照平衡原则，着力于营造有利于创新主体保持创新运作处于和谐状态的良性环境。

8.2.3　搭建“产学研”信息共享通道

目前新区内高校、孵化机构、企业等创新主体对供给与需求侧的信息诉求相互之间互补性强。高校可提供研究成果、专家团队信息，需要市场科技成果转化的需求信息；孵化机构可提供众创团队及其研究成果信息，需要企业成果转化、高校研究成果信息；企业则可提供企业需求信息，需要仪器设备、专家信息以及研究成果信息。为此，搭建新区“产学研”共享平台，为企业、高校院所等创新主体构建完备的信息传输与接收平台，各主体可通过平台发布需求或供给信息(见图 8-6)。

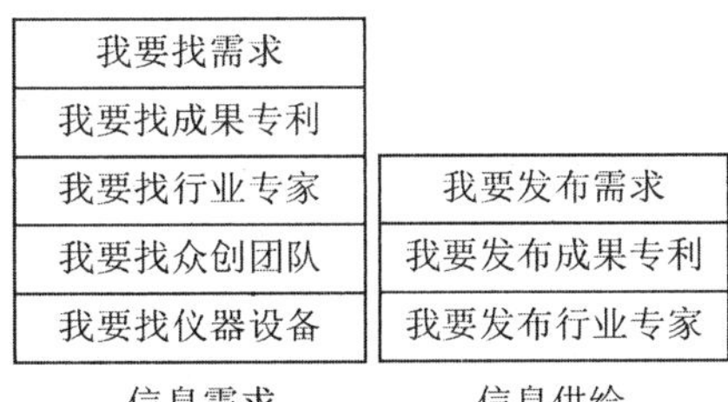

图 8-6　新区“产学研”共享平台的信息发布

资料来源：自绘

发挥江北新区大数据中心的优势，搭建“产学研”信息共享与协调大数据平台，实现信息供给与需求的匹配。即利用大数据等技术搭建“产学研”共享平台，为企业、高校等提供信息的供给与需求发布查询的一站式平台(见图 8-7)。

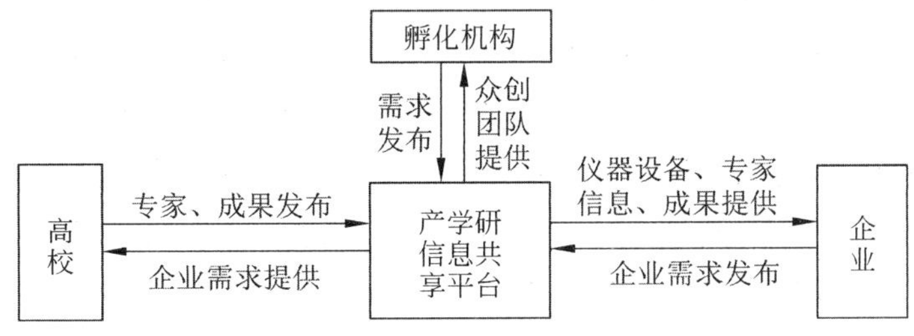

图 8-7　江北新区“产学研”合作信息共享平台的搭建

资料来源：自绘

8.2.4　建双向互动的多层级创新空间更新体系

目前南京市的产业用地更新体系为典型的政府主导型，即通过政府制定的政策与规划自上而下地推动产业用地再开发，划定具体空间范围指向具体企业（见图 8-8）。对比深圳市工业用地更新体系，其通过政府制定相应政策与规划、确定框架，单个企业或企业间达成意愿或共识后通过申请，以此实现工业用地再开发规划的制定、审批、实施（见图 8-9）。通过对比可以发现，深圳市工业用地更新体系对企业用地更新积极性的调动能力较强，比南京市规划编制体系多了一个独立的城市更新单元规划，更小尺度层面的规划侧重于项目发展的实施性。

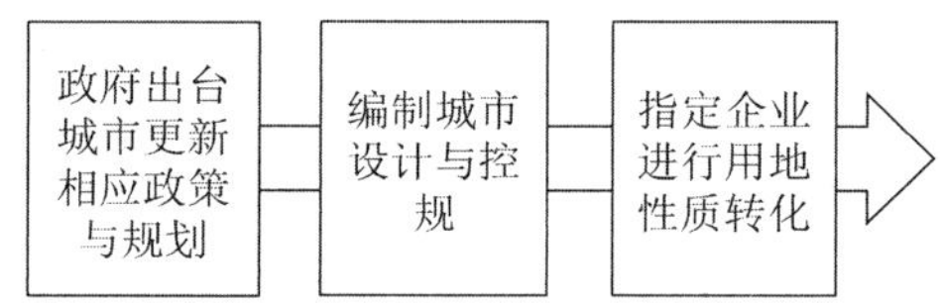

图 8-8　南京市产业用地更新流程

资料来源：自绘

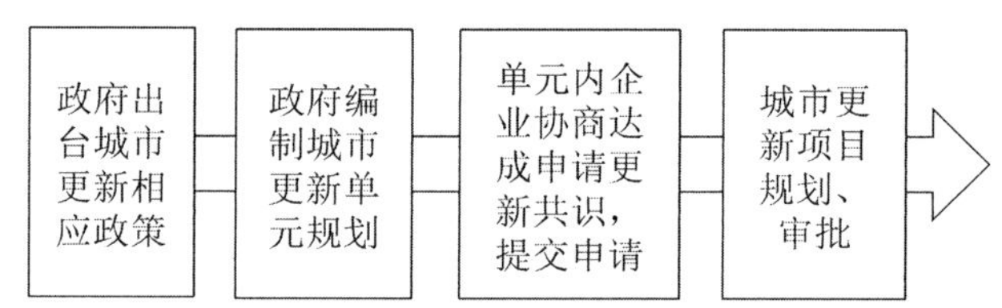

图 8-9　深圳市工业用地更新流程

资料来源：自绘

因此，建议江北新区首先完善小尺度单元层面的创新空间规划体系，在新区层面的创新发展与空间总体布局规划、片区层面的园区控制性详细规划等基础上，编制项目单元层面的空间更新规划，提升用地更新的可实施性。其次，出台制订计划，调动企业用地更新的积极性。向新区企业发布用地更新申请表，鼓励企业间主动协商，向政府相关部门提出土地更新申请，为政府规划的制定提供需求反馈。

参考文献

[1] 贺德方，唐玉立，周华东. 科技创新政策体系构建及实践[J]. 科学学研究，2019(1)：1-4.

[2] 孟捷，王晓迪，筱雪. 发达国家科技创新措施及对我国的借鉴[J]. 天津科技，2018(3)：21-26.

[3] 翁天宇. 园区科技创新促进改革比较研究——以北京中关村和深圳高新区为例[D]. 深圳大学，2017.

[4] 蒋铁柱，杨亚琴. 构筑完善的科技创新政策支持体系——北京、上海、深圳三地科技创新模式比较[J]. 上海社会科学院季刊，2001(3)：5-14.

[5] 顾建华. 推进西部科技创新事业发展的对策研究[J]. 重庆邮电学院学报，2004(4)：9-13.

[6] 章新华. 浅论科技创新政策在经济增长方式转变中的定位与作用[J]. 兵团党校学报，2000(1)：24-26.

[7] 陈海英. 地方高校科技创新政策环境的若干思考[J]. 长春工业大学学报(高校研究版)，2004(2)：6-9.

[8] Roy Rothwell，Walter-Zegveld. Reindustrialization and Technology [M]. Longman Group Limited，1985.

[9] 宁甜甜，张再生. 基于政策工具视角的我国人才政策分析[J]. 中国行政管理，2014(4)：82-86.

[9] 翁天宇. 园区科技创新促进政策比较研究——以北京中关村和深圳高新区为例[D]. 深圳大学硕士学位论文，2017.

[10] 陈旋. 南京江北新区人才需求预测的实证分析[J]. 中国商论，2016(25)：114-116.

[11] 徐辉，李玲娟，曾明彬，袁铭. 我国高科技园区创新人才培养研究[J]. 科技进步与对策，2017(22)：141-146.

后 记

2015 年 3 月，我参加《南京江北新区城市总体规划（2014—2030）》的咨询会议时，偶遇我的导师、南京大学崔功豪教授和时任中国城市规划设计研究院院长的李晓江教授级高级城市规划师，两位大师都认为创新空间和空间创新是国家级新区未来发展的关键议题之一，并鼓励我开展城市新区创新空间的研究。后来我将初拟的提纲送崔教授审阅，待我拿到修改稿时，崔教授在原稿上做了认真的、多处的修改，恐怕我看不懂，崔教授还亲自誊写了一遍给我，并对部分内容加了脚注。2017 年 6 月，李晓江院长来宁讲课，问起我的研究进展情况，我很惭愧地告诉他因工作太忙，只完成了小部分内容，不打算继续了，他鼓励我继续开展这项有意义的研究，并给予了有益的指导。

在南京大学中国中产化研究中心主任朱喜钢教授的指导下，本书的创新型高科技人才及其特征需求、城市新区创新空间的布局等内容作为国家社会科学重点基金项目《大都市中产化进程与政策》（17ASH003）的部分研究项目，使本书研究得以在更高层次上顺利推进。

感谢英国伦敦大学学院教授吴缚龙院士，加拿大女王大学梁鹤年教授，南京大学商学院副院长、管理学院院长、长江学者王跃堂教授，南京大学建筑与城市规划学院朱喜钢教授、张京祥教授，国家发展与改革委员会宏观经济研究院肖金成教授，国家科技部火炬中心张志宏主任，中国城市和小城镇改革发展中心综合所所长顾永涛研究员，东南大学王兴平教授给予的有力指导和帮助，使我受益匪浅。在研究过程中，东南大学建筑与城市规划学院石钰博士、王慧硕士、彭思伟硕士、郁佳影硕士、张茜硕士、张冬烨硕士、冯毅硕士、陈康健硕士协助开展了相关调研、资料收集和整理工作，使得我能在较短时间内集中精力考虑和推敲本书的结构体系和思想观点。感谢南京大学崔功豪教授在繁忙的工作中不顾身体年迈，认真阅读了书稿，提出了许多建议并欣然作序。感谢清华大学出版社王巧珍编辑，是她认真负责的精神及高效率的工作使得本书能及时出版。感谢本书中所列资料的所有专家学者，是他们的思想与观点启发了我的思考和研究。最后，特别要感谢的是我的家人，对我学习、工作的支持，我的耄耋之年的岳父是我拙著的第一读者，他也提出许多有益的意见。

作为一个普通的城市规划工作者，毕业后 30 年一直在国家级高新区、国家级新区工作，伴随中国城市新区的发展壮大，是我一生的欣慰与自豪；得到众多领导、同仁和老师、朋友的关心、帮助，是我向上向善的动力与源泉；能够将我对中国城市新区创新空间发展的所思、所虑结于一书，呈现于广大的学者、读者并共同分享，是我最大的满足。

尽管本书的写作长达 5 年之久，但因本人才疏学浅，因此，本书的缺点与错误在所难免，恳请广大专家学者、读者批评指正。

2019 年 10 月